黄淮海平原
冬小麦夏玉米机械化生产

刘开昌　马根众　张　宾　主编

U0257278

中国农业出版社
北　京

图书在版编目（CIP）数据

黄淮海平原冬小麦夏玉米机械化生产 / 刘开昌，马根众，张宾主编. —北京：中国农业出版社，2021.4

ISBN 978-7-109-28159-2

Ⅰ.①黄… Ⅱ.①刘… ②马… ③张… Ⅲ.①冬小麦—机械化栽培②玉米—机械化栽培 Ⅳ.①S512.104.8 ②S513.048

中国版本图书馆 CIP 数据核字（2021）第 072955 号

中国农业出版社出版

地址：北京市朝阳区麦子店街 18 号楼

邮编：100125

责任编辑：魏兆猛　　文字编辑：常　静

版式设计：杜　然　　责任校对：吴丽婷

印刷：中农印务有限公司

版次：2021 年 4 月第 1 版

印次：2021 年 4 月北京第 1 次印刷

发行：新华书店北京发行所

开本：880mm×1230mm　1/32

印张：10.5

字数：285 千字

定价：49.00 元

版权所有・侵权必究

凡购买本社图书，如有印装质量问题，我社负责调换。

服务电话：010－59195115　010－59194918

编委会

主　　编　刘开昌　马根众　张　宾

副 主 编　薛艳芳　邸志峰　冯　波

编写人员（以姓氏笔画为序）

马根众　王　健　王　博　王志真

王宗帅　史　嵩　代红翠　冯　波

朱月浩　刘　科　刘开昌　刘铁山

李　祥　李升东　李明伟　李宗新

邸志峰　张　宾　张仰猛　张银平

周　进　夏海勇　钱　欣　徐立华

康云友　韩　伟　薛艳芳

前言 Foreword

粮食安全始终是关系我国国民经济发展、社会稳定和国家自立的全局性重大战略问题。保障我国粮食安全，对实现全面建设小康社会的目标、构建社会主义和谐社会和推进乡村振兴战略实施具有十分重要的意义。黄淮海地区地跨京、津、冀、鲁、豫、苏、皖 7 个省（直辖市），土地总面积 46.95 万 km^2，是我国的政治中心、经济中心，也是我国人口、产业相对密集的地区，同时又是我国重要的粮、棉、油、肉及蔬菜、水果的生产基地。该地区土地面积不足全国的 5%，但因其地势平坦、土层深厚，耕地资源丰富，其耕地面积占全国耕地面积的 22%，是我国小麦、玉米的优势产区。2018 年，全区小麦种植面积和总产量分别占全国的 68.81%和 78.83%，玉米种植面积和总产量分别占全国的 30.81%和 30.52%，可见，该区在我国粮食生产中具有十分重要的地位。

2004 年以来，国家和各级政府加大了对农业的政策、资金支持力度，农业科技创新取得了显著成效，实现了我国粮食生产从恢复性增长到持续性丰产丰收。这期间，农业机械的发展起到了重要的支撑作用，农业机械在提高劳动生产效率的同时，推动农业发展方式由依赖和占用人力资源为主向依靠科学技术和现代农业装备为主的转变。截至 2019 年，我国农业机械化发展取得了显著成就，农机总动力达到 10.27 亿 kW，大中型拖拉机、高性能机具占比持续提高。农机作业由耕种收环节为主向产前、产中、产后全过程拓展；小麦、玉米耕种收综合机械化率分别达到 96.36%和 88.95%；高效、精准、节能型农机装备研究取得重大进展，农机农艺融合加快；全国农机社会化服务组织和农机合作社快速发展，农机社会化服务能力显著提升；农机作业水平实现新跨越，农机装备支撑农业现代化的作用越来越显著。

随着工业化和城镇化的推进，我国粮食安全面临着一些新情况和新问题。农机发展不平衡、不协调、不可持续的问题仍然突出。尽管黄淮海地区小麦玉米机械化生产水平明显高于全国平均水平，但受人多地少及农户分散经营的影响，先进农业技术推广应用和适度规模经营发展受到制约，高端的大中型农机产品比例仍然不高，一些高耗能老旧农机仍在超期服役，农机质量差、作业质量和效率不高，部分费时、费工的生产环节其机械化水平低。粮食生产中仍然存在“无好机用”“有机难用”的局面，小麦生产全程机械化质量、效益以及玉米生产全程机械化水平亟待提高，农业机械增长与效率效益不协调的问题也亟待解决，农业机械化信息化融合也需要快速发展。

基于此，山东省农业科学院作物研究所联合山东省农业科学院玉米研究所、山东省农业机械科学研究院、山东理工大学、山东省农业机械技术推广站、山东省农业技术推广总站等单位的20余名科研工作者，针对黄淮海地区生态气候特点及小麦、玉米生产现状，以及全程机械化生产中存在的问题，围绕小麦玉米的耕、种、管、收等全过程中的关键环节，编写了本书。本书旨在让读者了解黄淮海地区小麦、玉米机械化生产的现状和存在的问题，提高农户对作业机械的认知，提高农机手对农艺技术的实际应用能力，推进粮食生产新技术和配套农机的协调一致，提升机械作业质量和作业效率，实现粮食生产、农业增效、农民增收。

感谢国家重点研发计划“粮食丰产增效科技创新”重点专项“山东旱作灌溉区小麦-玉米两熟全程机械化丰产增效技术集成与示范”项目（编号：2018YFD0300600）的支持。感谢所有编写人员的辛勤付出，感谢对书稿提出修改意见的所有专家！

书中内容涉及面宽、所收集数据有限及作者自身水平有限，故难免存在不足之处，希望读者批评指正。

刘开昌

2020年4月6日

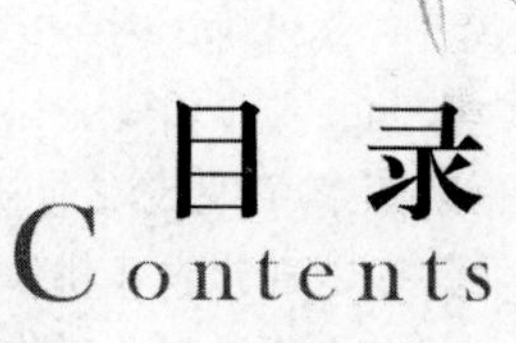

目录 Contents

第一章 概 论

第一节 黄淮海区小麦玉米生产概况

黄淮海地区地跨京、津、冀、鲁、豫、苏、皖 7 个省（直辖市），土地总面积 46.95 万 km^2，是我国的政治中心、经济中心，也是我国人口、产业相对密集的地区，同时又是我国重要的粮、棉、油、肉及蔬菜、水果的生产基地。该地区土地面积不足全国的 5%，但因其地势平坦、土层深厚，耕地资源丰富，其耕地面积占全国耕地面积的 22%，是我国小麦、玉米的优势产区（表 1－1 至表 1－3）。2018 年，全区小麦种植面积和总产量分别占全国的 68.74%和 76.73%，玉米种植面积和总产量分别占全国的 31.00%和 30.65%，可见，该区在我国农业生产中具有十分重要的地位。

表 1－1　2016 年黄淮海地区小麦玉米生产情况

	小麦			玉米		
	面积（万 hm^2）	单产（kg/hm^2）	总产（万 t）	面积（万 hm^2）	单产（kg/hm^2）	总产（万 t）
全国	2 469.396	5 396.9	13 327.05	4 417.761	5 967.1	26 361.31
黄淮海地区	1 654.488	6 136.5	10 152.83	1 381.794	5 618.0	7 762.943
北京	1.588	5 377.8	8.54	6.426	6 621.5	42.55
天津	9.556	5 562.0	53.15	21.953	5 406.6	118.69
河北	238.004	6 198.8	1 475.33	369.614	5 495.5	2 031.21
山东	406.800	6 121.2	2 490.11	405.933	6 439.0	2 613.81
河南	570.491	6 343.0	3 618.62	421.046	5 263.8	2 216.29
安徽北部	184.368	6 841.1	1 261.272	102.805 4	4 435.1	455.952 6
江苏北部	243.681	5 112.5	1 245.81	54.017	5 265.7	284.44

表 1-2　2017 年黄淮海地区小麦玉米生产情况

	小麦			玉米		
	面积（万 hm^2）	单产（kg/hm^2）	总产（万 t）	面积（万 hm^2）	单产（kg/hm^2）	总产（万 t）
全国	2 450.799	5 481.2	13 433.39	4 239.9	6 110.3	25 907.07
黄淮海地区	1 652.638	6 257.0	10 340.54	1 338.747	5 828.0	7 802.21
北京	1.120	5 500.0	6.16	4.974	6 676.7	33.21
天津	9.573	5 812.2	55.64	20.142	5 922.5	119.29
河北	236.409	6 342.3	1 499.38	354.406	5 743.4	2 035.48
山东	408.387	6 109.7	2 495.11	400.012	6 655.2	2 662.15
河南	571.464	6 483.7	3 705.21	399.894	5 426.8	2 170.14
安徽北部	184.410	6 960.4	1 283.569	104.998 2	4 417.9	463.870 4
江苏北部	241.275	5 369.3	1 295.47	54.321	5 855.4	318.07

表 1-3　2018 年黄淮海地区小麦玉米生产情况

	小麦			玉米		
	面积（万 hm^2）	单产（kg/hm^2）	总产（万 t）	面积（万 hm^2）	单产（kg/hm^2）	总产（万 t）
全国	2 426.619	5 416.6	13 144.05	4 213.005	6 104.3	25 717.39
黄淮海地区	1 668.066	6 045.8	10 084.79	1 306.041	6 034.9	7 881.826
北京	0.975	5 364.1	5.23	4.009	6 769.8	27.14
天津	9.604	5 190.5	49.85	18.677	5 919.0	110.55
河北	234.793	6 159.0	1 446.09	343.774	5 646.6	1 941.15
山东	405.859	6 090.0	2 471.68	393.468	6 626.1	2 607.16
河南	573.985	6 276.9	3 602.85	391.896	6 000.0	2 351.38
安徽北部	202.454	6 025.9	1 219.975	102.64	5 304.9	544.496 3
江苏北部	240.396	5 362.5	1 289.12	51.577	5 815.6	299.95

一、小麦玉米生产机械化特点

小麦玉米是黄淮海地区主要的粮食作物，其种植面积大，耕作农耗时间短、用工集中、劳动强度大，故劳动力紧缺。因此，小麦玉米生产农业机械化得到了各级政府和有关部门的持续关注，并投入了大量财力、物力用来发展生产机械化。据初步统计，2004年以来，山东投入农机购置补贴资金近200亿元，主要用于引领发展大型拖拉机、新型耕整地机械、玉米联合收获机械，补齐小麦玉米生产机械化的短板。

（一）生产机械化水平不断提高

我国农业生产已从主要依靠人力畜力转向主要依靠机械动力，进入了机械化为主导的新阶段。2019年，全国农作物耕种收综合机械化水平为69.1%，而河南省和山东省的主要农作物耕种收综合机械化水平分别达到82.6%和86.53%，远高于全国平均水平。从目前生产情况看，黄淮海地区小麦玉米耕种收等主要生产环节基本实现了机械化，节水灌溉、高效植保环节正在由半机械化向机械化生产转变。粮食干燥机械化得到推广应用：以江苏省为例，2018年全省水稻、小麦、玉米三大粮食作物生产的耕整地、种植、植保、收获、烘干、秸秆处理六大环节全程机械化水平超过78%，远高于全国平均水平。从生产全程看，小麦玉米机械化水平领先经济作物、设施农业等其他领域机械化水平：河南省小麦机播、机收水平均稳定在98%以上，玉米机播率达92%；山东省小麦玉米耕种收综合机械化水平2019年分别达到了99.44%、95.74%。目前，黄淮海地区小麦玉米基本实现了全程机械化。

（二）农机装备保有量不断增多

目前，在粮食作物生产中，动力机械、土壤耕整、播种机械、收获机械、秸秆还田是保有量最多的农业机械。黄淮海地区大中型拖拉机及配套农具的数量尤为突出。根据国家统计局数据，2018年河南、河北、山东、北京、天津、安徽、江苏7省（直辖市）的农业机械总动力达到40 361.03万kW、农用大中型拖拉机数量151.74万台、小型拖拉机数量917.88万台、大中型拖拉机配套农具 230.16 万部、联合收割机数量 116.18 万台，分别占全国总量的 40.21%、35.96%、50.48%、54.47%和 56.42%。

（三）农机服务组织不断壮大

经过几十年的发展，粮食作物生产机械化已经广泛应用，农民群众已普遍接受机械化生产技术。在农业机械装备快速增加的同时，农机社会化服务组织不断壮大。全国农机专业合作社和农机化作业服务组织的数量分别由 2010 年的 2.18 万个、17.15 万个增加到 2018 年的 7.26 万个、19.15 万个，增幅分别达到 233%和 11.7%。河北省 2018 年普查报告显示，2016 年末全省农业经营单位达到 11.7 万个，是 2006 年的 9.7 倍；农民专业合作社快速发展，到 2016 年末以农业生产经营或服务为主的农民专业合作社达到 6.2 万个。河南省 2016 年农业普查登记的以农业生产经营或服务为主的农民合作社达到 6.02 万个。新型农机服务组织不断地发展壮大，有效解决了“谁来种地、如何种好地”的问题。

二、小麦玉米机械化生产存在的问题

虽然我国粮食生产机械化已广泛普及，深受农民群众喜爱，但从粮食生产全程机械化角度看，还存在生产环节衔接差、作业质量低、生产资料消耗大、农机购置投入大等问题，造成农业生产环境变差、粮食增产后劲不足、生产效益下降等一系列问题，严重影响了农民群众种粮的积极性。

（一）机械化生产环节衔接欠合理

我国粮食生产机械化的发展经历了从无到有、从易到难、从关键环节到全程生产的不同阶段，各生产环节机械化是分阶段、分步骤逐步发展起来的，这就造成目前粮食生产机械化各个环节衔接欠科学、欠合理。如从小麦联合收获到玉米机播、玉米机收到耕整地，再到小麦播种，作物收获后的秸秆不能充分处理，造成耕整地和播种质量下降，影响作物产量。

（二）机械化生产种植规格欠统一

受农户地块规模较小的制约，小麦玉米种植模式多样，平作、垄作、畦作共存，不得不配置多种动力和田间作业机械，完成不同模式和不同环节的农田作业。2018 年，黄淮海地区河南、山东、河北等 7 省（直辖市）的农用大中型拖拉机数量为 151.74 万台、小型拖拉机数量为 917.88 万台、拖拉机配套农具 2 104.54 万部，平均每公顷农作物播种面积占有量仅为拖拉机 0.21 台，配套农具 0.41 部。如此庞大的农业机械数量，还不能满足现有的种植规格要求。仍需要配置大中型拖拉机完成土壤耕翻、作物收获和秸秆处理作业；配置中小型机械完成筑畦、播种、镇压等作业。此外，经初步计算，由于种植规格的多样化，至少造成 1/3 的农业机械重复购置，社会资源浪费巨大。

（三）机械化作业质量标准欠完善

目前，我国农业机械作业质量标准不系统、不完善，每项作业标准制定时间又晚于农业机械推广应用时间；同时，标准宣贯普及不彻底，缺乏执行督查机制。在个体农机手对作业生产效益一味地追求下，不按照规程调整、不按照标准作业的现象时有发生，造成作业质量参差不齐。如在耕整地时，地头耕得深、中间耕得浅；在收获小麦干燥时，刚开始损失少、快要卸粮时损失多；在秸秆还田时，有的地区秸秆还田质量高，切碎程度和切碎率高、抛撒均匀，有的地区还田质量差，切碎长度超标、秸秆堆积，影响耕整地和播种作业。

（四）粮食机械化生产物料消耗高

通过在各地的调查，粮食生产全程机械化由于生产环节衔接不尽合理，机械作业质量欠佳，全程机械化存在重复无效作业多的情况，致使机械生产效率低、油耗高；秸秆处理质量低、整地质量差，导致小麦玉米播种量增加，种子消耗高；化肥撒施、淋施面积大，导致肥料施用多、利用率不高；药械选择不当、病虫草害防治时机不当，导致化学农药消耗多。据不完全统计，粮食生产物料消耗占粮食生产总生产成本的30%～40%。

分析产生以上问题的原因，不外乎以下几个方面：一是部分农业机械其动力机械性能低，高速高效节能型农业机械动力装备亟待研发推广。二是农业机械作业装备自动化、智能化程度低，属于现代农业范畴的精准农业、智慧农业发展缓慢。三是农机农艺融合欠佳。我国各地农业与农机长期分离发展的现实，造成了作物生产农艺措施与农机装备不完全吻合的现状。四是农业生产规模小，农业机械化规模生产效益差，高性能、高品质、高价格的农业机械装备需求不足。五是农业机械作业标准与规范没有形成体系。目前，农业机械装备多数有机械质量标准，欠缺机械作业质量标准，即使部分环节有机械作业质量标准，其宣传贯彻也不普及，检查执行不力。

以上这些情况，有待在今后的农业机械化发展进程中改进完善。

第二节　黄淮海区小麦玉米生产中存在的主要问题

一、小麦生产中存在的主要问题

黄淮海地区是我国小麦的主产区和优势产区，该地区小麦耕种收农业机械化水平高，但在小麦持续稳定提高生产能力方面也面临着一些问题。

（一）耕整地播种质量不高

1. 耕整地质量不高

一年两熟条件下，受作物秸秆处理质量不高，以及深翻作业成本的影响，黄淮海地区小麦生产普遍存在耕整地质量不高的问题。土地深翻面积越来越少，旋耕面积越来越大多，以旋代耕、以旋代整，大量秸秆直接与耕层土壤混合，耕深浅、动土少，耕层秸秆量大，缺少土壤镇压器械，土壤疏松通透，失墒快、播种深，影响小麦播种质量和群体质量。小麦根系无法与土壤充分接触，致使根系生长受阻，造成大面积弱苗、死苗现象，小麦倒伏严重。

2. 播种质量不高

随着家庭农场、粮食种植业合作社、种植托管企业等新型经营主体的发展，小麦生产规模化种植面积快速扩大，规模化生产技术得以应用，推动了农业机械化的发展。国家统计局数据显示，2018年，全国家庭承包耕地流转面积超过了3 533万hm^2。在耕地流转的同时，土地托管面积不断扩大，黄淮海地区土地托管面积已超过300万hm^2。业务范围主要包括配方施肥、整地播种、植保服务、收获等，大中型农业机械使用数量显著增加。

在推进农业生产全程机械化的过程中，农机作业质量是衡量一个区域农业生产发展水平的重要标志。农业机械作业质量的优劣，不仅关系到农业机械化的健康发展，而且直接影响着农业增产增收和农民使用农业机械的积极性。由于农机手和服务对象缺乏对农机作业质量重要性的认识，对一些农机化作业标准不甚了解，致使在开展农机作业时仅凭经验作业，达不到农机作业质量要求。有的农机手在从事小麦联合机收作业时，不按标准要求随意提高留茬，只求速度不求质量，用户意见很大；有的在从事土地深耕作业时，作业不连续，留有生地，严重影响作物生长。另外，部分农机具作业达不到标准作业、作业质量不规范，不能进行联合作业，动力机械重复进地，造成土地板结等，都在一定程度上影响着农机作业的质量水平。此外，当前黄淮海小麦生产仍以农户生产模式占主体地位，由于农田地块分散细碎，小麦生产管理以小型机械为主，服务费时费力，作业效率不高、作业成本高，托管组织服务的意愿不高，播量、播深和镇压效果得不到保证，缺苗断垄、出苗不齐、播后弱苗等问题突出。

（二）小麦灌溉面积扩大困难

1. 水资源短缺问题突出

我国淡水资源总量约为28 000亿m^3，占全球水资源的6%，仅次于巴西、俄罗斯和加拿大，居世界第四位，但人均只有2 200m^3，仅为世界平均水平的1/4，是全球13个人均水资源最贫乏的国家之一。我国水资源分布极不均衡，淮河及其以北地区，耕地面积占全国的64%，水资源量仅占全国的19%。华北地区的水资源只占全国的4.7%。水资源不足是限制黄淮海地区小麦生产的瓶颈。据水利部农村水利司统计，2018年我国1.35亿hm^2耕地，有效灌溉面积仅为319.65万hm^2。2018年，河南、山东、河北水资源总量分别为339.8亿m^3、343.3亿m^3和164.1亿m^3，人均水资源量分别为354.62m^3、342.40m^3和217.70m^3，平均每亩水资源量分别为285.80m^3、304.53m^3和173.18m^3，上述3个农业大省均属于严重缺水省份。随着社会经济的发展和人口的不断增长，工业用水、生活用水与农业用水的竞争日益激烈，农业水资源短缺的问题日趋突出。

联合国粮食及农业组织资源中心副主任指出，过去50年中，粮食产量增加的主要因素是单位面积产量的增加和农田利用强度的提高，灌溉面积的增加是单产提高的主要因素。为缓解水资源供需矛盾，各地被迫超采地下水以弥补水资源的不足。中国地质科学院水文地质环境地质研究所所长指出，华北平原75%以上的用水需求靠地下水支撑，其最大的问题不是地下水的污染问题，而是其超采导致的地下水危机问题。2019年，全国人大代表、河北省副省长在全国两会分组讨论上称，整个华北地下水漏斗区超采1 800亿m^3，河北省占了1 500亿m^3，面积是6.98万km^2。即便是水资源相对较多的河南省，年超采40亿～50亿m^3，全省也已形成近8 000km^2的漏斗区，漏斗区地下水的补给非常困难。

康绍忠指出，中国粮食增产需求与农业可供水量短缺矛盾也非常突出。要保障2030年粮食产量增加30%的目标得以实现，按现有农业用水效率计算，尚缺水约800亿m^3。2015年4月，农业部下发了《关于打好农业面源污染防治攻坚战的实施意见》，提出“一控两减三基本”的目标。规划要求，到2020年，农业的用水总量要保持在3 720亿m^3，利用系数要从现在的0.52提高到0.55。在水资源总量控制的情况，提高用水效率，促进水资源可持续利用，已成为农业发展的必然选择。山东省政府在2011年就颁布实施了《山东省用水总量控制管理办法》。2017年2月，河南省印发了《河南省“十三五”水资源消耗总量和强度双控工作实施方案》。

2. 小麦灌溉效率不高

2015年7月，山东省农业厅制定了《山东省关于打好农业面源污染防治攻坚战实施方案》，计划到2020年，全省高效节水灌溉面积达到256万hm^2，全省农田灌溉水有效利用系数达到0.65以上。截至2018年7月，山东省累计发展高效节水灌溉面积233万hm^2，农田灌溉水有效利用系数达到0.637，连续多年实现农业增产增效不增水。根据《河南省“十三五”水资源消耗总量和强度双控工作实施方案》，河南省计划到2020年，全省年用水总量控制在282.15亿m^3以内，节水灌溉面积达到226万hm^2左右，农田灌溉水有效利用系数提高到0.61以上。《河北省节水行动实施方案》实施，到2020年河北省农田灌溉水有效利用系数提高到0.675，全省用水总量控制在200亿m^3以内，其中农业用水控制在130亿m^3以内。

尽管各省在农业水资源高效利用的工作中取得了显著进展，但当前小麦生产中，仍然存在灌水效率低、水分利用效率低的问题。灌溉成为小麦生产中用工最多的生产环节，在生产成本中占有相当大的比例。通过农机农艺结合，提高小麦灌溉效率和水分生产效率是亟须解决的问题。

（三）小麦单产提高任务艰巨

自2004年以来，我国的粮食生产从恢复性增长，到连年持续高产丰收，有效确保了我国的粮食安全。粮食需求增加与供给偏紧矛盾还将在一段时间内长期存在。随着人口增加、人民生活水平提高及农产品加工业的发展，粮食相对需求呈刚性增长。据测算，中国每年大约需增加粮食50亿kg才能满足需要。时任国务院发展研究中心主任韩俊表示，中国的粮食安全、粮食的供求平衡是脆弱的、紧张的。

而耕地数量的不足和耕地质量的下降以及农业水资源的日益紧缺，对于稳定提高粮食生产综合能力提出了严峻挑战。此外全球气候变化也对粮食安全生产造成了潜在威胁，粮食增产任务艰巨。中国科学院院士秦大河 2003 年指出，气候变暖将给我国农业生产的布局和结构带来一定影响，并将增加农业的生产成本；中国气象局郑国光 2010 年 3 月在《求是》杂志上撰文指出，气候变暖已对中国农业生产和粮食安全造成显著影响，导致中国主要粮食作物生产潜力下降、不稳定性增加。Lester R. Brown 在《食品危机的 2011 年》中指出，在最佳的气温状态下，每增加 1℃，就会减少 10%的粮食收益；气温的增加使得世界粮食的增产更加困难，从而更难保证世界粮食的需求。

由于小麦生育期较长，从种到收要遭受许多自然灾害影响，且生长期间降水严重不足，致使小麦产量水平进一步提高的难度增大。近年来，我国的冬小麦总产量持续达到 12 502 亿 kg 以上，实现了小麦产量连年丰收。但是从全国来看，人均小麦占有量只有 90kg 左右。因此，保持小麦产量的持续稳定增长，仍是我国农业生产的主要任务之一。

（四）小麦质量安全不容乐观

我国在农业资源十分紧缺的情况下，实现了主要农产品供给从长期短缺到基本平衡、丰年有余的历史性转变，得益于农业资源的高效利用，同时大量化学品投入也引起了土壤污染，影响了产品品质。土壤污染是指进入土壤中的有害、有毒物质超出土壤的自净能力，导致土壤的物理、化学和生物学性质发生改变，降低农作物的产量和质量，并危害人体健康的现象。土壤污染源主要可分为：①生活性污染源（主要是人、畜的粪尿，生活污水和垃圾等）；②生产性污染源（主要是工业生产中排放的“三废”、交通运输工具排放的废弃物、农田过量施用的化肥和农药）；③放射性污染源（主要是工业、科研和医疗机构排放的液体或固体放射性废弃物）。

农业面源污染物增长形势严峻。突出表现为畜禽养殖污染物排放量巨大，农村生活污染局部增加，城市污染向农村转移趋势显著，农村生态退化尚未得到有效遏制。作为粮食主产区和高产区的黄淮海麦区，以增加化肥、农药的投入，换取获得较高的产量，污染问题更为突出。

1. 肥料施用欠合理

据统计，全球48%人口依赖于氮肥使用增加的粮食，氮肥对我国粮食增产的贡献约为45%。2003—2015年，我国化肥使用量一直处于上升态势，达到6 022.6万t；之后施用量逐渐减少，但总量仍然维持在5 600万t以上。2018年，农用化肥施用折纯量5 653.42万t，其中，氮肥、磷肥、钾肥和复合肥分别为2 065.43万t、728.88万t、590.28万t和2 268.84万t，分别比2003年增加了28.15%、−3.93%、2.10%和34.76%。2018年，我国农田平均施用量高达419.2kg/hm^2，黄淮海7省（直辖市）更是高达556.4kg/hm^2，远超发达国家225kg/hm^{2}的安全上限。随着产量水平的提高，肥料的增产效益逐渐降低，土壤养分的积累量逐渐增加。

化肥不合理施用导致作物营养失调与某些养分的积累。叶优良等对山东省氮、磷、钾投入产出状况进行分析发现，氮素从1982年开始盈余（氮素盈余指向作物投入的氮与作物收获氮的差值），每年盈余的氮素在3亿kg左右；磷素从1972年开始盈余，2002年盈余高达13.46亿kg。任思洋的研究数据表明，华北地区2005—2014年的10年平均氮盈余为165kg/hm^2，空间变异较大（−45～472kg/hm^2）。各省氮盈余平均值由高到低依次为：江苏北部（214kg/hm^2）、河北（197kg/hm^2）、山东（159kg/hm^2）、河南（135kg/hm^2）、安徽北部（124kg/hm^2）。江苏北部、河北和山东氮盈余较高，高于130kg/hm^{2}的县的数量分别占到3个地区的100%、91%和66%。刘宏斌等发现，北京郊区冬小麦收获后0～200cm和200～400cm土层的硝态氮积累分别达314kg/hm^{2}和145kg/hm^2。

我国每年氮肥用量3 000万t以上，约占全球30%，但有一半左右流失到环境中，引起诸如土壤酸化、水体富营养化、雾霾等一系列严重的环境问题。张翀等基于我国4 500多个不同农业生态区进行的多年大样本的田间试验，建立起了13种种植体系的氮素盈余指标。该试验指出，两熟制生产体系下的氮素盈余指标（以N计）为110～190kg/（hm^2・年）[平均为160kg/（hm^2・年）]。过高的氮素盈余意味着高氮素损失风险，过低的氮素盈余可能造成的土壤氮素耗竭从而不利于可持续作物生产。

据统计，我国农业生产中化肥的利用率只有30%～40%，其余的60%～70%白白流失。其中，氮肥利用率为30%～35%，磷肥和钾肥分别为10%～20%和35%～50%，比发达国家低15%～20%。不合理施用化肥也引起了土壤结构破坏，致使土壤酸化、土壤微生物活性降低，甚至造成对土壤和水体的污染。第一次全国污染源普查结果显示，农业面源主要污染物化学需氧量、总氮和总磷分别达到132.41亿kg、27.05亿kg、2.85亿kg，分别占到全国排放量的43.7%、57.2%和67.3%。从某种意义上说，农业污染已经成为我国环境污染的第一大污染源，我国农田肥料污染已经成为水体富营养化的主要污染源。

农业面源污染对地表水的影响主要表现为富营养化问题，而对地下水的影响主要是硝酸盐污染问题。化肥流失（氮和磷是其中的关键元素）造成农业面源污染，是水体污染的重要来源。农田在降雨、灌溉时产生径流会造成氮磷养分进入水体，地下水含氮量逐年增高。据调查，北京地区地下水中硝酸盐含量持续升高，其增长速度达每年1.25mg/L，污染面积已在3 000hm^2以上。中国农业科学院调查表明，凡施肥量超过500kg/hm^2的北方地区，地下水的硝酸盐含量都超过饮用水标准。据第一次全国污染源普查公报数据，我国种植业总氮流失量15.98亿kg（其中：地表径流流失量3.20亿kg，地下淋溶流失量2.07亿kg，基础流失量10.70亿kg），总磷流失量1.09亿kg。这些进一步导致水体污染，进而引起其他生态问题。

2011年，环境保护部印发的《全国地下水污染防治规划

(2011—2020年)》指出，我国土壤污染总体形势不容乐观，大量化肥和农药通过土壤渗透等方式污染地下水，部分地区长期利用污水灌溉，对农田及地下水环境构成危害，农业区地下水氨氮、硝酸盐氮、亚硝酸盐氮超标和有机污染日益严重。同时，地表水污染对地下水影响日益加重，特别是在黄河、辽河、海河及太湖等地表水污染较严重的地区，因地表水与地下水相互连通，地下水污染十分严重。2013年4月22日，环境保护部会同国土资源部、住房和城乡建设部及水利部编制了《华北平原地下水污染防治工作方案》。该方案指出，华北平原局部地区地下水存在重金属超标现象，主要污染指标为汞、铬、镉、铅等，主要分布在天津市和河北省石家庄市、唐山市以及山东省德州市等城市周边及工矿企业周围；局部地区地下水有机物污染较严重，主要污染指标为苯、四氯化碳、三氯乙烯等，主要分布在北京市南部郊区，河北省石家庄市、邢台市、邯郸市周边，山东省济南地区至德州东部，河南省豫北平原等地区。海河流域受污染地表水入渗补给是地下水污染的重要原因。污染严重河流渠道、过量施用化肥和农药以及不达标的再生水灌溉区等对地下水环境的影响十分显著。重点污染源排放也是造成地下水污染的重要原因。

我国在农业生产上仍然存在“高投入、高消耗、高排放、低效率”的问题，化学肥料减施已成为必然。要完成化肥减量任务，需要提高肥料利用率，调整化肥使用结构，推广和使用新型肥料，推动产品结构和质量升级。

2. 农药使用欠科学

在农业生产中，长期大量喷洒化学农药防治病虫害，致使某些农药在作物中出现残留，并且在土壤中积累污染环境，危害人类身体健康。

我国农田土壤农药污染的主要原因是：我国农药品种结构中具有高毒和“三致性”的杀虫剂用量较大；长期、大量、不合理地滥用农药。长期大量使用农药，使得病虫草害的抗药性逐渐增强，为达到防治效果，农药的使用量和防治次数相应增加，形成了恶性循环，同时也带来面源污染等严重环境问题。研究表明，当喷施的农药是粉剂时，仅有10％左右的药剂附着在植物体上；若喷施的是液体，也仅有20％左右附着在植物体上，1％～4％接触目标害虫，40％～60％降落到地面，5％～30％漂浮于空中，总体平均约有80％的农药直接进入环境。残存于土壤中的农药还会对土壤中的微生物、原生动物以及其他的土壤动物产生不同程度的危害。

据统计，自2003年至2013年，我国农药使用量从132.52万t持续增加到180.77万t，随后开始逐渐减少，但到2018年，全国农药使用量仍高达150.36万t，比2003年增加17.84万t。以上表明，我国农业生产对农药的依赖程度仍然很高，农药污染形势不容乐观。

针对上述问题，国家在“十三五”期间，相继启动了“化学肥料和农药减施增效综合技术研发”试点专项，开展了黄淮海冬小麦、夏玉米化肥农药减施技术集成研究与示范项目研究工作，通过化肥、农药减施增效技术研究与应用，实现作物生产节本、提质、增效。

二、玉米生产中存在的主要问题

冬小麦-夏玉米一年两熟种植是黄淮海平原主要的种植模式。该种植模式下夏玉米通常采用免耕直播技术，是小麦收割后在不经过翻耕犁耙的田地上进行播种和栽培玉米的保护性耕作方法，是一项集除草技术、节水保墒技术、秸秆还田技术为一体的节本增效新型栽培技术。免耕播种是保护性耕作的重要一环，能够保持水土、降低成本、抢夺农时并简化作业程序。但在免耕直播过程中，玉米播种主要面临以下问题。

（一）播种质量不高

1. 整地质量差

黄淮海区夏玉米多采用免耕直播。小麦机收后秸秆粉碎不彻底，留茬过高，收获脱粒后排放的麦秸成堆分布在田间抛撒不均匀，导致玉米硬茬直播时部分籽粒种在秸秆之间、未达到相应播深或裸露在地表，引起缺苗断垄。再加之犁底深度不够，一部分秸秆外露，一部分没有腐烂，土壤松散，保墒能力差，常导致玉米出苗率低、苗黄、苗弱甚至死苗。

2. 播量不适宜

当前玉米播种多采用机械化单粒播种。玉米单粒播种技术即由玉米播种机依据玉米品种农艺特性一次性确定株行距并一穴一粒播种，同时一次完成覆土和镇压。其优点是简化间苗程序，省工省力，有利于培育壮苗。但单粒播种对种子要求极严格，要求颗粒饱满且大小均匀一致，发芽率92%以上，发芽势强。但有些玉米种子发芽率不高，单粒播种后导致田间出苗差，形成大小苗，缺苗断垄普遍。有些农机手在向多个农户播种时忽视品种间的差异，在播量上自始至终选用一个播量，即将半紧凑型、紧凑型品种采用一个播量，中穗型、小穗型品种采用一个播量，从而导致密度过大或过小；密度过大，引起倒伏、空秆、秃尖和上部籽粒秕瘦；密度过小又会导致穗数过少，从而不能发挥品种的增产潜力，进而引起减产。

3. 种子质量差

我国大部分种子企业出售的单粒播种玉米种达到美国推行玉米机械化单粒播种的种子基本要求（种子发芽率为95%以上，原种纯度为99.8%，杂交种纯度为98%以上）；种子也进行了分级处理和种子包衣，但离美国的标准仍有一定差距。我国的种子公司普遍存在规模小、数量多、种子加工机械设备差、投入少的特点，我国玉米品种数量多，这些因素决定了我国不可能在短期内有更多的种子公司生产更多的符合标准的单粒播种玉米种。农户购买的普通种子当作精品种子单粒播种，也是造成缺苗普遍的原因之一。此外，不分级或者分级不彻底的种子也会导致大小苗现象。

4. 施肥不合理

夏玉米播种时气温高、农时紧，为确保夏玉米正常成熟和下茬小麦适时播种，一般不进行耕翻和施入底肥，当前多采用能种肥分离的播种机进行硬茬直播。为节约人工成本和作业环节，减少夏玉米生育期间的追肥次数，不少农民在播种时一并施入化肥，即采用种肥同播技术。但在生产实践中，部分农机手或农户未掌握种肥同播技术要领，为实现生长期间不追肥的目的，用普通化肥（如30-5-5高氮复合肥）随种子播种施入，每亩*用量多达50～60kg，常造成肥料浓度过高引起烧种、烧苗，造成缺苗断垄；有些施肥腿和播种腿距离太近，甚至不足5cm；种子与化肥垂直距离过小，甚至不过5cm；种肥距离不足10cm，两者相距太近引起烧种烧苗，形成缺苗断垄。在地块中经常呈现出行与行之间的差异，即一行出苗整齐而另一行出现缺苗断垄的现象。采取普通化肥一次性种肥同播还会使夏玉米生长后期出现脱肥现象，引起后期早衰、缺粒、秃尖和籽粒秕瘦等问题。

5. 除草和治虫不到位

免耕直播条件下玉米田间杂草的防除难度有所加大，麦秸和麦茬的遮挡降低了除草剂的防治效果，使夏玉米的“封闭”除草效果不太理想，麦田遗留杂草增加了玉米田杂草除治难度，随着苗后除草面积的扩大，田间药害问题时有发生。部分农户播后苗前未使用除草剂进行土壤封闭，苗后3叶期至5叶期又未进行化学除草，导致杂草严重，与玉米争夺水分和营养，形成草荒。同时对苗期发生的蚜虫、灰飞虱、蓟马、地老虎等害虫不进行及时防治，导致一些昆虫传播病毒类病害（如蚜虫传播矮花叶病、灰飞虱传播粗缩病），或者使幼苗发生异常（如蓟马导致玉米顶叶扭曲），或者形成枯心苗（如地老虎等）导致缺苗断垄。

6. 浇水不及时

部分农户在小麦收获前未浇串茬水。硬茬播种时土壤墒情较差，免耕直播后，由于灌溉时间相对集中、农用电力紧张、灌溉秩序混乱等原因，致使“蒙头水”的轮灌周期长，争水、等水现象普遍，有的地方轮浇一遍需要1周左右甚至更长的时间，而农户在播

---

* 亩为非法定计量单位，1亩＝1/15hm^2。——编者注

后又未及时浇“蒙头水”，引起出苗少且不整齐，形成缺苗断垄。

（二）玉米生产管理技术与产量水平较低

发达国家玉米田耕作机械通常在73.5kW甚至147kW以上；我国多数为中小型机械，作业效率低、质量差，造成全国土壤耕层深度不断减少，目前平均耕作深度只有16.5cm，远低于22cm的最低要求，与美国的35cm相差甚远。这严重降低了土壤的抗灾减灾能力和土地的生产效率。多数发达国家玉米种植密度为每亩5 500株左右，采用单粒精密播种，种植方式与收获机械配套；而国内玉米种植密度为每亩3 500株左右，多粒播种，行距配置复杂多样，阻碍了机械化的发展。发达国家玉米生长至完全成熟后机械收获，而我国推广偏晚熟品种，玉米收获却普遍偏早10d左右，由此带来减产约10%，既浪费资源又导致品质下降。目前，美国玉米的平均产量水平约10 000kg/hm^2，2017年和2019年连续创造了34 037.04 kg/hm^{2}和38 647.2kg/hm^{2}的玉米高产纪录。我国平均产量约5 400kg/hm^2，2019年春玉米产量纪录为22 756.65kg/hm^2，夏玉米产量纪录为2008年在山东创造的19 896kg/hm^2。但我国的化肥施用量是美国的2.3倍以上。因此，在玉米生产水平和水肥利用效率方面与美国相比仍有较大差距。

（三）植物保护技术滞后于生产发展需求

我国在病虫草害研究能力、水平和技术方面与发达国家差距不大，主要差距体现在以下四个方面：①在机制层面，公益性研究立项少、投入不足、研究周期短。对一些重要病虫草害缺乏系统深入的研究，成果转化慢。②在管理层面，缺乏政府主导的全国病虫草害调查，不能准确掌握病虫草害发生的实际状况。重要病虫害的应用基础研究滞后，技术储备不足，导致生产防控比较被动。③在技术层面，对与食品安全紧密相关的产毒素真菌病害和穗期害虫缺乏系统研究；种衣剂质量和安全性问题突出；缺乏适合玉米田的大型机械化病虫草害精准防治及变量喷药设备。④在生产层面，基层植保技术人员与研究单位的专家之间缺乏交流，新的防治理念、方法、技术推广缓慢，生产上综合防治水平较低。

（四）玉米生产机械研发能力不足

发达国家已形成了适合本国国情的农业生产机器系统，动力机械与多种型号农机具合理配套。动力机械向大功率、多功能方向发展，与多种机具配套，可一次完成深松、灭茬、施肥、播种等多项作业；播种机械朝大型、高速、精量播种方向发展。我国农户使用的小型拖拉机数量占总拥有量的90%以上，配套农具少，作业效率低，质量差，土壤压实严重，耕层变浅。国外推广秸秆还田、免耕播种等保护性耕作技术，实现种子与肥料精确定位。而我国大多采用2～4行机械式条播或半精量播种机，作业质量差，效率低，种子和肥料浪费严重，且需间苗作业，增加生产成本。国外玉米田间管理作业广泛使用高地隙（1.5m以上）专业中耕施肥打药机械，可折叠打药机作业幅宽达27m以上，按需喷雾精量打药机械发展迅速；在这方面我国发展缓慢。在机械收获方面，国外玉米种植标准化程度高，行距统一，采用对行直接脱粒收获技术。而我国玉米种植行距复杂多变，收获机械落后，可靠性、适应性差。尽管2018年全国玉米机收率达到了70%左右，大部分为玉米穗收获，远不能满足玉米籽粒生产需求。此外，我国农机制造厂家多、小、散、弱，零部件标准化程度低，整机产品成本高、质量差，企业效益低。

（五）玉米收获机械化程度低

1. 土地分散经营、地块小，收获机械性能不能充分发挥

我国农村现行联产承包责任制，一家一户的经营，农户种植的农作物品种不同，面积比较小，不能够进行规模化作业，导致机械化作业效益低、成本高，制约了玉米机械化收获的发展。此外，玉米机收后秸秆利用率低，影响农民购机积极性及机收作业面积。

玉米机械化收获改变了传统的人工收获方式，是新生事物，需要一个认识了解的过程。部分农民认为用机械收获玉米，损失率大，破碎率高。购机后急于收回投资，对玉米收获机性能的了解不足并且操作技能培训也不够，作业质量不高，易出现事故，这也是造成玉米收获机作业效益低的一个重要因素。

2. 玉米收获机质量与售后服务

玉米收获机械虽然得到快速发展，但在技术和制造等方面还存在着一些问题，如籽粒破损率、损失率以及果穗损失率比较高；机具的作业功能局限于摘穗、剥皮，机具作业可靠性低，堵塞或卡死现象频发，背负式玉米收获机通用性差，装配困难，对倒伏玉米适应性差。

3. 市场需求制约因素

目前，我国玉米收割机市场正处于转型升级过渡阶段，机遇与挑战并存，扩张与收缩同在。在经历了2015年、2016年、2017年连续三年的下滑之后，基于国家政策拉动以及作业收益逐渐变好等因素，2018—2020年连续三年市场回暖、销量连续上涨。2018年全国玉米联合收获机保有量达53.01万台，比2017年增加了2.98万台，增幅为5.62%；其中自走式玉米联合收获机为43.08万台，比2017年增加了3.59万台，增幅为8.33%。

2020年玉米联合收获机补贴销量为4.2万台，相比2019年增加了6 329台，同比增长15.07%。从销售格局方面看，市场继续呈现四行机为主、三行机和两行机为辅的格局，其主要销售区域在河北、山东和安徽。玉米收割机市场潜力大，但同时面临销售市场不景气的尴尬局面，其主要原因是：

（1）农机补贴因素。一些地方农机补贴政策推出时间较晚，对消费者购买行为产生了较大影响。2018—2020年，黄淮海区域成为玉米收割机购买的主力市场，补贴重点集中于小麦收割机、拖拉机，挤占了玉米收割机补贴份额。随着市场需求变旺盛，2019年、2020年连续两年玉米联合收获机中四行机、五行机等大型机具市场占比增加，两行机、三行机市场份额下降；同时，一些区域将2019年的补贴资金用于补贴2018年卖出但未补贴的农机上，致使

2019 年补贴资金缺口加大。

（2）国产玉米收割机故障率较高。当前国产玉米收割机种类繁多，但总体质量偏差，作业中故障率普遍偏高，如剥皮机剥皮辊易磨损甚至断裂造成剥皮不干净，压制星轮齿、传动链条等断裂导致剥皮机易堵塞，液压系统故障影响割台及还田机操作，漏油现象多、烧皮带等导致动力降低。

（3）购机者收益率下降，打击了潜在购机者的投资信心。近年来，随着我国玉米收割机社会保有量激增，玉米跨区作业收益率降低，导致购机者投资信心不足。

（六）育种研究水平和选育规模差距明显

玉米生产全程机械化的瓶颈在于机械收获，而机械粒收是玉米机械收获技术发展的方向。机械粒收可简化生产环节、节本增效，有效避免传统收获存储过程中的籽粒霉变。但目前适宜机械化收获的品种短缺。我国传统计划经济体制造成小而全的科研管理模式，研究力量分散且低水平重复现象严重；高产、优质、多抗、广适、低风险的品种较少。美国在选系方法、新组合鉴选等方面的经验值得我们借鉴。企业是产品创新的主体，跨国公司实行大规模、程序化、信息化的设计育种和高密度抗逆育种策略，不仅增加了品种的耐密性，而且有利于对抗逆基因的选择。我国玉米育种的公益性研发和企业的竞争性研发之间分工界限模糊，抑制了大型企业的创新能力和竞争力的发展。另外，我国在玉米育种理论、方法、材料和技术研发方面的投入力量明显不足，育种的理论支撑相对薄弱；在转基因、分子标记辅助育种技术等方面缺少自主知识产权，与国外跨国企业存在较大差距。

（七）玉米产后加工技术研发水平低

我国玉米产后加工产品种类少、产业链条短、生产成本高、能耗高、自动化水平，与世界先进国家存在明显差距。目前国际上玉米深加工产品已开发 3 500 个品种，而国内刚超过 100 种产品。淀粉及变性淀粉行业高端品种少，产业链短。淀粉糖和糖醇产品种类少，高附加值医用糖醇产品有待开发，先进的膜分离、色谱分离技术尚未普及。发酵工业缺少自主创新的菌种，原料转化率和利用率低，新产品开发滞后。饲料转化率和自动化监控程度还较低。

三、黄淮海区小麦玉米机械化生产发展趋势

随着工业化、城镇化、信息化、农业现代化同步发展，农业专业合作社快速推进，黄淮海区小麦玉米机械化生产呈现出新的发展趋势。

（一）动力技术节能环保化

发展资源节约、环境保护型农机机械是由我国的基本情况决定的。主产区人口多、自然资源相对不足、环境承载力较弱、农业机械总体量大、机械老化能耗高是小麦玉米机械化生产的基本情况。这决定了我国农机化技术发展必须要走节能、环保的路子，节能环保设计已成为农业机械发展的必然趋势。节能环保本质特征是在不影响产品寿命、功能、质量等指标情况下，依靠技术手段和管理方法，实现资源和能源的高效利用。根据环境保护部《关于实施国家第三阶段非道路移动机械用柴油机排气污染物排放标准》（以下简称《非道路标准》）要求，自 2016 年 4 月 1 日起，停止制造、进口和销售装有国Ⅱ发动机的整机。2016 年 12 月 1 日起，所有制造、进口和销售的农用机械不得装有不符合《非道路标准》第三阶段要求的柴油机，完成国Ⅱ到国Ⅲ的切换。

（二）田间作业技术复式化

田间机具一次作业项目的多少，是衡量农业机械是否有效利用、效能是否得到最大限度发挥的重要标志。20 世纪末，一些地方开始研制或引进性能先进、制造质量好且具有复式作业功能的各种机具，如组合式旋耕多用机、灭茬深松施肥联合作业机、灭茬深松起垄机和联合收获机等。多功能复式作业机具与传统的单一功能

农机具相比具有显著优势。一是提高效率。由于复式作业机为“一架多具”，具有多种功能，如复式耕作机，可一次完成深松、旋耕、灭茬和起垄等多项作业，而传统农机具每次只能完成一项作业。二是原材料消耗少，购置投资少。据测算，通用型、复式作业型农业机械较单一作业机械节约钢材1/3左右。三是燃油、功率消耗少。由于复式作业机可进行多项作业、减少机具进地次数，可以显著降低机械作业燃油消耗。因此，机械装备作业复式化，也是降低机械化生产成本的有效途径。

（三）农机农艺技术融合化

随着我国现代农业建设步伐加快，农机农艺融合已经成为制约小麦玉米全程机械化发展的瓶颈。近年来，小麦玉米收获后秸秆处理质量不高，焚烧严重，污染环境严重；玉米栽培模式与收获机械匹配性差的问题突出；小麦耕整地方式与播种方式衔接不够合理。这些问题与农机农艺融合欠佳有很大关系。当前，我国农机化发展已经到了加快发展的关键时期，农机农艺有机融合，不仅关系到关键环节机械化的突破、全程机械化的发展，也影响到小麦玉米两季作物全年高产、优质、高效生产。

（四）农机制造与作业标准化

农机生产技术标准化不仅能提高农机化装备技术水平、引导农机产品消费、实现农机产品质量监管，而且对增加农民收入、建设现代农业、发展农村经济都具有十分重要的意义。农机技术标准化主要包括农机制造技术标准化建设和农机作业标准化建设两个方面。

农机制造技术标准化不仅是农机制造业增加产量、改善质量、提高效益的重要措施，而且在加快推进现代农机制造业进程，确保产品质量安全等方面也发挥着重要作用。

农机田间作业标准化是运用农田作业机械按照预定的目的、统一的要求和标准的质量进行各项作业。实行农田作业标准化，能够极大地提高劳动生产率，提高农机化作业质量，降低消耗，促进农作物增产，实现农业增效增收。同时，农机作业质量标准化，反过来也促进农机制造标准化的推进。

（五）农机操控技术智能化

电子技术和计算机技术的发展以及先进的制造技术、新材料的涌现，推动了农业机械向自动化、信息化、智能化方向发展，致使原来传统机械无法作业的项目逐渐实现了机械化。农业机械化技术、自动化技术、信息化技术和智能化技术将互相补充、相互促进，与生物技术一起把农业这一基础产业带入一个全新的阶段。

第二章

土壤耕整作业

第一节　作物生长对土壤的要求

一、黄淮海地区主要土壤概况

（一）主要土壤类型与分布

黄淮海地区以长城为北起点，南达桐柏山、大别山北麓，西至太行山和豫西伏牛山地，东临渤海和黄海，其主体主要包括黄淮海平原、鲁中南丘陵和山东半岛三部分。其中黄淮海平原是由黄河、淮河和海河及其支流冲积而成（即华北平原）。

不同地理位置，不同地貌特征的区域其土壤类型不同。西起太行山，穿过华北平原直到黄海、渤海边缘，这一区域的土壤类型依次为：山地是淋溶褐土和粗骨褐土；冲积扇地区是褐土和潮褐土；平原地区分布着的是潮土和沼泽化潮土，其中间杂有盐化潮土和碱化潮土；滨海平原则是滨海盐土及潮土。由主要土壤类型可见，褐土作为地带性土壤，只分布在山地和冲积扇。作为黄淮海地区主要区域——华北平原和滨海平原，因为地形变化，引起了地下水位、水质的变化，从而成为非地带性土壤（潮土和滨海盐土）的分布地带。

黄淮海地区行政区域划分主要包括北京、天津和山东三省（直辖市）的全部，河北、河南两省的大部分，以及江苏及安徽两省的淮北地区，主体总共有 53 个地市、376 个县（市、区）。对黄淮海地区各省份来说，土壤类型也不尽相同。

山东主要土壤类型为褐土、潮土以及棕壤。其中褐土主要集中分布在泰山、沂山、鲁山、山地界线的西北两侧地带。潮土主要分布在黄泛平原山东区的鲁西地区以及鲁中南和鲁东山地丘陵区所属的河谷平原、山涧谷底和盆地内。山东省面积最大的旱作土壤类型就是潮土。棕壤则主要分布在胶东丘陵和沭东丘陵。该丘陵地带的主要母岩为酸性岩，其行政区划包含青岛、烟台、威海三市全部、临沂地区的莒南和临沭两县以及日照的莒县、五莲县和潍坊的诸城市。

北京地处我国典型的北温带半湿润大陆性季风气候区，主要土壤类型为褐土，其成土过程主要包括了碳酸盐的淋溶、淀积以及黏土矿物和有机质在土壤剖面积累等过程。因为该地区地势落差较大，导致了生物和气候的垂直变化，从而使成土过程、土壤类型呈垂直带谱结构特点，主要是：典型褐土⟶山地淋溶褐土⟶山地棕壤⟶山地草甸土。

天津主要的土壤类型为：普通潮土、湿潮土、盐化潮土和淋溶褐土。

河北的土壤母质类型较多，成土过程区别较大，从而形成的土壤类型也较多，多达 21 个土类，其中最主要的土壤类型有褐土、潮土、棕壤和栗钙土。河北省土壤分布规律与北京市相反，呈水平从北到南的分布规律，从北到南依次是北方高原区的栗钙土带，中间山地丘陵区的棕壤和褐土地带以及南方平原区的潮土带。

河南主要土壤类型包括：东部分布着冲积土和盐土、西部山地分布着棕壤、豫南则是淋溶土壤。

淮北平原地区典型土壤类型为棕壤与褐土，其中棕壤还包括了普通棕壤和潮棕壤，褐土包括了普通褐土和淋溶褐土。非典型土壤类型有潮土、砂姜黑土、碱土、水稻土和黑色石灰土等。

（二）土壤肥力

黄淮海地区主要包括黄淮海平原以及与该平原相连接的山东半岛和鲁中南丘陵，共三部分区域。其中山东半岛和鲁中南丘陵占据了山东的大部分地区。这里分两部分来分析该地区的土壤养分情况，即黄淮海平原和山东地区。

1. 黄淮海平原

黄淮海平原是我国重要的粮食产区。自1980年至今，随着经济及技术水平的不断提高和人口数量的不断增加，该地区越来越重视农业生产的质量和效率。经过不断治理和改良该地区的典型盐渍地，黄淮海平原的土地质量得到了显著改善，农业集约化程度不断提高，粮食产量逐年增加。粮食增收必然是科学管理，农机、氮素化肥和农药的投入及灌溉用水增加等多因素共同作用的结果，其弊端就是农业灾害从过去的旱涝均有类型转向以旱为主，同时该区域许多地方的地下水位已显著降低。因此，农业集约化程度的提高和气候环境条件的变化不仅影响着这一区域的作物产量，也影响着该区的土壤质量。

氮、磷和钾元素是植株生长必需的三大营养物质，同时也是土壤中重要的养分。作物首先从土壤中吸收氮、磷、钾元素。近20年来，黄淮海平原地区为了达到粮食增产的目的，主要通过增施肥料、加大秸秆还田等措施来提高粮食产量。研究表明，气候变化、土壤质量改变、肥料使用、作物种植模式变更以及作物产量增大等，都会影响土壤中氮、磷、钾元素的含量。因此，研究氮、磷、钾元素含量的空间及时间变化是了解黄淮海平原土壤质量变化的重要途径之一。

孔庆波等人研究了黄淮海平原农田土壤的磷含量水平。数据显示，该地区土壤中全磷含量为0.73g/kg±0.18g/kg，属于中等水平；有效磷含量是21.31mg/L±16.08mg/L，也处于中等水平。黄淮海平原土壤中的全磷主要呈团状或块状空间分布特点，其中全磷含量低值区（低于0.50g/kg），主要分布在长城北侧附近以及桐柏山南侧附近区域；全磷含量高值区（高于0.80g/kg）主要分布在冀中、冀南、鲁西以及山东、江苏和安徽三省搭界地带，并且在黄淮海地区呈现出由中部向南北两侧递减的特点。土壤中的有效磷含量则主要呈现出小团块状分布特点，在空间分布上相对全磷来说更复杂。其中有效磷低值区（含量低于12.0mg/L）主要分布于黄淮海平原南、北部边缘；有效磷高值区（含量高于 24.0mg/L），主要分布于黄淮海平原的中部地区，并且呈现出向东北和正南方向递减的趋势。由分析可知，全磷和有效磷含量高的地区在空间分布上大体重合，基本都处于黄淮海平原中部地区，并且以此区域向北降低。

赖辉比对豫北封丘试验区的土壤钾元素进行长期的监控，与此同时结合黄淮海平原相同土壤类型，即潮土中不同形态钾元素含量的变化得出，黄淮海平原潮土类型土壤中全钾含量为 15～23g/kg；速效钾含量一般为 60～140mg/kg，但在黏质土壤中含量可高达 200mg/kg。若长期不施钾肥，由于作物生长吸收，并且随着作物产量的逐年提高，必然会导致土壤中速效钾含量的减少。研究表明，若不施钾肥，速效钾每年平均减少 2～4mg/kg。在速效钾降低的同时，测得的土壤中矿物钾和缓效钾含量并未降低，说明土壤中矿物钾和缓效钾转变为速效钾的速率低于作物对速效钾的吸收和利用速率。资料显示土壤中钾元素的释放速度与土壤本身的颗粒大小有关，目前黄淮海平原的沙土地区和高产地区的土壤已出现缺钾的趋势，而这些地区的作物也已表现出缺钾的症状。因此，为了避免因土壤缺钾而导致作物缺钾甚至减产的现象发生，黄淮海平原应重视土壤中钾元素含量的测量与监控，要研究该地区不同土壤类型、不同作物、不同种植模式条件下土壤钾元素的含量水平，计算钾元素缺失的临界值，一旦濒临临界值，应及时采取措施。土壤中的钾元素一旦缺失，及时补施有机肥是较好的措施。否则，为了保持作物高产，就要直接施用钾肥。

2. 山东地区

（1）鲁中南丘陵地区。鲁中南丘陵地区是我国北方土石山区的典型代表。该地区地形复杂，土壤贫瘠，土壤颗粒沙粒化严重。有数据显示该地区年侵蚀模数为 300 万～400 万 kg/km^2，是山东省土壤侵蚀最严重的地区之一。受地形因素的条件限制，该地区多在山坡上耕垦，且大多是顺坡耕作，长时间人类不合理的开发利用，导致该地区土壤侵蚀程度进一步加重，与此同时会导致坡耕地氮、磷面源污染物的流失风险加大。

（2）山东半岛地区。山东半岛地处山东省东部，包括青岛、烟台、威海三市的全部以及潍坊、日照、东营的大部分，夹在黄海、渤海之间，与辽东半岛隔着渤海相望。该地区东部、南部地势较高，中部地区地势较低，全区主要地貌是低山丘陵和山前倾斜平原，还有小部分中山和微倾斜低平原。土壤类型主要是潮土、褐土和滨海盐土。

（3）山东地区土壤养分。数据显示山东地区 0～20cm 表层土壤全氮含量在 0.09%左右，全磷平均含量在 0.14%左右。全氮符合国家Ⅳ级标准，属于中等水平，而全磷相当于国家Ⅰ级水平，含量相对来说较丰富；20～40cm 土壤中的全氮含量在 0.06%左右，全磷平均含量在 0.10%左右。可见 0～20cm 表层土壤中的全氮含量要比 20～40cm 土壤中全氮含量高 50%左右，而全磷则高 40%左右。山东主要粮区 0～20cm 表层土壤速效钾含量高低差值较大，最小值约为 30.62mg/kg，而最大值则为 466.01mg/kg，速效钾平均含量约为 114.77mg/kg，相当于国家分级标准的Ⅲ级标准。第二次土壤普查时山东表层土壤速效钾的平均含量在 91mg/kg 左右，而此次数据增加了 23.77mg/kg，速效钾含量提高了 26.12%。20～40cm 土壤中的速效钾含量在 74.38mg/kg 左右，含量适中。可见 0～20cm 表层土壤中的速效钾含量要比 20～40cm 土壤中速效钾含量高出 54.30%左右。数据表明，山东省土壤耕作层速效钾的含量属于中上等水平，而且地区间差异显著。

不同土壤类型，由于地理位置、成土条件、成土特点等情况不同，土壤的养分含量也不同。对于山东省主要土壤类型来说，各土壤全氮含量差异显著，大致范围在 0.03%～0.17%之间。山东 0～20cm 全氮含量大小顺序为：砂姜黑土＞棕壤＞褐土＞潮土；而 20～40cm 的土壤中全氮含量大小顺序则是：砂姜黑土＞褐土＞棕壤＞潮土，不同深度的棕壤和褐土间全氮含量大小差异不同。对于全磷来说，各土壤类型之间含量差异也很大，大致范围在 0.02%～0.31%之间。山东省 0～20cm 不同土壤类型的表层土壤中全磷含量大小顺序为：砂姜黑土＞潮土＞褐土＞棕壤；20～40cm 的土壤中全磷含量大小关系与0～20cm相同。就速效钾而言，主要土壤类型0～20cm表层土中速效钾含量大小顺序为：砂姜黑土＞潮土＞褐土＞棕壤，数据显示砂姜黑土和潮土中速效钾的含量高于山东省平均值，而褐土和棕壤中的速效钾含量低于山东平均值。棕壤中速效钾含量为分类等级中的Ⅳ级水平，其余土类都为Ⅲ级水平。各土壤类型20～40cm土壤中的速效钾含量大小顺序为：砂姜黑土＞潮土＞棕壤＞褐土，且砂姜黑土速效钾含量高于全省平均值，棕壤、褐土、潮土的速效钾含量均低于山东省平均值。砂姜黑土中速效钾含量为分类等级中的Ⅲ级水平，其余土类都为Ⅳ级水平。由此可见0～20cm表层土壤中的速效钾含量明显高于20～40cm土壤中的速效钾含量。

山东耕地土壤中有机质含量普遍较低，土壤中的氮元素含量在小麦收获后降幅较大，磷元素含量相对较好，耕地土壤磷含量较高的区域在总耕地面积中占有一定的比例，但是土壤中可以被植物直接吸收利用的有效磷含量水平整体偏低；钾元素含量情况较好，耕地土壤供钾充足，基本无缺钾情况。对于土壤属于棕壤类型的耕地土壤而言，土壤质量中养分含量高低的限制因素首要是磷元素中的有效磷，速效钾次之，再次是有机质和碱解氮，相对于其他营养元素，pH对棕壤耕地质量影响不大。对于土壤属于褐土类型的耕地土壤而言，其土壤质量中养分含量高低的限制因素主要是有效磷，其次是速效钾、碱解氮和有机质，再次是pH。对于潮土而言，限制因素排序：首先是有效磷和速效钾及有机质，再次是碱解氮和pH。综合考虑得出，影响山东省主要土壤类型的耕地质量高低的主要养分因素是有效磷和速效钾，其次是有机质和碱解氮。虽然pH对耕地质量影响最小，但它会导致土壤酸化，因此pH高低问题也不容忽视。

二、种植制度

黄淮海地区作为我国最大的两熟制种植区之一，主要种植作物和模式为：小麦玉米、小麦大豆、小麦水稻轮作，其间作、套作、复种都有。随着技术水平的提高，近几年，小麦玉米接茬轮作模式发展迅速，在黄淮海地区作物耕作中占了85%以上。就山东地区而言，小麦年种植面积约为353.3万hm^2，玉米约为286.7万hm^2，小麦-玉米接茬轮作面积高达266.7万hm^2左右，占玉米总种植面积的89%以上。

黄淮海地区小麦的主要播种方式是土壤耕整后用精量（半精量）播种机播种，耕地方式以旋耕为主，免耕播种小麦的方式也在摸索阶段。调查数据显示，山东地区土壤旋耕后小麦播种面积为252万hm^2左右，占小麦播种总面积的71%；免耕播种面积为80万hm^2左右，占小麦播种总面积的23%；而深耕整地播种面积仅占小麦播种总面积的6%，为21.3万hm^2左右。

黄淮海地区玉米种植模式经历了麦收后整地人工耧播、麦田套播、免耕机播的过程。20世纪50年代，因经济技术等因素的限制，整地人工耧播是当时的主要播种方式，由于机械化水平低只能选取早熟品种进行种植，该生产方式的弊端是玉米生长时间短，光能、热能得不到充分利用，导致产量低。70年代，玉米生产技术得到改进，玉米套播逐渐得到大面积推广，快速提高了玉米产量。近年来，由于经济、技术的不断提高以及气候变暖等条件的影响，更优良的玉米早熟品种培育成功、小麦-玉米机械化播种技术得到广泛推广，且玉米、小麦的联合收获机械化技术也得到了普遍应用，这样大大减少了播种、收获的农耗时间，玉米在生长过程中可以充分利用阳光、地热等资源，效率、产量优势明显。因此，玉米套种面积越来越少，玉米免耕机播技术得到广泛应用。

三、土壤质地对小麦玉米生长发育的影响

土壤承载着小麦和玉米正常生长发育所需要的水分、养分、热能等众多因素。不同类型的土壤其理化性质不同，它们的粒径大小及组成、机械阻力和孔隙度等都不相同，这些众多不同的因素导致土壤中植物所需要的水分、养分、热能等含量及转移方式不同，从而影响作物根系的生长发育，进而影响整个植株的生长。此外，不

同类型土壤对养分的续持能力差异显著，这也会影响到作物的产量。

李潮海等研究了不同类型土壤的水热状况及其对小麦产量的影响，结果表明，沙壤土质对作物供应水分和热能的能力较差，导致小麦灌浆时间短，千粒重低，总产量也很低；而黏壤土情况正好相反，其提供水、肥、气、热的能力较强，小麦籽粒的灌浆时间就长，从而千粒重高，总产量也高。杜春莲的研究则表明，土壤类型是棕壤的土质适合推广强筋小麦，褐土是其次的选择，同时在选好土壤类型的基础上还要选择肥力营养较均衡的中壤或偏黏地块。但学术界有部分学者认为，在相同的自然条件下，土壤肥力的大小对小麦产量的影响要大于土壤类型本身对产量的影响。

潮土是黄淮海平原的主要土壤类型之一，其土质和土层排列比较复杂。不同土质和土层排列会对土壤的理化性质和生产性能产生重大影响，还会影响土壤保水保肥性能。研究结果证明，潮土中上壤下黏质地的土壤保水保肥性强，在其上面生长的玉米株高、叶面积、叶片光合速率、叶绿素值及玉米收获后的土壤残留养分、产量等都是最好的。

第二节　土壤耕作理论基础

土壤耕作是农业生产活动的一项主要内容。调查数据表明，农业生产劳动量中有50%以上从事各种土壤耕作，农业生产资金约1/3消耗于土壤耕作。土壤耕作主要作用在于调整耕层三相比，创造适宜的耕层构造；创造深厚的耕层与适宜的种床；处理作物残茬、肥料和杂草。因此，研究采取适宜的土壤耕作技术，对减少劳动量、节约能源、提高农作效益具有重要意义。

一、土壤耕作作用和目的

土壤耕作与灌溉排水技术、施肥技术、间作套种技术等共同构成土壤管理技术体系。土壤耕作的目的就是通过调节和改良土壤的机械物理性质，以利于作物根系的生长，促进土壤肥力恢复和提高。

（一）土壤耕作的作用

土壤耕作是持续高产的重要措施，是充分挖掘土地生产能力的重要手段。土壤耕作的作用主要表现在以下几个方面。

（1）松碎土壤。通过耕作将土壤切割破碎，使之疏松多孔，以增强土壤通透性。这是土壤耕作的主要作用之一。

（2）翻转耕层。通过耕作将土层上下翻转，改变土层位置，改善耕层理化及生物学性状，翻埋肥料、残茬、秸秆和绿肥，调整耕层养分垂直分布，培肥地力。同时消灭杂草和病虫害，消除土壤有毒物质。

（3）混拌土壤。通过耕作将肥料均匀地分布在耕层中，使肥料与土壤相融，使耕层形成均匀一致的养分环境，改善土壤养分状况。

（4）平整地面。耙耢和镇压，可以平整地面，减少土壤水分蒸发，利于保墒。地面平整，利于播种作业，播深一致，苗齐苗壮；地面平整盐碱地可减轻返盐，有利于播种保苗，提高洗盐压碱效果。

（5）压紧土壤。镇压可以压紧土壤，减少大孔隙，增加毛管孔隙，减少水分蒸发，提墒集水，利于种子发芽和幼苗生长。

（6）开沟培垄，挖坑堆土，打埂筑畦。开沟培垄，利于地温提升，促进作物发育，提早成熟；挖坑堆土，利于土壤排水，增加土壤通透性，促进土壤微生物活动；打埂筑畦，便于平整地面，利于灌溉。

以上耕作的作用虽然不同，但基本可概括为：调节耕层土壤松紧度，调节耕层的表面状态，调节耕层内部土壤位置，从而达到调节土壤水、肥、气、热状况，为作物生长创造适宜土壤环境。

（二）土壤耕作目的

土壤耕作的实质是创造一个良好的耕层构造和适宜的孔隙比例，以调节土壤水分存在状况，协调土壤肥力各因素间的矛盾，为形成高产土壤奠定基础。其目的主要有以下三个方面：

（1）疏松土壤，改善土壤孔隙度。一般当土壤孔隙度占总体积的15%～25%时适宜农作物生长，否则，需要通过耕作，改善土壤孔隙度；另外，通过耕作可形成上虚下实的耕层状态，让种子播在“硬床”上，为播种创造条件。

（2）覆盖残茬。近年来，随着粮食单产不断增加以及秸秆还田面积增加，地表作物残茬数量上升较快，通过耕作将残茬和秸秆掩埋地下，有利于培肥地力。

（3）逐步构建良性耕层构造。通过耕作措施综合运用，建设良性耕层构造，协调土壤水、肥、气、热各项因子，充分发挥土壤潜能，实现粮食高产。

二、土壤耕性

土壤耕性是土壤耕作过程中所表现出来的性质，是对土壤物理机械性质的综合反映，与耕法应用和作物生长密切相关。耕性与耕法相互影响，它们调控土壤水、肥、气、热，进而影响作物产量。土壤耕作可以从土壤耕性、土壤易耕状况和土壤耕层结构三个方面来阐述。

（一）土壤耕性

1. 土壤耕性的分类

根据土壤农业性状及其物理机械性，将土壤耕性分为疏松型、适宜型、紧实型三类。

（1）疏松型。土壤质地为沙土，宜耕期不限。一般耐涝、怕旱，不宜保苗，肥力调节稍难。非毛管孔隙大于10%，适耕含水量一般为10%～15%，黏着力、黏结力、坚实度的大小依次为10～15g/cm^2、3～12g/cm^2、2～4g/cm^2。

（2）适宜型。土壤质地为壤土，宜耕期3～20d。耐旱、耐涝，易保苗，肥力调节比较容易。非毛管孔隙占10%～25%，适耕含水量为10%～25%，黏结力12～24g/cm^2，坚实度为1～7g/cm^2。

（3）紧实型。土壤质地为黏土，宜耕期短，一般只有2～3d。怕旱又怕涝，不宜保苗，土壤肥力较难调节。土壤的物理机械性质不良，非毛管孔隙只有5%～10%，适耕含水量20%～30%，黏着力、黏结力分别高达20～25g/cm^{2}和24～32g/cm^2，紧实度达7～10g/cm^2。

2. 土壤耕性的影响因素

土壤耕性的好坏直接受土壤质地、有机质含量及土壤含水量的影响。

（1）土壤质地。土壤机械组成是决定土壤耕性好坏最基本的前提。在土壤中，土壤颗粒越细小，其表面面积就越大，土粒间的结持力越大。土壤与外物接触时，土壤越小其黏着力越大，可塑性越强。

土壤黏结力和可塑性在耕作时，表现为土壤抵抗农具压碎和开裂的能力；土壤黏着性表现在湿耕土壤颗粒黏附在农具表面上的能力。这两种力都能对农具产生阻力，生产上成为土壤比阻。

（2）有机质含量。有机质含量的黏结力小于黏粒而大于沙粒，所以增加有机质能使黏质土变得疏松，黏结力、黏着力和可塑性减弱；而对沙质土壤则能提高其黏结性。另外，土壤有机质含量高，有效腐殖质的量也会相应增加，从而促进土壤团粒结构形成，使土壤结构得到改善。不同有机质含量对团聚体的影响见表2-1。结构良好的土壤，土粒之间的接触面积小，其相互之间的黏结力小，土壤疏松，利于耕作。

表2-1 不同有机质含量对0.25～3.00mm团聚体的影响

有机质含量（%）	增加团聚体（%）
2.84	4.2
2.9	8.6
3.33	12.3
4.08	18.0

（3）土壤含水量。土壤含水量的多少直接影响土壤物理机械特性，从而影响土壤耕性好坏。土壤在由干变湿的过程中，土粒的表层会形成一层水膜，水膜的存在可以改变土粒间接触的性质，进而影响土壤比阻。土壤极干燥时，比阻最大，随着含水量的增加，土壤比阻逐渐降低；当土壤含水量为50％～65％时，土壤比阻最小；当含水量超过70％时，土壤比阻又急剧增大。土壤含水量与土壤比阻关系如图2-1所示。

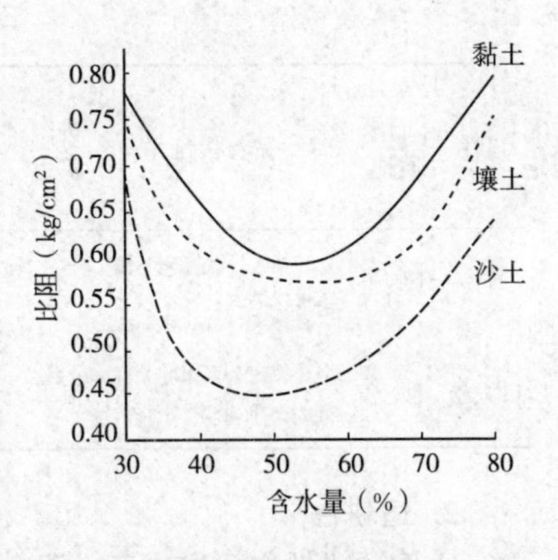

图2-1　土壤含水量与土壤比阻关系

（二）土壤易耕状况

1. 耕作的难易

耕作时，土壤对农具生产阻力的大小，既反映耕作的难易程度，也会直接影响机具生产效率的高低。土壤耕性在土壤普查中呈“口性”，不同口性的土壤耕性大小不相同。土壤不同口性耕作的情况见表2-2。

表2-2　土壤不同口性耕作的情况

口性	土壤质地	黏着状况	耕作阻力	易耕期（d）	透雨后下地耕作时间（d）	耕作质量
口极紧	黏土	黏机具和轮胎，用工具才能刮下	很大	2～3	2～3	湿耕起黏条，干耕起坷垃，当年不散碎
口紧	重壤土	黏轮胎，用力敲打才能打掉	大	3～7	1～2	易起坷垃，耙耢可碎
口合适	壤土	一般不黏农具，有时黏轮胎	适当	10～15	0.5～1	不起坷垃，有坷垃时雨后自碎

（续）

口性	土壤质地	黏着状况	耕作阻力	易耕期（d）	透雨后下地耕作时间（d）	耕作质量
口松	沙壤土	一般不黏农具和轮胎	小	＞20	1～2	不起坷垃，土松散
口太松	沙土	不黏农具和轮胎，有时轮胎打滑下陷	很小	＞20	雨后即可	不起坷垃，土松难起垄

2. 适耕性

土壤适耕性主要取决于土壤含水量。土壤水分与适耕性及土壤性状见表2-2。一般经验是：当土壤表面发白（俗称白背）干湿相间呈斑状，脚踏土块能散碎，或手捏成土团，平拳松手落下易碎时，为适宜耕作的标志。

3. 宜耕期

土壤最适宜耕作的含水量范围为宜耕期。在旱地土壤中含水量稍低于塑性下限时，土壤黏结力、黏着力、抗剪阻力、抗压阻力都会很小，土壤易酥碎或形成团粒结构，耕作最省力，质量也最好，是最适宜的耕期。

（三）土壤耕层结构

农业生产土壤在耕作前后都会呈现紧实和疏松两种状况，都会不同程度地影响土壤水、肥、气、热和作物生长。农耕界普遍采用“上虚下实”“虚实并存”来表述土壤耕作状况，“虚”“实”已为农业科技工作者广泛接受和采用。“虚”和“实”的本质是表明高孔隙度的好气性土壤环境和低孔隙度的嫌气性土壤环境，土壤虚实情况见表2-3。

1. 土壤虚实变化

多年专家测定证明，随着虚实递变，耕层土壤水、气、热、养分也呈规律性变化。

表 2-3　土壤虚实情况表

耕层结构	人为因素		自然因素		本质特性
	土壤耕作	土壤状态	土壤质地	土壤结构	
虚	耕作土壤 深松土壤 耕翻土壤 耕动土壤	疏松土壤 扰动土壤 熟土、松土 团聚化土壤	沙质土 粗质土 肥土 高有机质土	团粒结构 有结构土壤	高孔隙度土壤 好气性土壤环境
实	原茬土壤 免耕土壤 直播土壤 未耕动土壤	紧密土壤 原状土壤 生土、紧土 黏闭化土壤	黏质土 细质土 瘦土 低有机质土	单粒土壤 无结构土壤	低孔隙度土壤 嫌气性土壤环境

（1）水分。从虚到实，即土壤孔隙度从64%递减到39%时，耕层自然含水量相差50mm，占可容量最大值44.6%，并呈现不同形态水含量规律性递减。毛管饱和水量相差80.5mm，变幅达78%。总体呈现虚土提墒和渗水快而多，有利于水分上下运行。

（2）温度。耕作后的虚土，8月地面最高温度可相差4.57℃，变幅9.0%；日较差相差5.74℃，变幅17.5%。呈现虚土白天增温高，夜间降温低，日较差大；而实土的变化规律与此相反。

（3）养分。从虚到实，有机质、全氮和全磷分别差0.219%、0.000 7%和0.008%，变幅为6.89%、16.6%和6.4%。呈现虚土养分含量低，实土养分含量高的变化规律。

2. 典型耕层结构的土壤性状

不同耕作方式，形成不同耕层结构，产生不同土壤性状。翻耕整地质量差、旋耕未镇压的耕地会呈现全虚耕层；免耕作业会呈现全实耕层；松耕会呈现虚实并存的耕层结构。

（1）全虚耕层。具有渗水快、蓄水多的特点，土壤水分呈“表润底湿，水分深蓄”的特点。其上层透水、通风好，相对含水量多，绝对含水量少，容积热量小，导热慢，增温快，不利于根系生长发育；形成好气性土壤环境，土壤好气性分解强，作物所需速效养分供应快。其下层蓄水多，容积热量大，成为“水热库”，但存在提墒供水和底层热不好的矛盾。同时，不利于嫌气性土壤微生物的生长活动和作物根系发育，养分分解太快、太多，作物系受不了，造成非生产性消耗太多。在作物生长发育上“发老苗，不发小苗”，易造成贪青晚熟。在生产措施上，为创造全虚耕层而全部耕动土壤，遇透雨或大水漫灌，又易回实，后效小，经济效益低，成本高。

（2）全实耕层。具有提墒快、供水性能好的作用，土壤水分呈“毛管浸润连续分布”，导热好，底层增温高，绝对含水量较充足，热容量大于全虚耕层上部，温度变化平缓，利于作物根系生长发育；形成了相对嫌气土壤微生物增殖和好气分解作用，减弱了土壤潜在养分分解释放，促进腐殖质合成，相对保存养分，起到了养地作用。但这又导致蒸发强、渗透慢，易产生径流，保水、贮水不好，以致产生不利于保存水分、速效养分供应少，满足不了作物需要的弱点，在生长发育上“发小苗，不发老苗”，早衰产量低。

（3）虚实并存耕层。虚实并存耕层的主要特征是耕层的虚部深蓄水，成为耕层“土壤水库”；实部提墒供水，在毛管浸润和蒸发动力作用下，具有抽水作用，协调了水分贮存与供给的矛盾。可抗春旱、防夏涝，秋墒春用。据监测，其渗透度为13.5%～40.2%，在12h内70mm降雨强度时，不产生径流，增加耕层有效降水4.0%～5.6%。由于水分特征的改变，土壤各部分的通气性和温热性随之变化。虚部上层孔隙度增加约10%，地表地温提高2.0℃，上层水分比底层水分减少9.3%，成为好气环境；微生物矿化分解活动加强，使有机质分解提高5.7%。实部底层温度提高0.3℃，日较差减少0.5℃，上、下层水分含量仅差0.2%，有效含水量高于全虚、全实，成为嫌气环境；腐殖化合成活动相对加强，有机质含量提高0.2%。在作物生长方面，“既发小苗，又发老苗”，早熟高产。

创造虚实并存的耕层只需在1/4的虚部动土，3/4的实部免耕，是局部耕作。一方面省工、高效，有利于作业；另一方面由于有实部做骨架，不易回实，又增加了后效。具有高效、低耗，动土量少，后效期长，合理轮耕等特点。

实践表明，虚实并存的耕层是用养结合、高产稳产的耕层结构。三种典型耕层结构的特性见表2-4。

表2-4　三种典型耕层结构特性

耕层结构	耕作方法	微生物过程	作物生长	产量	用养趋势
全虚	耕翻	好气性强	发老苗，不发小苗	高产不稳产	用大于养
全实	直接免耕	嫌气性强	发小苗，不发老苗	低产保产	养大于用
虚实并存	间隔深松	好气、嫌气并行	既发老苗，又发小苗	高产稳产	用养结合

三、土壤耕层构造

（一）耕层构造

耕层构造由耕作土壤及其覆盖物所组成，是人类耕作加工土壤后形成的表面形态。具体讲，耕层构造由覆盖层、种床层、稳定层、犁底层组成。

耕层构造是调节耕层土壤肥力变化的重要决定性因素之一，不同的耕法及所使用的耕具决定了不同的耕层构造，而不同的耕层构造又决定了耕层土壤的不同水、肥、气、热状况。耕层构造一方面决定了作物生长发育状况和经济产量，另一方面又决定了地力衰退或提高的程度，同时也影响着经济效益。因此，耕层构造决定耕作方法，而耕作方法又影响耕作机械的选择和应用。

（二）土壤层次

土壤常年耕种，就会形成不同层次，一般土壤层次分为表土层（包括覆盖层和种床层）、稳定层、犁底层、心土层，土壤剖面如图2-2所示。每种土壤层次具有不同的特点和作用，通过耕作，要形成特点鲜明的土壤层次。

（1）覆盖层。覆盖层决定着大气与土壤的水、气、热交换速率，是耕层的“盖”。覆盖层要保持土壤疏松，要有一定的粗糙度，以利于透水透气，防止水分蒸发。

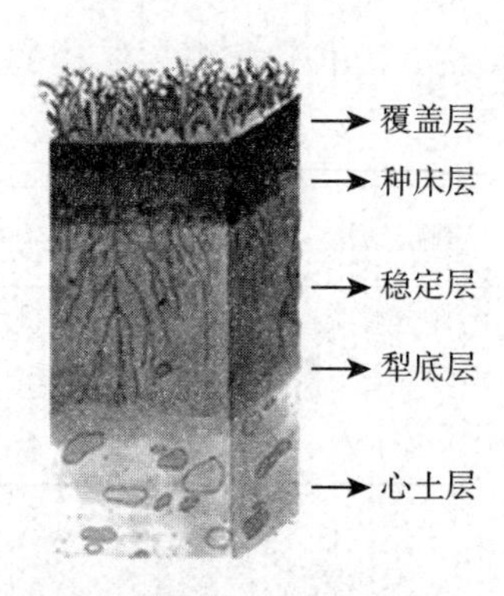

图 2-2 土壤剖面示意

(2) 种床层。种床层是放置作物种子的土层。要求适当紧实，毛管孔隙发达，使土壤水分易于沿毛管移动至该层，供种子吸水发芽。《吕氏春秋》中“稼欲生于尘，而殖于坚者”，其中“尘”是虚土，“坚”是实土，作物在虚土中发芽，在实土中生根。因此，土壤耕整应采取措施，减少大孔隙，抑制土壤水分蒸发，促进种床层毛管孔隙的形成。

(3) 稳定层。稳定层也称作物根际层，是作物根系活动的土层，其深度根据耕作深度不同而变化。其理化、生物状况比较稳定，是蓄纳和协调土壤水、肥、气、热的关键层次，决定着作物生长发育的状况。耕作过程中，处理好这层土壤的蓄水保肥性能，对抑制土壤蒸发，提高水、肥利用效率具有重要意义。根据不同的耕作方式，稳定层土壤内部结构主要分为全实、全虚，以及虚实并存三种状态。

(4) 犁底层。犁底层是由于多年用同一耕作深度，耕作机械对土壤的挤压和土壤黏粒沉积，在土壤稳定层和心土层之间形成的容重大、透性不良的土层。犁底层隔离了耕层与心土层间水、气、热交换。对薄土层、沙砾土壤，犁底层有防止水、肥、气三漏的作用，有时是作物的“保命”层。另外，对于土层深厚的土壤，不利于土壤水分下渗，有造成耕层渍水的危险，对盐碱土壤更为不利，同时也不利于稳定层与心土层之间热能交换。因此，土壤耕作要防止犁底层形成，并逐步消除犁底层。

(5) 心土层（底土层）。心土层一般指犁底层以下的土层。该层土壤结构紧实，毛管孔隙多，通透性差、微生物活动微弱，有机质含量极少。此层受外界气候、耕作措施影响较少，但受降雨、灌溉影响较大。该层的土壤性状对土壤水分的蓄保、渗漏、供应，以及土壤通气状况、养分运转、土温变化仍有一定的影响，有时影响巨大。

耕层构造和心土层机构共同决定耕层的水、气、热环境及肥力的高低，以及土壤自身肥瘠的变化趋势。但由于农作物根系主要在耕层内，外部大气环境主要影响到耕层，所以耕层或表土层的水、气、热变化较剧烈；而 40～50cm 以下的心土层水、气、热变化与上层相比则很微弱，微生物活动大受限制，生物学过程与上层相比也很微弱。因此，调控耕层构造是土壤肥力变化的决定因素之一。

（三）良性耕层构造的条件

良好的耕层构造应具备以下两方面条件：

（1）从用养结合方面，能最大限度地蓄纳并协调耕层中水、气、热状况。不但为作物提供良好的土壤环境，促进耕层中矿质化作用，加速养分释放，让作物“吃饱、喝足、住好”，而且能更好地促进腐殖化作用，保存和积累腐殖质，培肥地力。

（2）从经济效益方面，能最大限度保持耕作后效，降低耕作成本，又延长轮耕周期，逐步建立合理的土壤轮耕制度。

延长耕作后效，也为实现免少耕创造条件，降低生产成本，提高粮食生产效益。

第三节　土壤耕作技术与装备

土壤耕作是指在作物种植前或在作物生长期间，为改善作物生长条件而对土壤进行的机械加工。根据它们对土壤影响的深度和强度不同，划分为基本耕作措施和表土耕作措施，两者必须配合，才能创造作物播种所需的土壤条件。土壤基本耕作又称初级耕作，是指入土较深、作用较强、能显著改变耕层物理性状、后效较长的土壤耕作措施。黄淮海地区基本耕作主要是指翻耕、旋耕、松耕和免少耕。表土耕作分为耙耱、中耕、镇压等耕作。本节主要讨论基本耕作措施。

一、翻耕

翻耕（也称犁耕、深耕），是利用铧式犁将耕层土垡切割、抬升、翻转、破碎、移动、翻扣的过程。翻耕是熟化土壤、提高耕地质量的重要措施。黄淮海是两作区，翻耕的主要机械是铧式犁。

（一）翻耕特点

1. 翻耕优点

一是翻土，可将原耕层上土层翻入下层，下土层翻到上层，熟化土壤；二是松土，土壤耕层上下翻转，紧实的耕层变得翻松；三是碎土，犁体曲面前进时将土垡破碎，进而改善结构，在水分适宜时，松碎成团聚体状态；四是熟土，下层土壤上翻，熟化土壤，并增加耕层厚度和土壤通透性，促进好气微生物活动和养分矿化等；五是掩埋，耕翻可掩埋作物根茬、化肥、绿肥、杂草，并可防除部分病虫害。

2. 翻耕缺点

一是能量消耗大，土壤全层耕翻，动土量大，消耗能量多；二是土壤孔隙度大，下部常有暗坷垃架空，有机质消耗强烈，对作物补给水分能力差；三是水分损失多，翻耕过程土壤扰动多，水分损失快，旱作区不利于及时播种和幼苗生长；四是生产成本高，犁耕前要进行破茬作业，犁耕后要进行耙、耱、压等表土作业，增加了作业次数和生产成本；五是形成新的犁底层，犁耕打破了一个犁底层，又会形成一个新的犁底层。

（二）翻耕作业标准和要求

1. 翻耕作业标准

山东省地方标准《土壤耕作质量标准》（DB37/T 283—2000）规定，耕深≥25cm，沟宽≤35cm，垄沟深≤1/2 耕深，垄脊高度≤1/3 耕深，碎土率≥65%，植被覆盖率≥60%（无秸秆还田的情况），减少垄、沟数量。

2. 翻耕作业要求

（1）翻耕季节。由于各地种植模式不一，犁耕时期可分为伏耕、秋耕和春耕。伏耕、秋耕比春耕更能接纳、积蓄伏秋季降雨，减少地表径流，对储墒防旱有显著作用。伏耕、秋耕比春耕有更充分的时间熟化耕层，改善土壤物理性状。盐碱地伏耕能利用雨水洗盐，抑制盐分上升，加速洗盐效果。一般来讲，伏耕优于秋耕，早秋耕优于晚秋耕，秋耕又优于春耕。黄淮海一年两作区，农耗时间短，一般在秋季适墒翻耕（土壤含水 20%左右）。耕前要对玉米根茬进行破茬，对玉米秸秆进行精细还田，耕后及时耙耢镇压，保护墒情，形成适播土壤层次。

（2）翻耕深度。犁耕的适宜深度，应视作物、土壤条件与气候特点确定。一般情况下，土层较厚，表、底土质一致，有犁底层存在的黏质土、盐碱土等，可翻耕深些；而土层薄，沙质土，心土层较薄或有石砾的土壤不宜深耕。耕层浅的土地，要逐年加深耕层，勿将犁底层一次翻入耕层过多，影响产量；同时配合施有机肥，逐步培肥地力，秸秆还田地块要增施 5～10kg 氮肥，促进秸秆腐烂；作业时，要装配合墒器，提高耕后土壤整平度。

（3）翻耕后效。翻耕创造的疏松土壤能保持一定时间。据有关部门验证，旱作农田翻耕后有 2～3 年的效果，灌溉农田犁耕后有 1～2 年的效果。

（4）翻耕配套机具。犁耕作业后，建议用动力驱动耙进行配套整平压实。动力驱动耙与卧式旋耕机相比，具有耙得透、碎土好、地表平、镇压实，上下土层不乱，掩埋的残茬和秸秆仍然处于底层，播种条件创造得好等特点。图 2-3 为 1BD-2.1 型动力驱动耙，作业幅宽 2.1m，耙地深度 3～25cm。

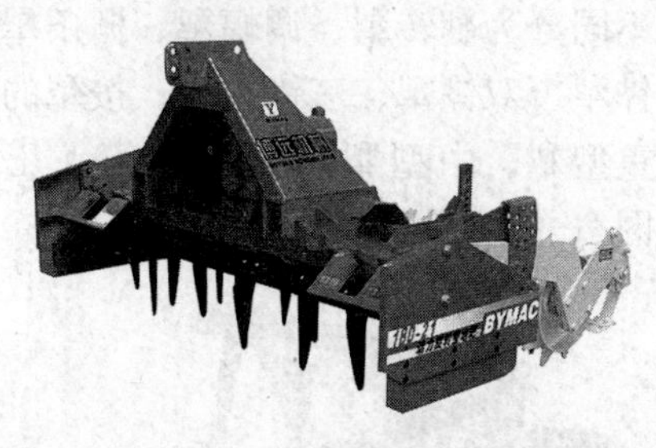

图 2-3　动力驱动耙

（三）翻耕犁种类与选择

1. 犁的型号

按照农业机械分类办法，犁的型号一般用犁铧数量、单铧耕幅，以及犁的结构特征来表示。如 1LF-425 表示 4 铧、单铧耕幅

25cm 的翻转犁。在不知道犁的结构时，可以根据犁的型号，简单了解犁的结构和性能。

2. 翻耕犁种类

按照《农业机械分类》（NY/T 1640—2015）标准，机引犁分为圆盘犁和铧式犁。

图 2-4 圆盘犁

圆盘犁如图 2-4 所示，是以球面圆盘为工作部件的耕作机械。它依靠重量强制入土，入土性能比铧式犁差，土壤摩擦力小，切断杂草能力强，翻垡覆盖能力弱，适于开荒、黏重土壤作业。

铧式犁是以犁铧和犁壁为主要工作部件进行耕翻和碎土作业的一种耕作机械。铧式犁是应用历史悠久、种类繁多的常用耕作机械。铧式犁按与动力机械挂接方式不同分牵引犁、悬挂犁和半悬挂犁；按用途不同分为通用犁、深耕犁、高速犁等。此外还可按结构不同分为翻转犁、调幅犁、栅条犁、耕耙犁等；按犁体数量分为单铧犁、双铧犁、三铧犁等；按犁的重量和适应土壤的类型则可分为重型犁、中型犁和轻型犁等。几种常见铧式犁分别如图 2-5、图 2-6、图 2-7、图 2-8 所示。

图 2-5 悬挂式铧式犁

图 2-6 半悬挂式铧式犁

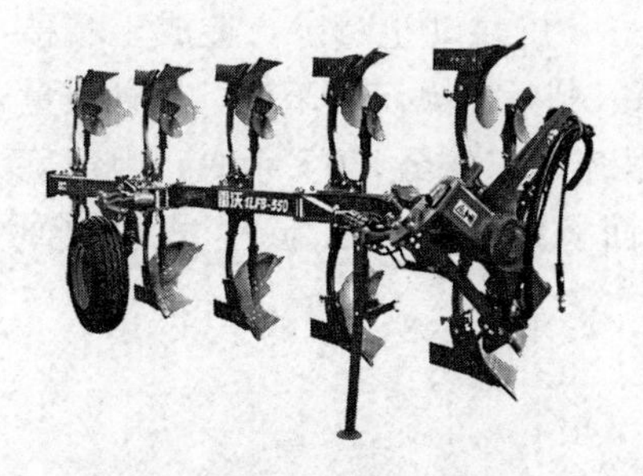

图 2-7　悬挂式液压翻转犁

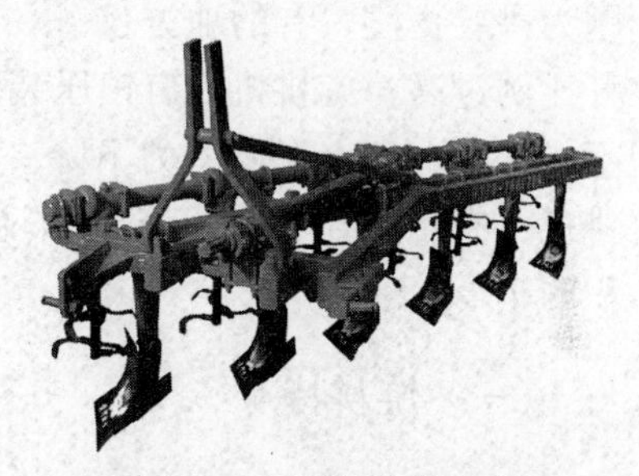

图 2-8　悬挂式耕耙犁

3. 机耕犁选择

犁的选择要根据现有配套动力、土地经营规模、生产用途等来选择购买机引犁。一般土地经营规模超大（333.3hm^2以上）、具有大型链轨拖拉机的农场，可选择犁铧多（5 铧以上）、耕幅宽的牵引犁；土地经营规模较大（100～300hm^2），具有大型轮式拖拉机（73.5kW 以上）的农户，可选择 4～5 铧悬挂式翻转深耕犁；土地经营规模小、以服务型为主的农机合作社和农机大户，可选择 3～4 铧悬挂式装配合墒器的翻转犁（图 2-9），以减少墒沟数量，平整耕后土地，为整地播种创造条件。

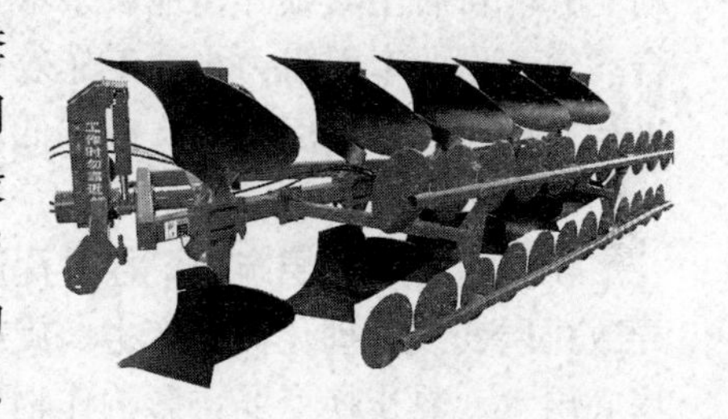

图 2-9　悬挂式耕耙犁

二、旋耕

旋耕就是利用旋耕机旋转的刀片切削、打碎土块、疏松混拌耕层的过程。旋耕可将犁、耙、平三道工序一次完成，多用于农时紧迫的多熟地区和农田土壤水分含量高、难以耕翻作业的地区。

由于铧式犁作业前后配套环节多，作业成本高，使用者越来越少，在黄淮海地区，土壤耕作基本被旋耕机替代。随着旋耕面积越来越大，应用时间越来越长，产生的问题也越来越多。旋耕主要问题为耕层变浅，有的地方仅 4～5cm；旋耕动土量少，造成土壤秸秆比例过高；旋耕机没有镇压装置，耕后土壤疏松暄软，播种质量不能保障，蓄水保墒能力下降。据统计，截至 2015 年底，山东旋耕机保有量达到 33.1 万台，作业面积超过 500 万 hm^2，占耕地面积的 75%以上。

（一）旋耕特点

1. 旋耕优点

旋耕具有碎土、松土、混拌、平整土壤的作用，将上下土层翻动充分，耕后土壤细碎；地表杂草、有机肥料、作物残茬与土壤混合均匀；作业牵引阻力小，工作效率高；耕后地表平整，可以直接进行播种作业，省工省时，成本低。

2. 旋耕缺点

耕作后旱地耕层疏松，播种深度不易控制；旋耕深度过浅，易导致耕层变浅、理化性状变劣；旋耕刀挤压土层，犁底层加厚，土壤底层水、热交换变弱，影响作物生长。

（二）旋耕作业标准和要求

1. 耕作标准

按照山东省地方标准《旋耕机作业质量》（DB 37/1428—2009）规定，旋耕前地表平整，基肥撒施；耕深 15cm 以上，合格率≥85%；在适耕条件下，土壤细碎，碎土（最长边＜4cm 的土块）率：壤土≥60%、黏土≥50%、沙土≥80%；地面平整，跨幅宽地表高低差≤5cm；根茬破碎，长度＜8cm，合格率＞80%；作物残茬掩埋效果好，掩埋率≥70%；无漏耕，不拖堆；相邻作业幅重耕量＜15cm。

2. 作业要求

（1）旋耕时间。旋耕主要以混合肥料、疏松土壤为主要目的，南方可以按照种植模式需要，在土壤水分适宜的情况下，随时耕作。黄淮海一年两作区，一般在秋季作业；一年一作区，可以秋季作业或春季作业。

（2）旋耕深度。旋耕机按其机械耕作性能可深耕 15～18cm。但在生产实际中，农机手贪快，一般耕深为 8～16cm，其耕深较浅，严重影响了粮食产量进一步提升。因此，旋耕应与翻耕、深耕技术轮换应用，作为翻耕、松耕的补充作业。

（3）旋耕镇压。传统的旋耕机缺少对耕后土壤的压实，对小麦玉米两作区秋季耕作，要将旋耕机拖土板更换为镇压轮，或直接购置带有镇压轮的旋耕机，实现对耕后土壤的压实，为小麦播种创造条件。

（4）旋耕后效。由于耕作深度浅，土壤回实快，土壤疏松时间短，一般需要年年耕翻。

（三）旋耕机种类与选择

1. 旋耕机种类与特点

（1）按旋耕刀轴的位置不同分为卧式和立式旋耕机。北方旱田常用旋耕机为卧式旋耕机。卧式旋耕机具有较强的碎土能力，一次作业可使土壤细碎，土肥掺混均匀，地表平整，达到旱地播种或水田栽插的要求，利于缩短农耗，提高工效。但对作物残茬、杂草的覆盖能力较差，耕深较浅，功率消耗较大。立式旋耕机工作部件为装有 2～3 个螺线形切刀的旋耕刀轴（图 2-10），作业时旋耕刀轴绕立轴旋转，切刀将土切碎。适用于稻田水耕，有较强的碎土、起浆作用，但覆盖性能差。

图 2-10　立式旋耕机

（2）按机架结构可分为圆梁型和框架型。圆梁型又分为轻小型、基本型和加强型。轻小型旋耕机一般结构重量较轻，工作幅宽一般为 125cm 以下；基本型旋耕机齿轮箱体仅由左右主梁同侧板连接，工作幅宽一般为 200cm 以下；加强型旋耕机齿轮箱体由左右主梁和副梁同侧板连接成一体，工作幅宽范围较大。圆梁型旋耕机生产时间长，技术较成熟，使用操作方便。框架型旋耕机是通过整体焊接框架连接旋耕机齿轮箱体和侧板，如图2-11所示。框架型旋耕机按照工作轴多少又分为单轴型和双轴型。单轴型旋耕机仅有一个旋耕刀轴；双轴型旋耕机有两个旋耕刀轴，通常前后配置，前刀轴耕深浅、转速高，后刀轴耕深较深、转速较低，如图2-12所示。框架旋耕机整机刚性高，结构强度大，适应性好，方便组成复式作业机具，进行深松、起垄、旋播、镇压作业。目前框架型旋耕机正逐渐成为农机手的首选。

图2-11　卧式框架变速单轴中间传动旋耕机

图2-12　双轴变速旋耕机

框架式旋耕机按照所匹配的拖拉机轮胎轮辋直径的大小，又分为框架普箱旋耕机、框架中箱旋耕机、框架高箱旋耕机3类。大马力*高轮拖拉机配普箱旋耕机，万向节倾角过大，对十字轴和传动轴损坏严重，易折断。普箱旋耕机耕幅1.1～1.6m，配套动力12～36.8kW；中箱旋耕机变速箱比普箱高8cm，旋耕机耕幅1.4～3.0m，配套动力22～89kW；高箱旋耕机的变速箱比普箱高18cm，旋耕机耕幅2.8～3.8m，配套动力73.5～147kW。

（3）按驱动力传输路线可分为中间传动型和侧边传动型旋耕机。中间传动型旋耕机主要特点是拖拉机的动力经旋耕机动力传动系统分为左右两侧，驱动旋耕机左右刀轴旋转作业。结构简单，整机刚性好，左右对称，受力平衡，工作可靠，操作方便，但中间往

* 马力，一种功率单位，每秒把75kg物体提高1m所做的功。——编者注

往有漏耕现象存在，中间犁体也容易缠草。侧边传动型旋耕机的主要特点是拖拉机的动力经旋耕机动力传动系统从侧边直接驱动旋耕刀轴旋转作业；其结构较复杂，使用要求较高，但适应土壤、植被能力强，尤其适应于水田旋耕作业。

（4）按照变速箱输出转速是否固定，分为变速旋耕机与非变速旋耕机。变速旋耕机可在秸秆量大、土壤黏重的地块选择刀轴高速作业，以提高作业质量；在还田质量高、沙性或壤性土壤地块，可选择刀轴低速作业，以节省动力。

（5）按照旋耕刀与刀轴装配位置不同，分为传统刀轴旋耕机与盘刀式旋耕机（图2-13）。盘刀式旋耕机采用高箱框架设计，刀轴与框架间距增加，耕作较深，同时避免刀具因缠绕泥草形成阻力；旋耕机采用圆盘刀，整机作业平衡性得到了提升。盘刀式旋耕机适用于土壤坚硬、混有砖石及秸秆的地块作业。

图2-13　1GKNP-220型盘刀式旋耕机

2. 旋耕机的选择

旋耕机的选择要依据土地经营规模、配套动力、主要用途等条件进行选择。一般遵循以下原则：

（1）镇压原则。小麦玉米两作区，秋季旋耕种植小麦要选择带有镇压装置的旋耕机，能压实土壤，为小麦播种创造条件。

（2）耕深原则。作业深度要满足农艺要求，在秸秆还田地区，耕深大的要选择高箱旋耕机或圆盘刀式旋耕机。

（3）变速原则。土壤黏重、耕后坷垃较多地区，可选择变速旋耕机。

（4）幅宽原则。土地经营规模大，道路通行条件好，具有大型拖拉机的农业专业合作，可选择宽幅旋耕机或折叠式宽幅旋耕机；土地经营规模小，但具有大型动力拖拉机的用户，可以选择双轴旋耕机。

三、松耕

土壤深松机械化是在不翻土、不打乱原有土层结构的情况下，通过深松机械疏松土壤，打破犁底层，增加土壤耕层深度的耕作技术。深松可熟化深层土壤，改善土壤通透性，增强蓄水保墒能力，促进作物根系生长，提高作物产量。

深松分为全方位深松、间隔深松、振动深松等。全方位深松采用梯形铲式、曲面铲式等全方位深松机，在工作幅宽内对整个耕层进行松土作业，为密植作物播种创造条件。间隔深松根据不同作物、不同土壤条件，采用单柱带翼、单柱振动式或非振动凿形铲式深松机，进行松土与不松土相间隔的局部松土，形成虚实并存的耕层构造，实现土壤养分、水分贮供的完整统一。振动深松是通过深松铲的振动，增加土壤疏松体量的作业。

（一）深松作业特点

1. 深松作业优点

（1）打破犁底层。土壤多年翻耕或旋耕形成的犁底层，阻碍水分、养分的运移和作物根系发育。深松后，可打破犁底层，增加土壤熟化层厚度。

（2）提高土壤蓄水能力。加深的熟土层和疏松的土壤，有利于水分入渗。另外，深松后土壤表面粗糙，雨雪聚集增多，增加冬春蓄水。据山东省农机技术推广站2010年9月至2011年6月在济南市历城区鸭旺口的试验，深松地块小麦生育期土壤水分较传统地块平均高22.52%。

（3）改善土壤结构。间隔深松后，土壤深处形成虚实并存的土壤结构，有利于土壤气体交换，促进好气性微生物的活化和矿物质分解，利于培肥地力。同时，改善耕层固态、液态和气态的三相比，利于作物生长。

（4）减少土壤水蚀。深松增加降水入渗，降低雨雪径流，从而减少土壤水蚀。

（5）消除由于机器进地作业造成的土壤压实。

2. 深松作业缺点

松耕不能翻埋肥料、杂草、秸秆，不能碎土，耕后不能进行常规播种。若深松后进行常规播种，需先行旋耕整地，增加作业成本。因此，深松只能与免耕播种相结合。

（二）深松作业标准和要求

1. 作业标准

2015年农业部颁布《深松机作业质量》（NY/T 2845—2015）规定：在作业地块平坦、地表没有整株秸秆、土壤含水率在适耕范围内，松深范围内没有影响作业的树根、石块等坚硬杂物条件下，深松深度合格率≥85%，邻接行距合格率≥80%，无漏耕。明确深松合格深度应打破犁底层且深度不低于25cm；行距的±20%之内为合格邻接行距；除地角外，邻接行距大于1.2倍行距为漏耕。

2. 作业要求

（1）作业条件。土壤含水率适宜的轻沙土、壤土和轻黏土，一般绝对含水率为12%～22%；土层深厚，作业层内不存在树根、石块等坚硬杂物的地块；地表作业残茬处理较好，覆盖均匀；作业间隔1～2年。据在章丘奔腾农场小麦-玉米一年两作模式区监测，深松一年后10～30cm土壤容重保持在1.33g/cm^{3}左右，较深松前低14.7%。

（2）机具条件。深松机械铲间距需≤60cm，宜装配镇压轮；凿铲式深松机深松铲宽≥6cm。

（3）监测终端。深松机械应装配深松作业智能监测终端。智能监测终端应具有深松深度、作业面积、漏松情况等监测功能。

（4）试作业。正式作业前进行试作业，验证作业质量、校准智能监测终端基础数据。

（三）配套措施

（1）深松要与秸秆还田相结合，培肥地力，保护环境。为防止秸秆拥堵、缠绕机具，小麦、花生秸秆还田长度≤10cm，玉米、棉花秸秆还田长度≤5cm，抛撒均匀。也可选用深松铲前后配置深松机，提高通过性。

（2）深松与免耕播种相结合，减少机械进地次数，降低生产成本。深松是保护性耕作四项关键措施之一，深松与免耕播种相结合，可显著提高保护性耕作技术效能，实现增产增收、蓄水保墒、培肥地力的目标。

（3）深松与化肥深施相结合，提高肥料利用率。在深松作业的同时，将化肥深施土壤中，可提高肥料利用率。据监测，化肥深施10cm，较化肥撒施利用率由35%左右提高到50%左右。

（4）深松与镇压相结合，降低土壤水分蒸发强度。除冬闲地冻前深松可不用镇压外，其他时间深松作业，都要及时镇压，裂沟合墒弥平，增加深层土壤紧实度，减少土壤水分蒸发。

（四）常见深松机种类与选择

1. 深松机种类与特点

深松机按照作业方式不同，可分为全方位深松机和间隔深松机。全方位深松机有梯形铲全方位深松机（图2-14）、曲面铲全方位深松机（图2-15）。间隔深松机又分为凿铲立柱式深松机（图2-16）、凿铲双翼式深松机（图2-17）、凿铲振动式深松机（图2-18）。

图2-14　1SQ-340型全方位深松机

图2-15　1S-250型深松机

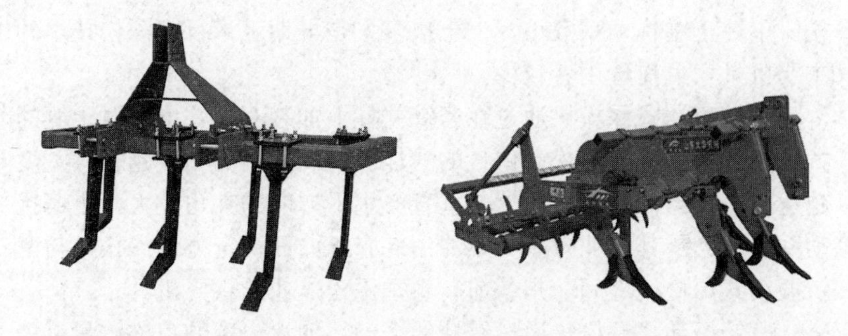

图 2-16　1S-210 型深松机　　　　图 2-17　1S-240 型深松机

图 2-18　1SZ-210 型振动式深松机

梯形铲全方位深松机通过对土壤挖掘、抬升，实现土壤疏松。大土块较多、不易压实，需要较大牵引力，要配备大马力拖拉机。主要适用于旱作农田或山区丘陵农田开荒作业，目前较少应用。

曲面铲全方位深松机通过对土壤切割、推压，实现土壤疏松。与梯形铲全方位深松机相比，具有消耗牵引力小、作业效率高等优点。虽然曲面铲作业幅宽内土壤扰动系数较大，但曲面铲柱外面土壤基本没有疏松，因此，采用这类深松机作业时，邻接幅宽不宜太宽。主要应用于旱作区农田土壤深松作业，是目前农机手主选的产品。

凿铲立柱式深松机通过对土壤强力开挖、掘破，实现土壤疏松。单柱土壤扰动系数小，大土块多，是早期玉米行间深松技术的主要机具，目前选用者较少。

凿铲双翼式深松机通过在凿铲立柱上加装双翼，增加对土壤的扰动系数，实现土壤松动体量的增加。双翼安装的长度越长、宽度越宽、高度越低，以及双翼与垂直、水平方向的夹角越大，土壤扰动系数越大。其作业效率、燃油消耗介于曲面铲全方位深松机与凿铲振动式深松机之间，是冬前、春季深松作业的主要机具。

凿铲振动式深松机通过铲柱的振动，加大土壤的疏松体量，需要的牵引力小。单柱土壤扰动系数大，大土块少，利于下一环节作业，但作业效率略低、油耗略高，适用于大型拖拉机在较小区域的深松作业。

因深松机架为横置框架结构，利于旋耕、播种部件装配。因此，深松机装配旋耕部件，就可以组成深松整地机（图 2-19）；深松机装配旋耕部件、播种部件，就可以组成深松免耕播种机（图 2-20）、深松整地播种机（图 2-21），实现“耕整”或“耕整播”一体化。

图 2-19　1SZL-300 型深松整地机

图 2-20　2BSF-220 型深松免耕播种机

图 2-21　2BMFS-300 型小麦深松整地播种机

2. 深松机选择

目前，深松机生产企业较多，种类型号较杂，农机服务组织和机手在选择深松机时，应注意以下几个方面。

(1) 深松机铲柱要长。避免机架壅草，提高机组通过性，同时为以后作业预留深松深度。

(2) 深松机横梁排数要多。将深松铲柱分散装配到多排横梁上，避免产生耙子搂草效应，提高机组作业效率。

(3) 深松机铲柱间隔要准。为提高深松作业扰动系数，增加土壤松动体量，一般规定，深松 25cm 深度时，深松铲间距不大于 60cm；但也不应过小，否则影响机具通过性。

(4) 深松铲与限深轮距离要大。深松机深松铲与限深轮距离要大一些，避免在秸秆还田质量不高区域作业时，造成深松铲与限深轮间堵塞，影响作业质量。

(5) 深松机镇压应实。深松作业后，土壤空隙增加，蒸发加快。选择装配高强度镇压轮的深松机，作业后地表镇压平整，保墒效果好。

四、免少耕

免少耕是现代农业生产的一项新的耕作技术，是在对传统耕作技术研究探索基础上，变革发展而来的农业新技术。免少耕是以不使用铧式犁耕翻和尽量减少耕作次数为主要指标的，从尽量减少耕作次数发展到一定年限内免除一切耕作，用特定的免耕播种机一次完成破茬、松土、开沟、播种、施肥、撒药、覆土、镇压等各项作业。它的理论基础是在尽量减少耕作次数的条件下，创造出良好的种床，符合种子发芽和作物苗期生长所需的条件，并不是简单地减少或取消耕作次数。与秸秆覆盖机结合的免少耕法，现在被称为保护性耕作。

(一) 免少耕的特征

(1)“生物耕作”代替机械耕作。免耕是依靠生物的作用，通过植物根系穿插和土壤微生物的活动，创造适宜的农作物生长环境。

（2）有作物秸秆覆盖。地面覆盖是免耕不可或缺的组成部分，只有保证秸秆覆盖与免耕的有效结合，才能充分发挥技术效能。据山西省农业科学院土壤肥料研究所试验，每亩覆盖干秸秆400～500kg，蓄水和增产效果显著，随着覆盖量的增加，蓄水和产量增加不明显。覆盖秸秆长度要在10cm以下，抛撒均匀，小麦收获时留茬为15～20cm。

（3）先进的病虫草害防治措施。在病虫草害严重发生的地区，因免耕不能翻埋杂草种子、土传疾病不能暴晒消除，危害可能会加重，应设计好控制措施。从山东10多年的应用情况来看，病虫草危害基本在可控范围内。

（二）免少耕的技术特点

免少耕优点：免少耕不翻动土壤，尽量减少耕作次数，从而减少土壤水分蒸发和水土流失，提高蓄水保墒能力；不翻动土层，降低了土壤透气条件和好气微生物的活动，减缓有机质分解速度，增加有机质积累，起到了培肥作用；减少了耕作次数和机具对土壤的破坏作用，土壤有机质提高，使土壤团聚体含量增加，改善了土壤结构；不翻动土层，地面覆盖杂草，下层杂草种子得不到发芽条件，杂草逐年减少，且地面覆盖防止了风蚀、水蚀。总之，免少耕是运用生物和土壤的自然物理特性，为作物生长提供良好的土壤环境。

免少耕缺点：因免少耕不能切断深层毛细管，土壤水分不易蒸发，在阴雨天气和低洼地，易造成涝渍灾害；由于地表覆盖，在高海拔地区地温提升慢，可能影响春季播种；长期连续免少耕，土壤紧实板结，环境变差，土壤微生物活动减弱，微量元素吸收困难，易造成作物减产。

因此，免少耕不是永远不耕，而是在一定年限内免少耕。对不同的土壤结构，要科学地选择耕作方式，以提高土壤蓄水保墒和协调水分气热能力，增加作物产量。一般黏性土壤2～3年耕作一次，壤性和沙性土壤3～4年耕作一次。

（三）免少耕的技术要点

免少耕不是孤立进行的，它需要与其他农业技术措施紧密配合，才能充分发挥抗蚀保土和增产作用；还需要培肥土壤，增加有机质含量，优化耕层构造，才能持续利用。免少耕无时间和数量约束，形式和内容多样，各地应借鉴其成功经验，按照当地土壤性质、气候条件，建立符合当地农业生产的免少耕生产体系。免少耕首先在玉米上取得了成功，接着在大豆、棉花、花生、小麦、高粱等作物上也获得了成功。黄淮海地区主要在小麦、玉米上应用了免少耕技术。要点如下：

1. 秸秆覆盖

（1）小麦秸秆覆盖。小麦割茬高度一致，秸秆覆盖率≥30%。若采用高留茬覆盖割茬高度不低于200mm。联合收割机应配备茎秆切碎器，使秸秆切碎长度≤150mm；切断长度合格率≥90%；抛撒不均匀率≤20%。

（2）玉米秸秆覆盖。秸秆切碎长度应≤100mm；秸秆切碎合格率≥90%；抛撒不均匀率≤20%；秸秆覆盖率≥30%。秸秆量过大或地表不平时，采用圆盘耙进行表土处理。

2. 免耕播种

（1）玉米免耕播种。播种量每亩1.5～2.5kg；播种深度3～5cm，沙土和干旱地区应适当增加1～2cm；施肥深度8～10cm，即在种子下方4～5cm。

（2）小麦免耕播种。播种量每亩5～10kg（旱地每亩12～15kg）；播种深度2～4cm，应落籽均匀，覆盖严密；施肥在种子侧下5cm处。

第四节　现代农业耕作制度

随着土地流转速度加快，农业生产规模经营逐渐扩大，现代农业生产耕作制度急需探索和建立。目前，我国农业机械装备发展迅速，大型动力机械不断更新，国内研发的拖拉机动力超过 220kW，深松机、深耕犁、免耕播种机等新型耕作播种机械在不断研发，现代耕作装备基础初步奠定。

一、现代农业耕作制度的目标和原则

（一）现代农业耕作制度的目标

长期连作、耕层变浅、有机质含量下降、肥力不均、水土流失等是我国大部分耕地普遍存在的问题。缺乏合理的土壤耕作、秸秆处理、施肥等技术，导致耕地质量下降。如何协调耕地质量下降与地力培育之间的矛盾是耕作制度需要解决的重要问题之一。现代农业耕作制度的目标就是协调耕地质量下降与地力培肥之间的矛盾，利用科学合理的耕作方法，在疏松土壤、充分利用农业生产资源的基础上，创造合理的耕层构造，保持耕层适宜的土壤密度，增加土壤毛管空隙，协调土壤水、肥、气、热矛盾，充分发挥土壤生产能力，实现农业生产资源科学、可持续利用，达到农业生产效益持续稳定增长的目的。

（二）现代农业耕作制度的原则

因时耕作、因地耕作、因作物耕作，实现农业生产低耗、高效、可持续发展。做到以合理轮作为基础、合理轮耕为中心、合理施肥为保证，建立“三制配套”的耕作制度。

现代农业耕作制度的基本原则：一是耕作时看天气、看地情、看时间、看作物；二是合理轮作、合理轮耕、合理施肥，充分利用耕作后效，减少耕作次数。

1. 看天气、看地情、看时间、看作物耕作

（1）看天气。耕作前，要注意观察天气。天气干旱，风干物燥，近期缺少降水，可缓耕或不耕；耕作时，空气潮湿，蒸发量小，土壤墒情好，应尽快翻耕或旋耕；近期可能有雨雪，应抓紧深松，让深松后的土壤接住降水。

（2）看地情。耕作时要看地情。一是根据耕层和犁底层厚度，以及底层土质确定耕作深度。犁底层厚的可适当深松，但翻耕要避免过多生土翻出来；底层为沙土的深松要浅，翻耕可以适当增加3～5cm；底层为壤土、黏土的可适当深松3～5cm。二是根据土壤墒情确定耕深，土壤墒情好的地块，耕作深度可增加；墒情差的地块耕作深度要浅或不耕作，实行免耕播种。三是根据土壤质地确定耕期。黏质土壤，要抓住适耕期，适当降低作业速度，避免产生坷垃，影响作物出苗和生长发育；壤质或沙质土壤，适耕期可以长一些。四是依据土壤有机质含量，确定耕作后效。土壤有机质、腐殖质含量较高（肥沃）的地块，后效期2～3年；含量低（贫瘠）的土壤，深松后效期短。一般翻耕和松耕间隔1～2年，各地需要跟踪监测，以便确定耕作后效。

（3）看时间。要根据农时进行耕作。黄淮海平原区要充分利用秋冬农闲季节开展耕作。这样做的好处是：土地休闲期长，土壤毛管恢复好，蓄纳雨水多，冬冻春融，熟化土壤，消灭病虫。黄淮海平原区尽量避免休闲期短、天气干燥，土壤水分蒸发量大、速度快的夏季耕作，因为耕作后土壤毛管不能迅速恢复，深层水供给量小于蒸发量，并且夏季耕作距雨季来临时间长（10～20d），受天气不确定因素影响，易造成减产或绝产。

（4）看作物。根据种植作物和配备的机械装备，确定耕作方式，实现农机农艺的融合。黄淮海小麦玉米两作区，在玉米秸秆还田后，种植小麦，可以采用深松施肥免耕播种、深松＋免耕播种、深松整地＋传统播种等不同方式。

2. 合理轮作、合理轮耕、合理施肥

（1）合理轮作。不同农作物的灌溉、施肥、耕作要求不同，不同的管理方式其土壤耕作强度不同。黄淮海平原区小麦玉米连作，水肥需求大，尤其是灌溉强度大，对土壤密度影响大，严重影响着耕作强度。合理轮作，将小麦玉米与其他耐旱作物合理轮作，可以减少灌溉对土壤的影响，充分发挥作物根系对土壤的疏松作用，降低耕作强度需求。如小麦玉米花生两年三季轮作、小麦玉米轮作、小麦大豆轮作、玉米花生间作等种植模式。2015 年秋至 2016 年秋，在东昌府、章丘和淄川进行了深松后不同灌溉方式的试验，2016 年秋，漫灌、喷灌地块土壤密度分别比旱作地块增加了 10.52%和 6.88%（图 2-22)。

漫灌　　喷灌　　旱作

图 2-22　不同灌溉方式对土壤耕层密度影响情况

（2）合理轮耕。不同耕作方式，对土壤的作用程度不同，其后效作用期也不同。不同的耕作方式合理轮换，巧妙配合，要比单一翻耕或旋耕的方式更能降低生产成本（或提高生产效益）。

（3）合理施肥。土壤肥力尤其是耕层中有机质、腐殖质的含量对土壤耕作效果的影响非常大。若土壤耕层中有机质、腐殖质多，其适耕性好，耕后易于整理，动力消耗少，耕作成本低；若土壤耕层有机质、腐殖质含量少，其适耕性差，土壤板结，耕后坷垃多，破碎困难，不易整理，动力消耗高，耕作成本高。因此，进行秸秆还田，施用有机肥料，增加土壤有机质，有利于土壤耕作。

二、现代农业耕作制度实施方法

土壤耕作制度是现代农业耕作制度的重要内容之一。通过合理的耕作措施，构建良性的耕层构造，是保护土地生产能力的有效措施。现代农业耕作制度以深松为主体，辅以秸秆还田，改传统全面翻耕为少耕，改连耕为轮耕，实现深松与犁耕结合、深耕与浅耕结合、翻耕与免耕结合，逐渐培肥地力，促进良性耕层构造形成，为作物播种和生长发育创造良好的环境条件，最终达到农业生产优质、高效、生态、低耗等目的。

对农业生产专业合作社、家庭农场等规模化的生产单位，可将耕地划分为不同小区，分区分类耕作，翻、松、免相结合，逐步建立适合规模生产的现代农业耕作制度。各小区以4～6年为周期，分区进行轮耕。如第1年第1区深松、第2区免耕、第3区翻耕、第4区免（少、旋）耕。合理配置机械装备，对照下一轮次进行耕作，形成轮耕制度。

第1遍轮耕：以25cm耕层为基础。第1年松耕，第2年免（少、旋）耕，第3年翻耕，第4年免（少、旋）耕。

第2遍轮耕：以30cm耕层为基础。第5年松耕，第6年、第7年免（少、旋）耕，第8年翻耕，第9年、第10年免（少、旋）耕（形成30cm的耕层）。

耕层厚度按照耕作轮次逐渐增加，使耕层土壤肥力上下一致，逐步建立30～50cm的良性耕层构造。

三、典型耕作制度及其应用

（一）典型耕作制度及其内涵

农业文明迄今为止形成了两种典型的耕作制度——精耕细作和保护性耕作。虽然两种耕作制度对人类的发展贡献巨大，至今仍然是广泛流行的典型耕作制度，但它们也都存在明显的不足。精耕细作存在的主要问题是：耕作过度，土壤表层保护不好，水土流失，特别是养分流失；翻耕次数过多，能耗高；表土裸露，导致土壤风蚀、水蚀加剧，土壤肥力减退；过细过频耕作破坏土壤生物生存环境，破坏土壤生态平衡；一些精耕细作的农艺复杂，不适合高效机械化作业，不利于规模化生产。而保护性耕作在我国研究推广的时间短，其主要问题是：技术体系成熟度和认可度不够；长期免耕对耕层土壤的影响存在争议；长期秸秆还田不翻耕，不利于形成结构合理、肥力均匀的深厚沃土层；秸秆处理不当会严重影响播种质量、易发生病虫害，一年两熟区处理难度太大；用化学除草剂抑制杂草会引发生态问题。为了克服上述问题，继承两种耕作制度的优点，并致力于保护生态、培肥地力和农业机械化可持续发展，提出了“生态沃土机械化耕作模式”。

所谓生态沃土机械化耕作模式就是着眼于农业长期稳定可持续发展，将建立“生态型农业机械化”和“培肥地力”作为两大重要目标，采用秸秆机械化还田、机械适度耕作、精量播种、化肥一次性深施等生态型机械化技术和方法，不断增加土壤有机质含量、改善土壤结构和生态，逐步减少化肥、农药等化学物质的使用，最终达到农业生产所追求的生态、优质、低耗、高效目的。近年，山东理工大学为建立符合现代农业生产的耕作制度，以“绿色可持续”发展理念为指导，探索实施了生态型机械化耕作模式，构建了较系统的生态沃土机械化耕作制度，其内容主要包括：

1. 建立多种耕作措施有机配合的周期性适度土壤耕作制度

土壤耕层需要合理的团粒结构，翻耕、旋耕、深松等耕作措施是影响土壤团粒结构的重要因素。耕作的目的是创造良好的耕层结构，翻耕具有晾晒、冻融土垡作用，可以改善土壤的状况，还能将杂草和一些病虫害杀死。传统的精耕细作要求连年翻耕，尽量使土壤细碎，给种子创造良好的生长环境，但传统精耕细作也带来一系列问题，如长期过度的翻耕，对土壤结构造成破坏，地表裸露失去保护，导致水土流失、沙尘肆虐、土地肥力减退；长期翻耕（浅层旋耕）形成坚硬的犁底层，影响作物根系下扎，也使土壤蓄水保墒能力下降。保护性耕作技术强调尽量少的土壤耕作，利用秸秆覆盖保护地表，减轻土壤风蚀和水蚀，减缓土地退化，并利用深松技术解决多年保护性耕作后出现的土壤变硬、容重增大的问题。但保护性耕作长期“以松代翻”使得一些在土壤下层的杂草、病虫不能及时被发现，给杂草和病虫害的发生、发展创造了机会，必须使用大量药剂，不仅增加了生产成本，还会造成土壤环境污染。

为解决传统精耕细作和长期保护性耕作带来的问题，“生态沃土机械化耕作体系”首先建立了以4～5 年为 1 个周期的周期性土壤耕作制度（图 2－23、图 2－24）。在 1 个周期内将翻耕、免耕、深松和苗带精细旋耕等耕作措施结合起来，对土壤进行适度耕作，以减少对土壤结构的破坏，降低能耗，构建合理的耕层结构。周期性土壤耕作制度具体措施和原理为：周期的首年进行翻耕，全面松动耕层，将土壤表层有机质含量较高的熟土翻至下层，肥沃底层，同时提高土壤的孔隙度和蓄水保墒能力；周期的第 2 年采用免耕，因为翻耕对土壤的作用有 2～3 年的后效，翻耕后的第 2 年土壤的孔隙度和蓄水保墒能力仍然适合作物生长，仍能保持较高的产量，免耕可减少耕作，降低能耗；周期的第 3 年（或第 4 年）采用深松，经过 2 年（或 3 年）自然沉积和机器压实，土壤孔隙度和蓄水保墒能力有所下降，但不是很严重，只需采用深松即可达到疏松土壤的目的，同时深松也打破犁底层，提

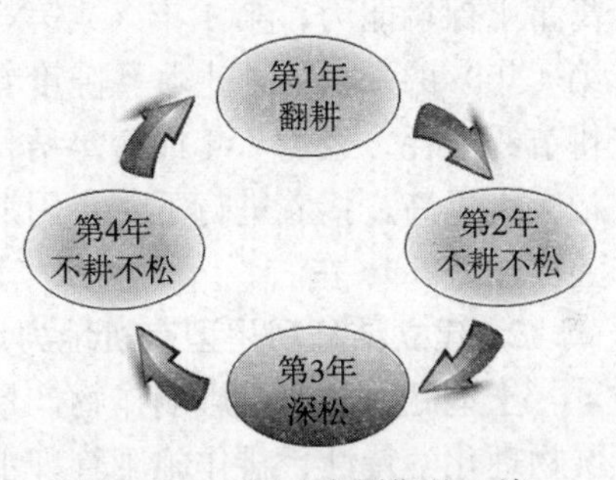

图 2－23　4 年 1 个周期的土壤耕作制度

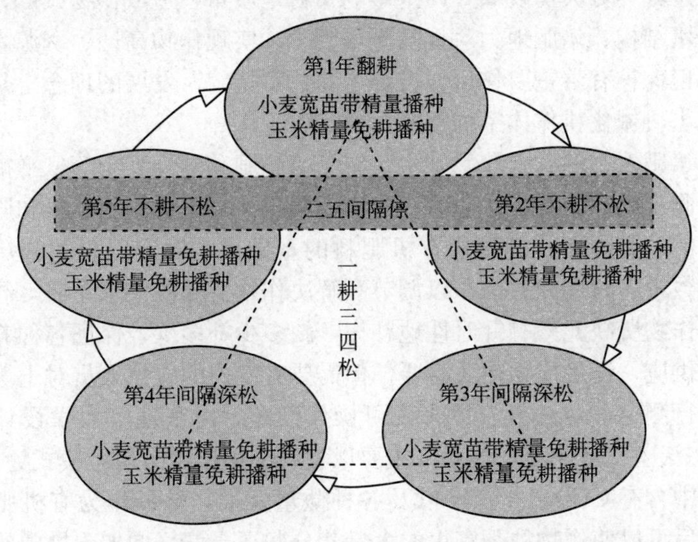

图 2－24　5 年 1 个周期的土壤耕作制度

高蓄水保墒能力；第4年（或第5年）采用免耕，经过第3年（或第4年）的深松后，土壤孔隙度有所提升，适合作物生长，采取免耕节约能耗。经过4年或5年秸秆还田不翻耕，土壤表层有机质含量大大提高，接着进行下1个周期的翻耕，这时的耕深一般应当与上次相差5cm左右。

2. 建立秸秆利用型有机地力培肥模式

土地肥力状况是影响作物产量的直接因素，自然环境条件、土壤物理化学特性、耕作施肥管理水平以及耕地配套的基础设施等均影响土壤肥力状况。农民对地力培肥知之甚少，依然没有摆脱传统施肥观念的束缚，对化肥有盲目的依赖性。据统计，我国化肥投入量从1980年的1 269.4万t增加到2015年的6 022.6万t；单位耕地面积化肥投入量也从1980年的86.7kg/hm^2，增加到了2015年的446.1kg/hm^2，远远超过了发达国家为阻止化肥对水体造成污染所设定的安全上限；化肥利用率却仅为35%左右。农田化肥的大量使用，使土壤肥力发生极大变化，有机质匮乏、易板结、通透性差及土壤养分失衡现象，严重影响了耕地质量，造成作物减产。改善土壤结构、培肥地力对提高土壤肥力、实现作物高产、资源高效和环境保护有着重要作用，符合“绿色可持续”发展的理念，是生态沃土机械化耕作体系的重要内容。

培肥地力的方式较多，主要有平衡施肥和秸秆利用等。平衡施肥即测土配方施肥，是通过对作物需肥规律、土壤供肥性能和肥料效应的研究，在合理施用有机肥料的基础上，制定肥料的施用种类、数量、时期和方法，以调节和解决作物营养的供求矛盾，同时根据作物所缺元素有针对性地补充，缺多少补多少，保证各种养分平衡供应，满足作物生长需要。但需要有专门的农技人员对土壤养分进行测定，对一般农民来说可操作性差。山东理工大学设计的“生态沃土机械化耕作体系”主要以秸秆利用型地力培肥模式为主。秸秆中含有C、N、P、K以及各种微量元素，秸秆作为有机肥料还田后可以使作物秸秆富集的大量养分归还土壤，增加土壤中的有机质含量，显著提高土壤肥力，合理改善土壤的结构，提高土壤的蓄水保墒能力，促进作物增产。据统计，每吨秸秆腐肥相当于30.4kg尿素、48kg过磷酸钙和83kg硫酸钾的肥效，秸秆利用型地力培肥模式是充分利用资源、减少化肥用量的生态型措施。山东省是典型的小麦-玉米一年两熟区，复种指数高，土壤有机碳投入少，养分入不敷出，土壤结构破坏严重，通过秸秆还田增施有机肥是改善土壤结构、提高土壤肥力的最快、最直接的方式。

秸秆利用型地力培肥模式又分为直接利用型地力培肥模式和间接利用型地力培肥模式。直接利用型地力培肥模式是指秸秆直接还田，以秸秆覆盖还田、覆盖留茬还田、深埋还田等为主要内容的地力培肥措施。秸秆机械化直接还田是秸秆肥料化利用培肥地力最快捷的方式，是解决剩余秸秆问题的有效途径，也是当前秸秆综合利用的主要方式之一，有利于农业的可持续发展。间接利用型地力培肥模式是指在农田以外、以生物措施对秸秆进行处理，包括堆沤、微生物降解等，使之转化为有机肥料，再施回田间。秸秆转化为有机肥利用是发挥秸秆生态沃土效应的最佳措施。受农业比较效益低、机械化水平不高、农忙季节争时矛盾突出等因素制约，秸秆间接利用型地力培肥模式应用推广面积小。该模式在畜牧业发达或有机肥制备、施用机械条件好的地区可以作为生态沃土机械化耕作模式培肥地力。在条件达不到的地区，重点以秸秆直接还田作为培肥地力的主要措施。山东理工大学设计的“生态沃土机械化耕作体系”的不同年份采用不同的秸秆处理方式，免耕年份采用玉米联合收获机，将秸秆均匀抛撒于田间覆盖地表，利用秸秆灭茬混土还田机将秸秆与表层土壤均匀深松；翻耕年份利用定期翻耕到深层，通过科学处理秸秆，逐步增加耕层有机质含量，改善土壤结构、生态和微循环，使土壤逐渐肥沃，逐渐减少化肥用量，实现作物稳产、高产。基本目标是使山东省平原区耕层的有机质含量用10年提高1%，最终达到3%以上。

3. 建立农机农艺相互融合的轻简机械化生产体系

（1）种植规格设计。随着机械化的发展，任何一种耕作模式都要建立在机械化的基础上，统一的种植规格是实现机械化的前提，种植规格不统一，不仅降低生产效率，而且严重制约农业机械化的发展。种植规格主要包括畦宽、播种行数、播种行距、苗带宽度、深松行距等参数。这些参数与气候条件、灌溉方式、农艺要求、农机现状等有关，也与农民的种植习惯紧密相关。山东理工大学设计的小麦-玉米两熟连作基本种植规格如图 2-25 所示，考虑到现有机具情况、拖拉机轮距、前后茬的衔接、深松、免耕等因素，设计冬小麦采用宽行宽苗带播种，行距为 300mm 等行距，苗带宽度为 120～140mm，播种 8 行冬小麦；夏播玉米行距为 600mm 等行距，采用免耕播种，播种时可以避开小麦根茬；夏播玉米深松间距为 600mm，是小麦行距的两倍，这样可以避免小麦播种在深松行导致播深不一致的问题。该种植规格以播种 8 行小麦、4 行玉米为基本种植规格，随着农业机械向大型化发展，在保证基本种植规格不变的情况下，可以向两侧同规格延伸。

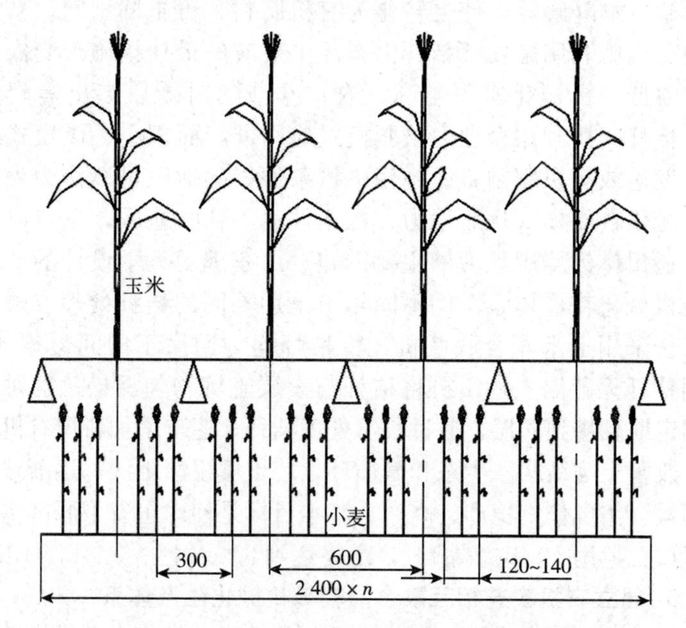

图 2-25　小麦-玉米两熟连作基本种植规格

注：三角符号代表深松位置，n 为正整数，图中数字单位为 mm。

（2）机器系统配备。着眼于生产循环全过程的机械化以及各环节农机农艺融合，优化配置机器系统并使相关机器参数衔接匹配，实行规格化种植，采用精量免耕播种技术，整个生产过程实现机械化，达到作业高效、劳动力节约、能耗节约、效益提高的目的。

根据确立的周期性土壤耕作制度和作物种植规格，确定小麦-玉米连作周期轻简机械化生产技术体系，即4年周期小麦-玉米两熟轮作生态沃土机械化生产流程为：玉米秸秆还田→土壤翻耕、耙压（周期第一年、第二年和第四年免耕、第三年深松免耕）→小麦宽苗带播种→小麦田间管理（包括灌溉、追肥、病虫害防治、除草等）→小麦联合收获与秸秆处理→玉米免耕施肥播种→玉米田间管理（包括灌溉、追肥、病虫害防治、除草等）→玉米收获→玉米秸秆处理→小麦免耕播种，如图2-26所示。其中，第一年小麦播种前进行秋季土壤翻耕后，由于地表不平，要进行耙压或旋耕碎土，这正是采用了传统精耕细作的耕作方式，第二年、第四年采用保护性耕作的秸秆覆盖免耕技术，第三年采用保护性耕作的深松技术；整个周期小麦和玉米播种时都进行深施肥，提高肥效利用率，在田间管理阶段根据作物长势决定是否进行追肥；整个周期玉米种植均采用保护性耕作的秸秆覆盖和免耕播种，因此要求小麦收获时秸秆要切段，长度≤100mm，均匀抛撒；玉米秸秆处理主要是翻耕年份收获时将秸秆切碎均匀抛撒后翻埋还田，免耕年份将秸秆粉碎后灭茬表层混土还田。

4. 建立宏观和微观并重的农业机械化发展观

宏观和微观并重的生态型农业机械化发展观着眼于宏观大环境：化肥一次性深施，提高肥效利用；秸秆培肥地力，翻埋压草，减少化肥、农药施用，控制并逐步减少化学物资（化肥、农药、化控剂等）对农田、农产品和环境的直接污染以及生产农用化学物资对环境的间接污染。着眼于农业土壤微观生态：土壤适度耕作，保护土壤生物生长环境；秸秆科学还田，逐步增加土壤有机质，减小容重，为土壤有益生物群落生长创造适宜条件，使农业机械化的发展真正实现“绿色可持续”。

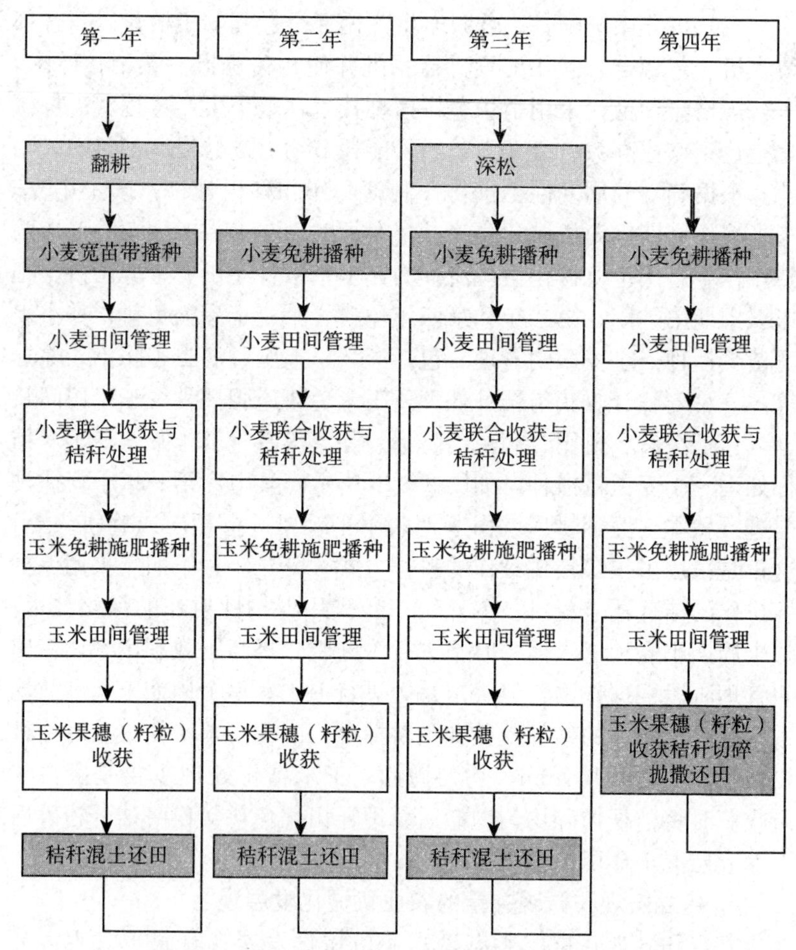

图 2-26　小麦-玉米连作周期轻简机械化生产技术体系

（二）生态沃土机械化耕作制度应用情况

2013 年山东理工大学设计提出的“生态沃土机械化耕作制度”在山东省利津、邹平、张店、淄川分别进行黄灌区、井灌区、盐碱地、旱作区等不同土壤状况的适应性试验。2014 年试验区小麦平均产量为每亩 492.53kg，每亩增产 87.7kg，增幅 22.05%。2014 年各试验区小麦产量见表 2－5。

表 2－5　2014 年机械化生态沃土种植工程各试验区小麦产量

试验地点	品种	作业面积（亩）	平均产量*（kg）	传统产量**（kg）	增产量（kg）	增产率（%）
东营利津	鲁麦 23	800	575	475	100	21
滨州邹平	济南 17	180	500	480	20	4.2
淄博张店	矮抗 58	70	673.6	487	186.6	38
淄博淄川	济南 17	70	221.5	177.3	44.2	25

注：* 所示为每亩的平均产量，** 所示为每亩的传统产量。

2013—2016 年，在山东省临淄区富群农机专业合作社对“生态沃土机械化耕作体系”进行了定位试验，与传统翻耕和连续免耕进行了对比，一周期内小麦和玉米的产量如图 2－27 所示。可以看出，长期翻耕后进行免耕可以增加产量，增产幅度为 6%～12%，连续免耕 2 年仍能维持增产优势，但随着免耕年份的增加，增产优势有所减弱；长期免耕后深松能够显著增加产量，并且深松后免耕仍能保持增产优势；连续 4 年未翻耕，产量有所下降，因此一个周期内也要进行必要的翻耕。

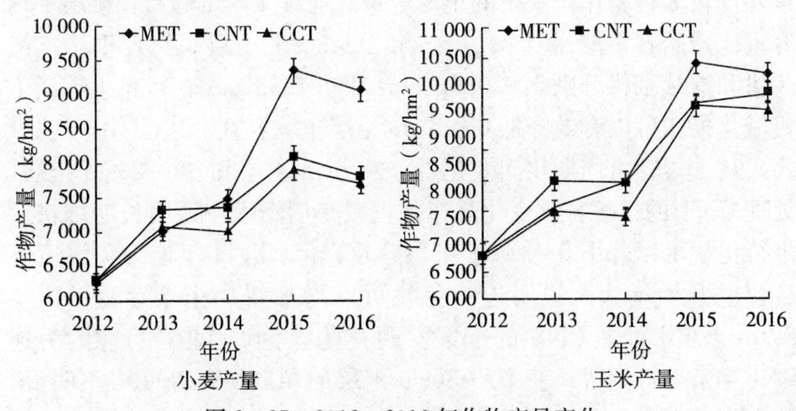

图 2－27　2012—2016 年作物产量变化

注：MET 表示生态沃土耕作制度，CNT 表示连续免耕，CCT 表示传统翻耕。

图2-28表示的是2012—2016年0～10cm、10～20cm、20～30cm土层土壤容重的周期变化。可以看出，连续翻耕使地表裸露，经喷灌水、雨水等冲刷，表层土壤板结严重，导致0～10cm土壤容重增加；连续翻耕会在20～30cm土层形成犁底层，增加了该土层土壤容重，土壤容重大于1.5g/cm^3不利于作物生长；连续4年进行秸秆还田，翻耕到10～20cm土层，使该土层土壤团聚体含量高于处理CNT，与前述研究结果一致，因此该层土壤容重小于处理CNT。而处理CNT由于4年未进行耕作，对土壤大团聚体的破坏作用小，同时又有秸秆覆盖在地表，增加表层土壤团聚体含量。0～10cm土层土壤容重较处理CCT小，但连续4年免耕的土壤遭到碾压后紧实度增加；4年未翻耕，10～20cm土层土壤有机质较少，团聚体含量少，容重有所增加，略大于处理CCT，显著大于处理MET。20～30cm土层处理CNT由于连续4年未进行翻耕，试验前长期传统耕作形成的犁底层变得不明显，土壤容重显著小于处理CCT，但由于未进行深松作业，原有的犁底层并未被打破，因此土壤容重又显著大于处理MET。处理MET在4年内进行一次翻耕，可显著减小耕层（0～20cm）土壤容重；周期的第3年进行了深松，打破了原有的犁底层，有效地减小了20～30cm土壤容重。比较3种耕作模式下的土壤容重，连续4年试验后，耕层平均容重比初始容重减小0.043g/cm^3，0～30cm土层平均容重比连续免耕和连续翻耕分别小0.089g/cm^3和0.125g/cm^3，可见生态沃土机械化模式可以有效降低0～30cm土层土壤容重。

从土壤容重周期年间变化看0～10cm土层和10～20cm土层，处理CNT的土壤容重变化规律是先减小后增大，说明长期翻耕后进行免耕可以减小0～20cm土壤容重，但经过4年连续免耕后土壤容重开始增大，说明连续免耕可以增加耕层土壤容重；20～30cm土层，处理CNT的土壤容重一直呈下降趋势，可能因为连续4年未进行翻耕，使20～30cm土层的犁底层逐渐变得不明显。0～10cm土层和10～20cm土层，处理CCT的土壤容重先减小后增大，可能是因为周期前两年虽然仍和试验前一样是传统翻耕，由

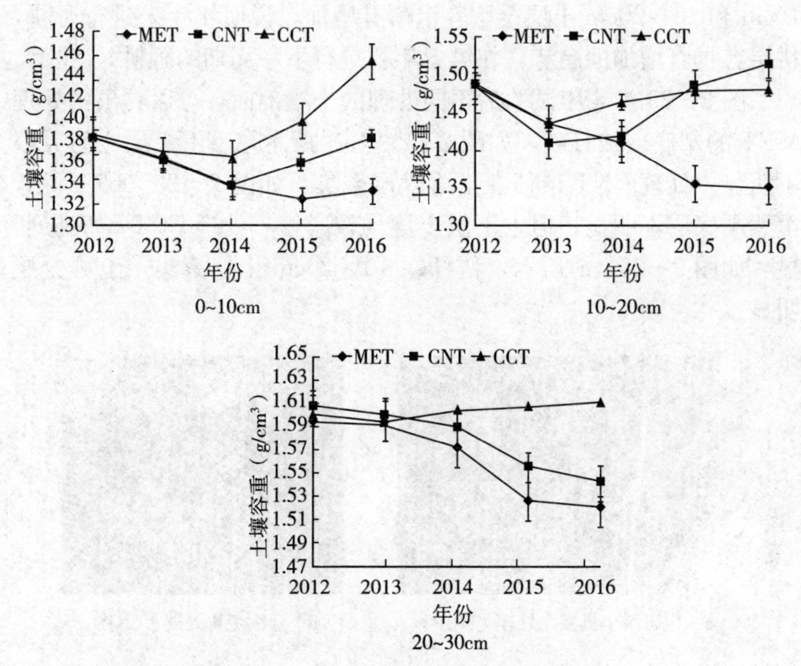

图 2-28　2012—2016 年土壤容重变化

注：土壤取样是在秋季耕作之前，因此年份对应的数值表示的是上一年耕作措施对土壤容重的影响。

于秸秆还田，增加了土壤有机质，降低了土壤容重；连续 4 年的翻耕对土壤大团聚体结构破坏严重，又使土壤容重增加。20～30cm 土层处理 CCT 的土壤容重一直呈增加趋势，并且比初始容重大，是因为处理 CCT 连续多年的翻耕在 20～30cm 土层形成了犁底层，并且犁底层越来越紧，容重越来越大。0～10cm、10～20cm 和 20～30cm 土层处理 MET 的土壤容重变化规律在周期的第 1 年翻耕后与处理 CCT 一致；但周期第 2 年免耕后，处理 MET 在 0～30cm 土层的土壤容重均有所降低，说明长期传统翻耕后免耕能够有效降低土壤容重；周期第 3 年深松后各土层土壤容重均显著降低，特别是 20～30cm 土层容重降低幅度最大，说明深松可以打破犁底层，有效降低土壤容重；周期第 4 年免耕后，第 5 年测定 0～

10cm 和 10～20cm 土层土壤容重略有增加，说明 4 年未进行翻耕，耕层容重有增加的趋势，在第 5 年要进行下一周期的翻耕。

图 2－29 为 4 年试验后不同处理的土壤剖面，可以看出，处理 MET 的犁底层被打破，如图 2－29（a）所示，上下土层之间界限不明显；处理 CNT 秸秆在土壤表层聚集，如图 2－29（b）所示，虽然犁底层不明显，但上下层土壤均较紧密；处理 CCT 犁底层明显，如图 2－29（c）所示，秸秆在 10～20cm 土层聚集，土壤分层明显。

（a）生态沃土机械化处理（MET）

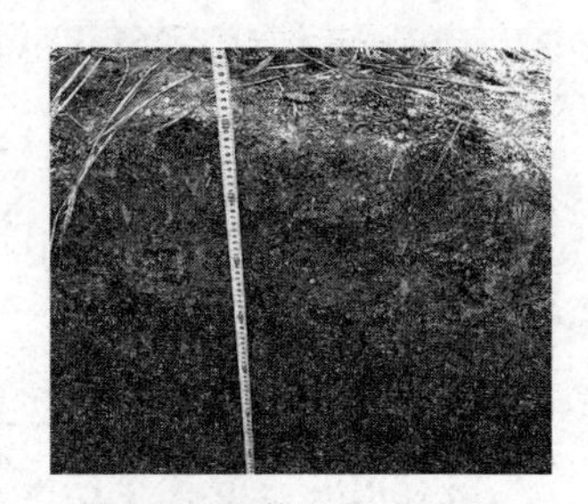

（b）连续免耕处理（CNT）

（c）连续翻耕处理（CCT）

图 2－29　不同处理的土壤剖面

第三章

小麦机械化生产

第一节　小麦栽培的基本知识

一、水浇地小麦栽培技术要点

水浇地是小麦高产的主体，其高产的矛盾主要是群体与个体的矛盾。因此，要改变传统的大播量，降低播种量，规范化播种，提高播种质量，减少基本苗，培育壮苗，提高抗倒伏能力，改善田间通风透光条件，建立合理的群体结构；通过合理促控，使小麦植株个体充分发育，根系发达，提高水肥利用效率，减轻病害，从而增加单株成穗，提高经济系数，实现高产高效。

（一）播前准备与品种选择

1. 提高整地质量

近些年来，我国冬麦区普遍采用旋耕机进行耕地，全国平均耕地深度为16.5cm，并且连续多年只旋耕不翻耕的麦田，在旋耕15cm以下的土层，形成坚实的犁底层，而且近些年呈现犁底层越来越浅、厚度越来越大、紧实度越来越高的趋势，这不利于土壤蓄水保墒，同时也不利于小麦根系下扎和养分吸收，后期也容易造成倒伏。因此，适当通过耕整地加深耕层，破除犁底层，加深活土层；耕后耙压，达到土壤上松下实效果，促进根系发育。

2. 施足基肥、培肥地力

目前，我国黄淮海小麦主产区，耕作层土壤的有机质含量普遍不高。提高土壤有机质含量主要有两种途径：一种是秸秆还田，另一种是增施有机肥。

基肥的使用应掌握“以农家肥为主、化肥为辅，氮、磷、钾配比适当”的原则。一般要求每公顷施用充分发酵、腐熟的有机肥15～30t，或者腐熟的鸡粪15t、氮肥（折合纯氮）180～240kg、磷肥75～120kg、钾肥75～150kg。除氮肥外，均作基肥。氮肥以50%作基肥，50%于起身或拔节期追施。

基肥要结合深耕整地，均匀撒施后翻埋于土，切忌暴露在地面上，以免肥分损失。对于土壤有机质含量1.2%以上的麦田，如果预期目标产量是9t/hm^{2}以上，一般要求施用充分发酵、腐熟的有机肥45t左右，或者腐熟的鸡粪15t。

现普遍推广和采用的精播高产栽培必须以较高的土壤肥力和良好的土、肥、水条件为基础。耕层土壤养分含量应达到下列指标：有机质含量1.0%、全氮0.084%、水解氮70mg/kg、有效磷15mg/kg、速效钾80mg/kg。

秸秆还田是补充和平衡土壤养分，改善土壤结构的有效方法。据测定，每亩还田玉米秸秆500～700kg，一年之后土壤中的有机质含量相对提高0.05%～0.15%，土壤孔隙度提高1.5%～3%。秸秆还田时应注意秸秆要切碎或者粉碎，若长度大于10cm，则不利于耕作整地并且影响小麦播种质量。

3. 优良品种选择

良种良法相结合，才能达到高产稳产的目的。小麦籽粒产量和品种质量，既受品种遗传控制，也受栽培措施影响，究其原因，遗传是内因，栽培技术是外因。因此，选择优良品种是实现小麦优质高产最为经济有效的手段。目前，我国黄淮海地区高产小麦品种很多，如济麦22、鲁原502、山农20等。在生产中，应当根据本地区的气候、土壤、地力、种植制度、产量水平和病虫害情况等，选用最适宜的高产品种来种植。选用分蘖成穗率高、单株生产力高、抗倒伏、株型较紧凑、光合能力强、落黄好、抗病能力强、抗逆性好的品种，有利于精播高产栽培。

在选择小麦品种时，一般遵循以下要求：一是选择单株生产力强、抗倒伏、抗病、抗逆性强的品种；二是选择粒大饱满、整齐度一致、无杂质的种子，以保证种子营养充足，出苗整齐，出全苗，出壮苗；三是拌种时，应针对当地苗期常发病虫害进行药剂拌种，或用小麦专用包衣剂。包衣剂中还含有防病和防虫的药剂、微肥以及生物调节剂，有利于综合防治病虫害，培育壮苗，还可用50%辛硫磷拌种或用用药量为种子重量0.03%的三唑酮拌种，可有效控制苗期病虫害发生，减少越冬期病原。

（二）适时播种、合理密植

经过耕翻后的麦田表层土壤疏松，必须经过耙耢以后才能播种，否则会发生播种过深的现象，影响小麦分蘖的发生，所以耕翻土地之后要及时耙耢，耙碎土块，疏松表土，平整地面，上松下实。

1. 适时播种

适时播种是培育壮苗的关键。冬小麦自播种到越冬前有50～60d的一段较长时间大于0℃，积温在500～600℃；当地平均气温降至15～17℃，易形成壮苗，有利于安全越冬，小麦生长适中，易获得高产，按正常年份黄淮海地区最适播种期应在10月中上旬。日平均气温16～18℃时播种冬性品种，14～16℃时播种半冬性品种，从播种至越冬开始，有0℃以上积温650℃左右为宜。

冬性、半冬性品种一般都在10月上中旬，最晚不要迟于11月15日，而且随着播期的推迟要增加播种量。在生产中要求冬性品种适期内先播，春性品种或半冬性品种适期内后播，就是避免春性或半冬性品种播种过早，冬前通过春化阶段而丧失抗冻性。以山东省为例，冬小麦播种时间鲁东、鲁中、鲁北的小麦适宜播期为10月1日至10日，其中最佳播期为10月3日至8日；鲁西的适宜播期为10月3日至12日，其中最佳播期为10月5日至10日；鲁南、鲁西南为10月5日至15日，其中最佳播期为10月7日至12日。

2. 播种深度

根据当地的气候条件适宜调整播期，在土壤墒情适宜的条件下适期播种，播种深度一般以3～4cm为宜。底墒充足、地力较差和播种偏晚的地块，播种深度以 3cm 左右为宜；墒情较差、地力较肥的地块以 4～5cm 为宜。大粒种子可稍深，小粒种子可稍浅。

3. 精量、半精量播种

长期以来，我国小麦播种量一直比较大，而在地力水平高、肥料又充足的情况下，如果播种量过大，势必造成小麦群体过大，植株密集，互争肥水，会导致小麦整体发育不良，生长后期容易倒伏、严重影响小麦的产量。因此，在地力水平较高、肥料又充足、水浇条件好的高产麦田里，一定要采用精量、半精量播种方式，一般每公顷播种量应为 120～150kg；在播种质量较差的地块，适当增加播量，但不要超过 225kg/hm^2，否则，会导致群体过大，影响产量。可采用等行距条播式，要求做到播行端直、下籽均匀、接茬准确的原则。“以地定产、以产定穗、以穗定苗、以苗定种”是确定小麦播种量的原则。即根据每个地块的水肥条件和管理水平，定出该地块的产量指标，再根据预定的产量算出所需要的单位面积穗数，有了单位面积穗数再根据品种和播期算出所需要的基本苗数，根据需要的基本苗数和种子的发芽率及田间出苗率，算出播种量。计算方法：每亩播种量（kg）＝每亩基本苗数（万株）×千粒重(g)×0.01/[发芽率（%）×出苗率（80%）]。

4. 坚持足墒播种

足墒播种，可有效提高播种质量，也是“一播全苗”的基础。有水浇条件的，可以在前茬作物收获前 7～10d 浇水；收获前，来不及浇水造墒的，可以在耕耙整畦以后灌水造墒。播种时，可以使用小麦精量播种机进行播种，造好底墒，实行机播，提倡用 2BJM 型小麦精量播种机播种，要保证播种深浅一致、行距一致、播量准确、播种均匀，严格掌握播种深度为 3～5cm、行距为 20～26cm。

（三）构建合理的群体结构

冬小麦精播高产栽培的基本苗较少，精播高产田，成穗率高的品种每亩基本苗 8 万～10 万株，成穗率低的品种每亩 10 万～12 万株。半精播中产田，每亩基本苗 14 万～18 万株。晚茬麦基本苗每亩 25 万～30 万株。凡地力水平高、水肥条件好的取下限，反之取上限。

总体目标，冬前每亩总蘖数 60 万～75 万个，年后最高总茎数 75 万～80 万个，成穗数 40 万～45 万穗，多穗型品种可达 50 万穗左右。叶面积系数分别为冬前 1 左右，起身期 2.5～3，挑旗期 6～7，开花、灌浆期 4～5。

以此为基准，群体动态比较合理，群体内的光照条件好，个体发育健壮，根系吸收能力强，可有效解决高产与倒伏的矛盾，提高小花结实率，增加穗粒数和粒重，有助于穗足、穗大、粒重、抗倒、高产。

（四）田间管理

1. 及时查苗补种、疏苗补缺

小麦出苗后要及时查苗，对缺苗断垄要及早补种，杜绝 10cm 以上的缺苗和断垄现象，若麦苗长到 3～4 叶期时，仍有缺苗和断垄现象，则可结合疏苗和间苗进行一次补种。

2. 浇好冬水

一般在 11 月底至 12 月上旬浇冬水，不施冬肥。越冬期前灌溉是培育壮苗的重要措施。越冬水的时间应掌握在日平均气温降到 3～5℃时，麦田土壤呈现夜冻昼消的状态，每公顷灌水 600m^3 左右。越冬水是保证小麦安全越冬的一项重要措施，可以防止小麦冻害、死苗，为来年春天小麦返青积蓄水分，还可以粉碎土壤中的大小坷垃，消灭越冬害虫。

3. 冬前视苗情进行镇压

目前，冬小麦越冬前镇压是一项抗逆稳产的技术措施，具有弥合土缝、防止漏风、提墒固根、提高冬季抗冻能力和越冬率的作用，对于控制小麦冬前旺长、促进小麦根系生长具有积极作用。

4. 化学除草

11 月中下旬是除草的最佳时机。除草要根据杂草种群选用相应的除草剂。阔叶杂草为主的麦田，可以用 2 甲 4 氯 4.5～

6kg/hm^{2}或苯磺隆 225～300g/hm^2 兑水 225～450kg 喷洒；禾本科杂草为主的麦田，可以用甲基二磺隆等除草剂喷洒，除草剂的用量和方法要严格按照说明书上的标准使用。

5. 返青期管理

早春返青期间主要是机械镇压，压实土壤、弥合裂缝，起到提高地温和保墒作用，并起到一定的防止小麦旺长的作用。此期一般不浇返青水。

6. 重施起身期或拔节期肥水

麦田群体适中或偏小的重施起身肥水；群体偏大，重施拔节肥水。追肥以氮肥为主，每公顷施纯氮 90～105kg。

7. 后期适当控水

在黄淮海正常年份下，在拔节水的基础上，酌情浇灌挑旗水或扬花水，如土壤墒情较好，可以不再浇挑旗水。小麦灌浆期以后浇水会降低粒重，因此不提倡浇麦黄水。

8. 防治病虫害及杂草

在黄淮海地区，播种时的地下害虫，拔节期的纹枯病、茎基腐病，后期的白粉病、赤霉病、锈病，以及蚜虫都是经常发生的病虫害，应注意及时防治。

9. 适时机收

蜡熟末期至完熟期是小麦机械化收获最适宜时期，小麦籽粒千粒重不再增加，淀粉含量最高，茎叶中的营养物质向籽粒转运已基本结束。使用联合收割机进行抢收，保证质量，保证无漏割、无破损，脱粒净，损失率低的效果。

二、旱地小麦栽培技术要点

在我国黄淮海及其他北方旱地冬麦区，由于受自然条件限制及其他因素影响，有些地区常年降水量低且无水浇条件，小麦在这些旱地条件下种植，产量较低，影响小麦总产量的提高。多年来旱地高产攻关及相关研究证明，采用合理的栽培措施，可有效提高旱地冬小麦产量。山东及黄淮海冬麦区，旱地小麦常采用“早、深、平”高产栽培技术。“早”是指肥料早施，“深”是指肥料深施，“平”是指旱地小麦采用平播技术。

（一）耕作措施

耕作措施突出一个“深”字，深耕翻埋肥料，打破犁底层，增加土壤储水量。通过深耕实现肥料深施的目的，同时深耕可以加深耕层，打破犁底层，可有效地增加耕后和翌年雨季降水的积蓄量，还能扩大根系的吸收范围，其作用可持续多年。耕作深度以25～30cm为宜。若连年深耕会导致麦田水分蒸发，可采用深耕和深松相结合的耕作措施。在进行秸秆还田的旱地麦田，在玉米联合收割的基础上，进行深松还田，深松深度应在30cm以上。

根据播种机播幅宽度，打好畦待播。采用旋耕的麦田，要注意耙压踏实土壤，防止因土壤过于疏松造成深播弱苗，及表层土壤失墒快而影响根系和麦苗生长。

（二）施肥措施

1. 施肥技术

为大幅度提高产量并迅速培肥地力，旱地小麦施肥突出一个“早”字，在播种时所有肥料一次性施入。

施足底肥。前茬玉米收获后及早粉碎秸秆，耕翻入土，同时浇踏墒水，踏实土壤，并补施氮肥，调整碳氮比，促进秸秆腐解。提倡施用配方肥料或复混肥，根据测定土壤养分结果、产量目标和所施用肥料中各营养元素的含量，科学确定氮、磷、钾元素的配比和具体用量。有机肥犁前撒施，氮肥撒犁沟深施，磷肥分层底施，锌肥与有机肥混匀或拌细土撒施。

2. 有机肥与化肥配合施用

旱地小麦在重视增施有机肥的同时增加化肥的投入，实行有机肥与化肥配合施用。旱地土壤一般保水保肥性差，可采用秸秆还田，把前茬作物秸秆一次性还田，以增加土壤有机质含量，改良土壤性状，提高土壤保水保肥性能。

3. 氮、磷、钾肥平衡施用

旱地大多氮、磷养分失调，旱地小麦施肥必须氮、磷配合，并加大磷肥的比例，氮、磷、钾用量比一般为1∶1∶0.8为宜。旱地小麦获得高产的经济施用量为：每亩施用N 12～16kg，P_2O_5 7.5～12kg，K_2O 10～12kg。

4. 注重施用微量元素肥料

平衡配施氮、磷、钾肥的同时，注重微量元素肥料的配合施用。一般每亩施硫酸锌1.0kg，硼砂0.5～1.0kg。所施肥料结合深耕全部作基肥施入土壤，以促进小麦苗期营养生长和冬前分蘖，增加单位面积穗数。

5. 肥料早施、深施，培肥地力，以肥调水

旱地不能浇水，追肥效果差，旱地小麦肥料运筹要突出早、深的特点，提倡把所施肥料结合深耕全部作基肥一次性施入土壤，最适施肥深度应为20～30cm。

（三）播种

旱地小麦播种规格突出一个“平”字，采用平播增加群体。

1. 品种选择

选用良种，做好种子处理，确定合理群体结构，选用单株生产力高、抗倒伏、根系深扎、抗旱性强、抗病性好、株型较紧凑、光合能力强、经济系数高、春季麦苗返青早、不早衰的小麦良种。选用经过提纯复壮的种子，播前进行筛选，并用高效低毒的专用种衣剂拌种。对分蘖、成穗率低的大穗品种，每亩基本苗15万～18万株，冬前单位面积总茎数为计划穗数的2.5～3.0倍，春季最大总茎数为计划穗数的3.0～3.5倍，每亩穗数35万～40万穗，每穗粒数40粒左右，千粒重45g以上。

2. 足墒下种

小麦播种耕层土壤的适宜含水量：轻壤土16%～18%，两合土18%～20%，黏土地20%～22%。对于旱地小麦，可等墒播种，宁可晚种几天，也不能种欠墒麦。

3. 适期适量精细播种

抗寒性强的冬性品种在日平均气温16～18℃时播种，抗寒性一般的半冬性品种在14～16℃时播种。耕后耙平，不起垄，不作畦，直接播种，平均行距20cm左右，播种深度为3～5cm，下种均匀，深浅一致，不漏播，不重播，地头地边播种整齐。在适宜播期范围内，早茬地种植分蘖力强、成穗率高的品种一般每亩播种量6～8kg；中晚茬地种植分蘖力弱、成穗率低的品种一般每亩播种量8～10kg。小麦播种时的行距配置应统筹夏秋两季均衡增产，在保证下茬玉米等秋作物高产行株距配置的前提下，合理确定小麦的行距配置，或采用等行距种植，或采用宽窄行种植。用精播机或半精播机播种，以保证下种均匀、深浅一致。

4. 平播

旱地小麦一般仅利用自然降水，故可采用不起垄等行距（20cm左右）播种。因为旱地小麦主攻方向是早期增加群体，后期增加单位面积成穗数，平播能保证有足够的苗、株、穗、粒数，比其他种植方式能增产5%左右，同时还不用整畦起垄，减少操作程序，省工省力。

5. 土壤和种子处理

推广小麦种子包衣技术，预防地下害虫和苗期病虫害。有全蚀病、根腐病发生的地块，在采取深翻、增施有机肥、施用酸性化肥等措施的同时，还要重点做好播种期药剂防治，每亩可用3%苯醚甲环唑悬浮种衣剂50mL或2.5%咯菌腈悬浮种衣剂20mL加水100～125mL，或选用12.5%硅噻菌胺悬浮剂20mL加水500mL，拌种10kg，闷种2～3h后播种。针对条锈病、纹枯病，每亩用2.5%咯菌腈悬浮种衣剂10g加水1.0kg，拌麦种10kg，晾干后播种，或用戊唑醇拌种剂、苯醚甲环唑等药剂拌种或包衣。用50%辛硫磷乳油按种子量的0.1%拌种，堆闷2～3h后晾干播种，或每亩用5%辛硫磷颗粒剂3.0kg混拌20kg细土，耕地时均匀撒施。小麦吸浆虫发生严重的地区，每亩用辛硫磷颗粒剂3.0kg，犁地前均匀撒施地面，随犁地翻入土中。

（四）田间管理

旱地小麦田间管理以保墒为主，而保墒措施重在镇压，次为划锄。播种后耕层墒情较差时应进行镇压，以利于出苗。早春麦田管理，在降水较多年份，耕层墒情较好时应及早划锄保墒；秋冬雨雪较少，表土变干而坷垃较多时应进行镇压，或先镇后锄。在出苗后要及时查苗，发现有10cm以上的缺苗断垄地段，要补种浸种催芽的种子，确保出苗全；出苗后遇雨或土壤板结，要及时进行划锄；在出苗后查苗补种的基础上，于3～4叶期再进行查苗，将疙瘩苗疏开，补栽在缺苗断垄处，补苗后踏实浇水。开春后要及早进行划锄和镇压，以通气、保墒、提高地温，利于大蘖生长，促进根系发育，使麦苗稳健生长。从小麦拔节期开始，就应注意防治纹枯病、白粉病、锈病及蚜虫。在秸秆还田麦田，尤其注意病虫害防治。在小麦生产中后期，可根据麦田情况，因苗管理。灌浆期间可叶面喷洒磷酸二氢钾溶液等，促进籽粒灌浆。

（五）适期收获，秸秆还田

蜡熟末期籽粒的千粒重高。蜡熟末期植株茎秆全部黄色，叶片枯黄，茎秆尚有弹性，籽粒颜色接近本品种固有光泽、籽粒较坚硬。用联合收割机收获，小麦秸秆切碎还田。

三、选择良种

小麦播种时，选择品种是关键，品种的优劣直接影响小麦的品质和产量。

（一）品种选择的原则

1. 重在考虑品种品质优劣和产量潜力

小麦生产可利用的品种很多，各品种在形态特征、生育特点、抗病性、适应性及产量潜力方面各不相同，对栽培及气候条件也有不同要求。不存在各种生态条件下都表现良好的品种，有的品种喜肥水、有的耐瘠薄、有的适合密植。品种的丰产性并不是绝对的，必须在相应的环境和相配套的栽培技术下才能表现出来。因此，选择品种时应充分了解其特性及其生产表现，再根据当地气候特点、肥水状况、生产力水平去选择适合当地生产条件的主栽品种，并经1～2年试种后再大面积推广。每个地区选用的品种不宜多，多了易混杂。但也不可过分单一，品种单一情况下，不易根据土质、肥水等条件安排种植，抗灾能力弱且收获压力大。因此，大面积种植小麦时，在选定主栽品种后还应选择2～3个搭配品种，并要求在播期、生育期、肥水要求与特性方面稍有不同，而丰产性又不低于主栽品种。

2. 选定品种时，还应分析当地小麦生产实践，依据生产的有利和不利因素去选择

肥水条件好的应选择株高较矮、喜肥水的品种；旱地、土壤肥力低的应选择抗旱耐瘠薄的品种。因后茬要播种玉米等作物，还要考虑生育期不宜过长。总之，要充分发挥品种优势和充分利用当地的自然优势及生产优势。

3. 选择品种时，除考虑产量及品质潜力外，还应注意到品种抗病性的选择

按绿色食品生产要求，应减少化肥及农药的施用量。在小麦生产中，尤其在小麦生育后期，要喷洒化学杀菌剂防治小麦真菌性病害，这样，就易造成化学杀菌剂对粮食的污染，残留在小麦籽粒中的化学杀菌剂无疑有害健康。

（二）品种选择注意事项

小麦的生产与气候条件、肥力水平、病虫害的发生程度、管理措施等都有十分密切的关系，但起最主要决定因素的仍然是品种自身的品质特性。目前优质小麦品种很多，但选择时应遵循以下几个注意事项。

1. 选用审定过的品种

目前我国实行国家和省级两级审定，在审定之前国家或省级品种审定委员会都要组织相应的区域试验和生产试验，并进行连续的品质测定。一般经过品种审定委员会审定的品种丰产性、适应性相对较好，品质性状相对稳定，并且在品种审定公告中都会介绍品种的特征特性、栽培中应注意的问题以及适应区域和品质状况，因此，一定要种植审定过的品种，克服盲目求新、勿受某些广告或片面宣传的影响，引进未经试验的品种，以免给生产造成不应有的损失。

2. 根据品质化验分析结果选品种

优质小麦的面粉营养和加工品质必须达到国家颁布的质量标准才能被粮食收贮部门和加工企业认可。因此，选择种植优质小麦品种时要根据权威的有资质部门公布的品质化验分析结果来定，否则，种出来的小麦不被粮食收贮和加工企业认可，不能及时出售或达不到优质优价的目的。目前小麦新品种的品质测定一般由农业行政主管部门组织多年多点抽样，经国家指定的品质分析测试单位测试，这种测试具有较好的代表性，可作为选用优质小麦品种的主要依据。

3. 根据当地的自然条件和耕作习惯选用品种

小麦品种具有较强的区域性，这和品种选育的环境有关，同时品种有冬春性之分，抗寒性强弱有别，对肥力水平的要求不一，只有当栽培地的环境条件充分满足或适合品种生长发育的需要时，才能充分发挥其优良特性和增产潜力。

（三）黄淮海地区主推品种及品种简介

1. 黄淮海地区建议主推品种

根据农业农村部近年发布的黄淮海地区主推的小麦品种目录，建议主推以下品种：济麦 22、百农 AK58、西农 979、洛麦 23、周麦 22、安农 0711、运旱 20410、石麦 15、郑麦 7698、衡观 35、良星 66、淮麦 22、鲁原 502、山农 20 等。

2. 主推品种适宜种植区域

济麦 22：适宜在黄淮冬麦区北片的山东、河北南部、山西南部、河南安阳和濮阳及江苏淮北麦区高产水肥地块种植。

百农 AK58：适宜在黄淮冬麦区南片的河南中北部、安徽北部、江苏北部、山东菏泽地区高中产水肥地种植。

西农 979：适宜在黄淮冬麦区南片的河南中北部、安徽北部、江苏北部、山东菏泽地区高中产水肥地种植。

洛麦 23：适宜在黄淮冬麦区南片的河南（信阳、南阳除外）、安徽北部、江苏北部、山东菏泽地区高中产水肥地种植。

周麦 22：适宜在黄淮冬麦区南片的河南中北部、安徽北部、江苏北部及山东菏泽地区高中产水肥地种植。

安农 0711：适宜在淮北麦区及沿淮麦区种植，安徽北部、江苏北部高中产水肥地块种植。

运旱 20410：适宜黄淮冬麦区的山西南部麦区旱地、河南豫西旱地种植。

石麦 15：适宜在黄淮冬麦区北片的山东，河北中南部，山西南部高中产水肥地，北部冬麦区的北京、天津、河北中北部，山西中部和东南部的水地，河北黑龙港流域半干旱地和肥旱地种植。

郑麦 7698：适宜在黄淮冬麦区南片的河南中北部、安徽北部、江苏北部高中产水肥地块种植。

衡观 35：适宜在河北中南部、山西南部种植，黄淮冬麦区南片的河南中北部、安徽北部、江苏北部、山东菏泽地区高中产水肥地种植。

良星 66：适宜在黄淮冬麦区北片的山东、河北中南部、山西南部、河南安阳水地种植，黄淮冬麦区南片的河南（信阳、南阳除外），安徽北部、江苏北部高中产水肥地块种植。

淮麦 22：适宜在黄淮冬麦区南片的河南中北部、安徽北部、江苏北部、山东菏泽地区中高肥力地块种植。

3. 主推品种简介

（1）济麦 22。鲁农审 2006050、国审麦 2006018。

山东省农业科学院作物研究所育成的超高产、多抗、优质中筋小麦新品种，2006 年 9 月和 2007 年 1 月分别通过山东省和国家黄淮北片区审定。

2004—2006 年参加山东省区试，两年均为第一名，平均每亩产量 536.81kg，比对照极显著增产 10.79%，生产试验平均每亩产量 519.1kg，比对照增产 4.05%；2004—2006 年参加国家黄淮北片区试，平均每亩产量 518.08kg，比对照显著增产 4.67%，生产试验平均比对照增产 2.05%。

该品种半冬性，幼苗半匍匐，中早熟，株高 75cm 左右，株型紧凑，叶片较小上冲，抗寒性好，抽穗后茎叶蜡质明显，长相清秀，茎秆弹性好，抗倒伏，抗干热风，熟相好；分蘖力强，成穗率高；穗长方形，长芒、白壳、白粒，籽粒硬质饱满；每亩有效穗 40 万～45 万穗，穗粒数 36～38 粒，千粒重 42～45g，容重 800g/L 左右。2006 年经中国农业科学院植保所抗病性鉴定：中抗至中感条锈病，中抗白粉病，感叶锈病、赤霉病和纹枯病。2005—2006 年经农业部谷物品质监督检验测试中心测试平均：籽粒蛋白质 14.27%、湿面筋 33.1%、出粉率 68%、吸水率 62.2%、形成时间 4.0min、稳定时间 3.3min。

济麦 22 播期弹性大，适宜播期 10 月 5 日至 15 日，每亩适宜基本苗 12 万～15 万株。

(2) 百农 AK58。国审麦 2005008。

2003—2004 年参加黄淮冬麦区南片区冬水组区域试验，平均每亩产量 574.0kg，比对照豫麦 49 增产 5.4%（极显著）；2004—2005 年续试，平均每亩产量 532.7kg，比对照豫麦 49 增产 7.7%（极显著）。2004—2005 年参加生产试验，平均每亩产量 507.6kg，比对照豫麦 49 增产 10.1%。平均每亩穗数 40.5 万穗，穗粒数 32.4 粒，千粒重 43.9g；苗期长势壮，抗寒性好，抗倒伏强，后期叶功能好，成熟期耐湿害和高温危害，抗干热风，成熟落黄好。接种抗病性鉴定：高抗条锈病、白粉病和秆锈病，中感纹枯病，高感叶锈病和赤霉病。田间自然鉴定，中抗叶枯病。2004 年、2005 年分别测定混合样：容重 811g/L、804g/L，蛋白质（干基）含量 14.48%、14.06%，湿面筋含量 30.7%、30.4%，沉降值 29.9mL、

33.7mL，吸水率 60.8%、60.5%，面团形成时间 3.3min、3.7min，稳定时间 4.0min、4.1min，最大抗延阻力 212EU、176EU，拉伸面积 $40cm^2$、$34cm^2$。

适播期 10 月上中旬，每亩适宜基本苗 12 万～16 万株。

（3）西农 979。国审麦 2005005。

2004 年和 2005 年国家黄淮区试验，平均每亩产量分别为 536.8kg 和 482.2kg，较优质对照藁麦 8901 分别增产 5.62% 和 6.35%。

半冬性、多穗、早熟新品种，幼苗匍匐、叶片较窄，分蘖力强，越冬抗寒性好，春季起身晚，两极分化快，抽穗早，具有其他半冬性品种难以比拟的早熟优势。西农 979 分蘖力较强，成穗率高，穗型中等偏大，产量三要素协调。成穗数每亩 38 万～42 万穗，穗粒数 33～38 粒，千粒重 40～47g，一般单产每亩 500kg，并具有每亩 700kg 的产量潜力。国家区域试验平均每亩 536.8kg，最高达每亩 680kg。粒大饱满，光亮透明，全角质、外观商品性好。经国家多年多点取样分析，蛋白质含量 14%～16%，湿面筋 32%～34%，沉降值 53.2mL 左右，稳定时间 17.9min，品质达国家优质强筋小麦标准。成为郑州商品交易所优质强筋小麦期货交割首选品种。株高 75cm 左右，茎秆弹性好，抗倒伏能力强，高中肥地均可种植，高抗条锈病，中抗赤霉病，中感纹枯、白粉病，综合抗性好，适应范围广，在广大黄淮麦区推广种植表现突出。

适播期为 10 月 8 日至 25 日，每亩播量 7.5kg 左右。

（4）洛麦 23。国审麦 2009008。

2007—2008 年度参加黄淮冬麦区南片区冬水组品种区域试验，平均每亩产量 575.2kg，比对照新麦 18 增产 5.4%；2008—2009 年度续试，平均每亩产量 549.2kg，比对照新麦 18 增产 9.42%。2008—2009 年度生产试验，平均每亩产量 511.1kg，比对照新麦 18 增产 7.1%。

半冬性，中晚熟，成熟期比对照新麦 18 晚熟 1d。幼苗半匍匐，分蘖力中等，成穗率较高。株高 76cm 左右，株型稍松散，旗叶短宽、上冲、深绿色，茎秆弹性好。穗层整齐，穗多穗匀。穗纺锤形，长芒，白壳，白粒，籽粒粉质、粒小、整齐饱满。对肥水敏感，后期有早衰现象。两年区试平均每亩穗数42.0万穗，穗粒数35.5粒，千粒重39.1g。冬季抗寒性较好，耐倒春寒能力一般。抗倒性较好。接种抗病性鉴定：中感白粉病、赤霉病，高感条锈病、叶锈病、纹枯病。区试田间试验部分试点枯病较重。

适宜播期10月上中旬，每亩适宜基本苗15万株左右。

（5）周麦22。国审麦2007007。

2005—2006年度参加黄淮冬麦区南片区冬水组品种区域试验，平均每亩产量543.3kg，比对照1新麦18增产4.4%，比对照2豫麦49增产4.92%；2006—2007年度续试，平均每亩产量549.2kg，比对照新麦18增产5.7%。2006—2007年度生产试验，平均每亩产量546.8kg，比对照新麦18增产10%。

半冬性，中熟，比对照豫麦49晚熟1d。幼苗半匍匐，叶长卷、叶色深绿，分蘖力中等，成穗率中等。株高80cm左右，株型较紧凑，穗层较整齐，旗叶短小上举，植株蜡质厚，株行间透光较好，长相清秀，灌浆较快。穗近长方形，穗较大，均匀，结实性较好，长芒，白壳，白粒，籽粒半角质，饱满度较好，黑胚率中等。平均每亩穗数36.5万穗，穗粒数36.0粒，千粒重45.4g。苗期长势壮，冬季抗寒性较好，抗倒春寒能力中等。春季起身拔节迟，两极分化快，抽穗迟。耐后期高温，耐旱性较好，熟相较好。茎秆弹性好，抗倒伏能力强。抗病性鉴定：高抗条锈病，抗叶锈病，中感白粉病、纹枯病，高感赤霉病、秆锈病。区试田间表现：轻感叶枯病，旗叶略干尖。2006年、2007年分别测定混合样：容重777g/L、798g/L，蛋白质（干基）含量15.02%、14.26%，湿面筋含量34.3%、32.3%，沉降值29.6mL、29.6mL，吸水率57%、66.0%，稳定时间2.6min、3.1min，最大抗延阻力149EU、198EU，延伸性16.5cm、16.4cm，拉伸面积37cm^2、46cm^2。

适宜播期10月上中旬，每亩适宜基本苗10万～14万株。

（6）安农0711。皖审麦201400。

2009—2010 年度区域试验，平均每亩产量 567.50kg，较对照品种增产 6.30%（极显著）；2010—2011 年度区域试验，平均每亩产量 548.0kg，较对照品种增产 2.10%（不显著）。

幼苗半匍匐，叶短宽、色浓绿。春季起身较早，两极分化快，旗叶上举，株型较紧凑。长方形穗，长芒、白壳、白粒，籽粒角质，较抗穗发芽。2009—2010 年度、2010—2011 年度区域试验结果：平均株高 85cm、每亩穗数 42 万穗、穗粒数 35 粒、千粒重 42g。全生育期 230d 左右，比对照品种（皖麦 50）晚熟 1d。

适宜播期为 10 月上中旬，适宜播量 8～12kg。

（7）鲁原 502。国审麦 2011016。

2008—2009 年度参加黄淮冬麦区北片区水地组品种区域试验，平均每亩产量 558.7kg，比对照石 4185 增产 9.7%；2009—2010 年度续试，平均每亩产量 537.1kg，比对照石 4185 增产 10.6%。2009—2010 年度生产试验，平均每亩产量 524.0kg，比对照石 4185 增产 9.2%。

半冬性中晚熟品种，成熟期平均比对照石 4185 晚熟 1d 左右。幼苗半匍匐，长势壮，分蘖力强。区试田间试验记载冬季抗寒性好。成穗率中等，对肥力敏感，高肥力水地成穗数多，肥力降低，成穗数下降明显。株高 76cm，株型偏散，旗叶宽大，上冲。茎秆粗壮、蜡质较多，抗倒性较好。穗较长，小穗排列稀，穗层不齐。成熟落黄中等。穗纺锤形，长芒，白壳，白粒，籽粒角质，欠饱满。每亩穗数 39.6 万穗、穗粒数 36.8 粒、千粒重 43.7g。抗寒性鉴定：抗寒性较差。抗病性鉴定：高感条锈病、叶锈病、白粉病、赤霉病、纹枯病。2009 年、2010 年品质测定结果分别为：籽粒容重 794g/L、774g/L，硬度指数 67.2（2009 年），蛋白质含量 13.14%、13.01%；面粉湿面筋含量 29.9%、28.1%，沉降值 28.5mL、27mL，吸水率 62.9%、59.6%，稳定时间 5min、4.2min，最大抗延阻力 236EU、296EU，延伸性 106mm、119mm，拉伸面积 35cm^2、50cm^2。

适宜播种期 10 月上旬，每亩适宜基本苗 13 万～18 万株。

(8) 山农 20。国审麦 2010006。

2007—2008 年度参加黄淮冬麦区南片区冬水组品种区域试验，平均每亩产量 564.9kg，比对照新麦 18 增产 3.9%；2008—2009 年度续试，平均每亩产量 542.3kg，比对照新麦 18 增产 8.9%。2009—2010 年度生产试验，平均每亩产量 505.1kg，比对照周麦 18 增产 5.5%。

2008—2009 年度参加黄淮冬麦区北片区水地组区域试验，平均每亩产量 535.7kg，比对照石 4185 增产 5.3%；2009—2010 年度续试，平均每亩产量 517.1kg，比对照石 4185 增产 5.1%。2010—2011 年度生产试验，平均每亩产量 569.8kg，比对照石 4185 增产 3.6%。

半冬性，中晚熟，成熟期比对照新麦 18 晚熟 1d，与周麦 18 相当。幼苗匍匐，分蘖力较强，成穗率中等。冬季抗寒性好。春季起身拔节偏迟，春生分蘖多，抗倒春寒能力较差。株高 85cm 左右，株型较紧凑，旗叶短小、上冲、深绿色。茎秆弹性一般，抗倒性一般。熟相较好，对肥水敏感。穗层整齐。穗纺锤形，长芒，白壳，白粒，籽粒半角质、卵圆形、均匀、较饱满、有光泽。2008 年、2009 年区域试验，平均每亩穗数 43.2 万穗、45.8 万穗，穗粒数 32.9 粒、31.8 粒，千粒重 43.1g、40.2g，属多穗型品种。接种抗病性鉴定：高感赤霉病，中感条锈病和纹枯病，慢叶锈病，白粉病免疫。区试田间试验部分试点中感白粉病，有颖枯病，中感至高感叶枯病。2008 年、2009 年分别测定混合样：籽粒容重 805g/L、786g/L，硬度指数 66.0、66.8，蛋白质含量 13.57%、13.80%；面粉湿面筋含量 31.4%、30.9%，沉降值 29.6mL、31.4mL，吸水率 61.5%、62.5%，稳定时间 3.2min、3.4min，最大抗延阻力 204EU、282EU，延伸性 152mm、146mm，拉伸面积 45cm^2、58cm^2。

适宜播种期 10 月上中旬，每亩适宜基本苗 15 万～20 万株。

(9) 运旱 20410。国审麦 2008014。

2006—2007 年度参加黄淮冬麦区旱薄组品种区域试验，平均每亩产量 264.6kg，比对照晋麦 47 增产 4.0%；2007—2008 年度续试，平均每亩产量 291.5kg，比对照晋麦 47 增产 3.0%。2007—2008 年度生产试验，平均每亩产量 288.1kg，比对照晋麦 47 增产 8.4%。

弱冬性，中熟，全生育期 242d 左右，成熟期与对照晋麦 47 相当。幼苗半匍匐，叶色深绿，生长健壮，分蘖力强，返青起身较早，两极分化快。株高 87cm 左右，株型紧凑，茎秆略细，叶形直立转披，叶色抽穗后呈浅灰绿，灌浆期转色落黄好。穗层整齐，穗纺锤形，长芒，白壳，白粒，籽粒角质，饱满度较好。平均每亩穗数 33.4 万穗，穗粒数 28.3 粒，千粒重 35.8g，黑胚率 1.6%。抗倒性中等。抗旱性鉴定：抗旱性中等。

适宜播期 9 月 25 日至 10 月初，每亩适宜基本苗 15 万株左右。

（10）石麦 15。国审麦 2009025。

黑龙港流域节水组 2006—2007 两年区域试验，平均每亩产量 427.43kg，比对照沧 6001 增产 12.81%。2007 年同组生产试验，平均每亩产量 454.71kg，比对照沧 6001 增产 11.33%。

抗旱性：河北省农林科学院旱作农业研究所人工模拟干旱棚和田间自然干旱两种环境下，2006 年抗旱指数分别为 1.119、1.276；2007 年抗旱指数分别为 1.159、1.208。抗旱性表现突出。品质：2007 年河北省农作物品种品质检测中心检测结果，蛋白质 13.49%，沉降值 13.5mL，湿面筋 30.0%，吸水率 57.1%，形成时间 1.8min，稳定时间 1.8min。抗病性：河北省农林科学院植物保护研究所抗病性鉴定结果显示，2006 年高感条锈病，中感叶锈病、白粉病；2007 年高感条锈病，中抗叶锈病、白粉病。

适宜播期为 10 月上旬。高肥水条件下播种量为每亩 7.5～8.5kg，中肥水条件下播种量为每亩 8.5～9.5kg，半干旱地播种量为每亩 10～11kg。

（11）郑麦 7698。豫审麦 2011008。

2007—2008 年度河南水地春水Ⅱ组区试，平均每亩产量 506.0kg，比对照品种增产 4.33%，差异性显著，居 13 个参试品种中的第三位。2008—2009 年度平均每亩产量 491.7kg，比对照品种增产8.07%，差异性极显著，居13个参试品种中的第二位。2009—2010年度参加河南省春水组生产试验，平均每亩产量491.4kg，比对照增产8.1%，居7个参试品种中的第一位。

属弱春性多穗型强筋类型品种，生育期229d。幼苗半直立，苗势壮，越冬耐寒性好，分蘖力中等；株型稍紧凑，叶形直立，株高77cm左右，茎秆粗壮，抗倒伏性好；成穗率中等，纺锤形穗，结实性好，长芒，白粒，角质，硬度高饱满度好，黑胚率低。根系活力强，灌浆速度快，成熟落黄好，抗干热风能力强。产量三要素：每亩穗数40万穗左右，穗粒数37粒左右，千粒重48g左右。

适宜播种期10月10日至10月20日。

（12）衡观35。国审麦2006010。

2004—2005年度参加黄淮冬麦区南片区冬水组品种区域试验，平均每亩产量494.85kg，比对照豫麦49增产1.98%（不显著）。2005—2006年度续试，平均每亩产量552.93kg，比对照1新麦18增产6.24%（极显著），比对照2豫麦49增产6.78%（极显著）。2005—2006年度生产试验，平均每亩产量503.5kg，比对照豫麦49增产6.44%。

半冬性，中早熟，成熟期比对照豫麦49和新麦18早1～2d。幼苗直立，叶宽披，叶色深绿，分蘖力中等，春季起身拔节早，生长迅速，两极分化快，抽穗早，成穗率一般。株高77cm左右，株型紧凑，旗叶宽大、卷曲，穗层整齐，长相清秀。穗长方形，长芒，白壳，白粒，籽粒半角质，饱满度一般，黑胚率中等。平均每亩穗数36.6万穗，穗粒数37.6粒，千粒重39.5g。苗期长势壮，抗寒力中等。对春季低温干旱敏感。茎秆弹性好，抗倒性较好。耐后期高温，成熟早，熟相较好。接种抗病性鉴定：中抗秆锈病，中感白粉病、纹枯病，中感至高感条锈病，高感叶锈病、赤霉病。田间自然鉴定：叶枯病较重。2005年、2006年分别测定混合样：容重783g/L、794g/L，蛋白质（干基）含量13.99%、13.75%，湿面筋含量29.3%、30.3%，沉降值32.5mL、27.2mL，吸水率62%、60.4%，稳定时间3min、3min，最大抗延阻力180EU、141EU，拉伸面积 39cm^2、32cm^2。

适宜播期 10 月上中旬，每亩适宜基本苗 16 万～20 万株。

(13) 良星 66。国审麦 2008010。

2006—2007 年度参加黄淮冬麦区北片区水地组品种区域试验，平均每亩产量 546.5kg，比对照石 4185 增产 5.3%；2007—2008 年度续试，平均每亩产量 551.2kg，比对照石 4185 增产 6.82%。2007—2008 年度生产试验，平均每亩产量 523.2kg，比对照石 4185 增产 6.58%。

半冬性，中熟，成熟期比对照石 4185 晚 0.9d。幼苗半匍匐，叶色深绿，苗期长势强，分蘖力较强，两极分化快，成穗率高。株高 77cm 左右，株型紧凑，茎秆弹性好，籽粒角质，饱满度中等。平均每亩穗数 44.0 万穗，穗粒数 36.6 粒，千粒重 39.7g。抗倒性好。抗干热风，落黄好。抗寒性鉴定：抗寒性好。抗病性鉴定：高抗白粉病，中抗秆锈病，慢条锈病，中感纹枯病，高感叶锈病、赤霉病。2007 年、2008 年分别测定混合样：容重 791g/L、816g/L，蛋白质（干基）含量 14.12%、14.3%，湿面筋含量 33.4%、31.4%，沉降值 31.5mL、29.6mL，吸水率 61.9%、58.8%，稳定时间 2.7min、3.0min，最大抗延阻力 234EU、272EU，延伸性 16.3cm、16.4cm，拉伸面积 55cm^2、64cm^2。

适宜播期 10 月 5 日至 15 日，精播地块每亩基本苗 10 万～12 万株，半精播地块每亩种植基本苗 15 万～20 万株。

(14) 淮麦 22。国审麦 2007005。

2004—2005 年度参加黄淮冬麦区南片区冬水组品种区域试验，平均每亩产量 505.8kg，比对照豫麦 49 增产 4.24%；2005—2006 年度续试，平均每亩产量 552.8kg，比对照 1 新麦 18 增产 6.22%，比对照 2 豫麦 49 增产 6.76%。2006—2007 年度生产试验，平均每亩产量 541.6kg，比对照新麦 18 增产 9.0%。

半冬性，中晚熟，成熟期比对照豫麦 49 晚 1d。幼苗匍匐，叶小、叶色深绿，分蘖力强，成穗率中等。株高 85cm 左右，株型稍松散，穗层不太整齐，结实性好。穗纺锤形，长芒，白壳，白粒，籽粒半角质，饱满度中等，黑胚率低，外观商品性好。平均每亩穗数40.3万穗，穗粒数33.0粒，千粒重39.7g。冬季抗寒性强，春季起身晚，发育慢，抽穗迟，抗倒春寒能力较好。易早衰，熟相一般。茎秆弹性较好，较抗倒伏。抗病性鉴定：高抗秆锈病，中感白粉病、纹枯病，高感条锈病、叶锈病、赤霉病。区试田间表现：高感叶枯病。2005年、2006年分别测定混合样：容重793g/L、788 g/L，蛋白质（干基）含量13.28%、13.71%，湿面筋含量26.1%、27.1%，沉降值28.1mL、28.6mL，吸水率52.2%、54.2%，稳定时间6.6min、5.5min，最大抗延阻力305EU、271EU，延伸性13.2cm（2006年），拉伸面积54.0cm^2、52.0cm^2。

适宜播期10月上中旬，每亩适宜基本苗10万～14万株。

（15）济麦44。鲁审麦20180018。

现已完成国家黄淮北片区生产试验，正在参加国家黄淮南片区区域试验、安徽省区域试验和天津市区域试验。济麦44是山东省农业科学院作物研究所育成的优质强筋品种，其杂交组合为济954072×济南17。

在2015—2017年山东省小麦品种高肥组区域试验中，两年平均每亩产量603.7kg，比对照品种济麦22增产2.3%；2017—2018年山东省小麦品种高肥组生产试验，平均每亩产量540.0kg，比对照品种济麦22增产1.2%。2018—2019年，山东潍坊120hm^{2}示范方平均每亩产量609.53kg，且品质达到国家优质强筋小麦标准。在多点示范中产量与济麦22相当。在2017年、2018年连续2年的全国小麦质量报告中，均达到郑州商品交易所期货用标准的一级优质强筋小麦标准，在2019年首届黄淮麦区优质小麦鉴评会上被评为超强筋小麦。

该品种半冬性，幼苗半匍匐，株型半紧凑，抗倒伏性较好，熟相好。两年区域试验结果平均为：生育期233d，比对照济麦22早熟2d；株高75.0～80.1cm，每亩最大分蘖102.0万个，每亩有效穗43.8万穗，分蘖成穗率44.3%；穗长方形，穗粒数35.9粒，千粒重43.4g，容重788.9g/L；长芒、白壳、白粒，籽粒硬质。

小麦产业技术体系病虫害功能研究室2017—2018年度抗病性鉴定表明：成株期抗条锈病、高抗秆锈病、中抗白粉病、中抗土传小麦病毒病、高感叶锈病、中感赤霉病、低感麦蚜。越冬抗寒性较好。

建议在高产地块种植，适宜播期10月5日至15日，每亩基本苗15万～18万株。

（16）济麦60。鲁农审20180023号。

山东省农业科学院作物研究所育成的旱地小麦新品种，其杂交组合为037042×济麦20。2018年通过了山东省审定。

在2015—2016年度山东省旱地区域试验中，平均每亩产量438.1kg，较对照鲁麦21增产3.4％；在2016—2017年度山东省旱地区域试验中，平均每亩产量483.5kg，较对照鲁麦21增产5.35％；两年区试平均每亩产量460.8kg，较对照鲁麦21增产4.38％；2017—2018年旱地组生产试验，平均每亩产量440.5kg，比对照品种鲁麦21增产7.3％，位居所有参试品种中的第一位。2018年，在招远实打验收达到每亩产量749.13kg。

该品种半冬性，幼苗半直立，株型半紧凑，叶色深，叶片上冲，抗倒伏，熟相好。两年区域试验结果平均：生育期229d，与对照鲁麦21早熟1d；株高74.8cm，每亩最大分蘖88.4万个，每亩有效穗38.5万穗，分蘖成穗率43.3％；穗形纺锤，穗粒数35.4粒，千粒重41.5g，容重789.1g/L；长芒、白壳、白粒，籽粒硬质。2017年中国农业科学院植物保护研究所接种抗病鉴定结果：条锈病免疫，高抗叶锈病，中感白粉病、赤霉病。越冬抗寒性较好。

建议在旱地种植，适宜播期10月1日至12日，基本苗每亩20万～25万株。

第二节　小麦机械化播种

一、机械化播种的农艺要求

培育冬前壮苗是获得小麦高产的前提和保障。因此，小麦在机械化播种阶段有着较高的农艺要求。

1. 因地制宜选用小麦良种

良种是在原有亲本遗传特性的基础上，于一定自然条件和栽培条件下选育而成的，因而具有一定的适应性。只有当环境条件充分满足或适合品种的生态、生理和遗传特性的需求时，才能充分发挥其优良特性的增产潜力。因此，在生产中应根据本地区的气候、土壤、地力、种植制度、产量水平和病虫害情况等，选用适宜机械化播种的优良品种。

（1）根据本地区的气候条件，特别是温度条件，选用冬性或半冬性或春性品种种植。近几年，黄淮海麦区生产中存在半冬性品种种植区域北移的问题，由于冬前发育过快，在冬季或早春遭受冻害的现象，在生产中应予以重视。

（2）根据生产水平选用良种。例如，在旱薄地应选用抗旱耐瘠品种；在土层较厚、肥力较高的旱肥地，应种植抗旱耐肥的品种；而在肥水条件良好的高产田，应选用丰产潜力大的耐肥、抗倒品种。

（3）根据当地自然灾害的特点选用良种。如干热风重的地区，应选用抗早衰、抗青干的品种；锈病感染较重的地区应选用抗（耐）锈病的品种。

（4）籽粒品质和商品性好。包括营养品质好，加工品质符合制成品的要求，籽粒饱满、容重高、销售价格高。

（5）选用良种要经过试验、示范。在生产上既要根据生产条件的变化和产量的提高，不断更换新品种，也要防止不经过试验就大量引种调种而频繁更换良种；在种植当地主要推广良种的同时，要注意积极引进新品种进行试验、示范，并做好种子繁育工作，以便确定“接班”品种，保持生产用种的高质量。

2. 确定小麦适宜播种期

小麦适期播种可以充分利用冬前的热量资源，培育壮苗，形成健壮的大分蘖和发达的根系，制造积累较多的养分，为提高成穗率、培育壮秆大穗奠定基础。确定小麦适宜的播期应从以下几个方面考虑：

（1）品种特性。根据品种通过春化阶段所要求的低温强弱和时间长短，分为冬性、弱冬性、春性，其要求的适宜播期有严格区别。在同一纬度、海拔高度和相同的生产条件下，春性品种应适当晚播，冬性品种应适当早播。

（2）地理位置和地势。一般是纬度和海拔越高，气温越低，播期就应早一些，反之则应晚一些。海拔高度每增加 100m，播期提早 4d 左右；同一海拔高度不同纬度时，一般情况下纬度递减 1°，播期推迟 4d 左右。

（3）冬前积温状况。此处的积温指的是某一时间段内日平均气温在 0℃以上的日平均气温总和。小麦各个生长发育时期，都需要一定的积温。冬前积温指的是从小麦播种到小麦越冬期间的积温。一般小麦冬前壮苗要求冬前积温在 550℃～650℃之间，生产上要根据当年气象预报加以适当调整。

3. 麦田整地

由于不同地区生态条件复杂，土壤种类多样，麦田整地技术不能强求一律，应以深耕为基础，少耕为方向，简化耕作次数，降低耕作费用，减少能源消耗，做到因地制宜，有针对性地进行合理耕作。

水肥地多属冲积平原或洪积平原，地势平坦，多为壤土，土层深厚，肥力较高，耕性好，保水保肥力强，小麦产量水平较高。这类麦田整地：一是要求深耕，深耕的适宜深度为 25～30cm；二是要求保证小麦播种具备充足的底墒和口墒。深耕后效果可维持 3 年，因此生产上可实行 2～3 年深耕一次。墒情不足时要浇好底墒水。丘陵旱地的主要障碍因素是干旱缺水，必须最大限度地接纳雨水，增加土壤深层水分储备，当秋作物成熟后抓紧收割腾茬，结合施底肥随犁随耙，反复细耙，保住口墒。黏土地质地黏重、通气性差、适耕期短、耕性差。这类麦田耕作整地的关键在于严格掌握适耕期，充分利用冻融、干湿、风化等自然因素，使耕层土壤膨松，保持良好的结构状态；播前整地可采取少耕措施，一犁多耙，早耕早耙，保持下层不板结，上层无坷垃，疏松细碎，提高土壤水肥效应。

4. 播种前种子处理

播种前种子处理，有促进小麦早长快发、增根促蘖、提高粒重等重要作用。常用的种子处理方法有以下几种：

（1）发芽试验。播种前进行种子发芽试验，可避免因种子发芽率过低而造成的损失，并确定适宜的播种量提供依据。因此，在小麦播种前，应随机取用待播种子进行发芽试验。当发芽率在90%以上时，可按预定播种量播种；发芽率在85%～90%之间的可适当增加播种量；发芽率在80%以下的则要更换种子。

（2）播前晒种。小麦播种前晒种，可以促进种子的后熟，打破种子休眠期，提高发芽率和发芽势，并能杀死种子上的部分病菌，对于打好播种基础十分必要。可在播种前10d将种子摊在苇席或防水布上，厚度以5～7cm为宜，连续晒2～3d，随时翻动，晚上堆好盖好，直到牙咬种子发响为止。注意不要在水泥地、铁板、石板和沥青路面等上面晒种，以防高温烫伤种子，降低发芽率。

（3）种子包衣。为有效预防多种土传和种传病害，以及苗期害虫危害，提高小麦的抗逆性，促进壮苗、提高成苗率，通常在小麦播种前进行种子包衣或药剂拌种。不同配方的种衣剂，对不同的病虫害有预防作用。当前种衣剂较多，应针对不同地区的主要病虫害，选择合适的种衣剂，而不是种衣剂越贵越好。以下种衣剂仅供参考：60g/L戊唑醇悬浮种衣剂能够预防小麦散黑穗病、白粉病、腥黑穗病、纹枯病、全蚀病，推荐使用药种比为1∶2 000～3 000。10.2%戊福悬浮种衣剂能够预防小麦散黑穗病、白粉病、腥黑穗病、锈病、纹枯病、全蚀病，机械包衣推荐使用药水种比为1∶0.5∶200，不需要烘干。25g咯菌腈悬浮种衣剂主要预防小麦全蚀病、根腐病、腥黑穗病、纹枯病，安全性好，药水种比为1∶2∶300～500。3%苯醚甲环唑悬浮种衣剂主要预防小麦纹枯病、早期锈病，安全性好，药水种比为1∶2∶250～500。350g/L吡虫啉悬浮剂可以预防小麦蚜虫、灰飞虱、蛴螬、地老虎等危害，推荐药种比为1∶2∶500，建议与防病种衣剂混用。7.3%戊唑醇·克百威悬浮种衣剂主要用于旱地轮作地块，预防金针虫、蝼蛄、胞囊线虫、蛴螬、蚜虫、灰飞虱等虫害和小麦白粉病、腥黑穗病、锈病等，推荐使用药种比为1∶1∶200。

（4）药剂浸种或拌种。在干旱和干热风常发区，每亩用抗旱剂1号50g加水1.0kg拌种，可刺激幼苗生根，促使根系下扎，减少叶面蒸腾，达到抗旱增产的目的；在高水肥地播种前结合药剂拌种，每亩用50%矮壮素50g，或用0.5%矮壮素浸种，可促进小麦提前分蘖、麦苗生长健壮，并对预防小麦倒伏有明显效果。

（5）微肥拌种。在缺某种微量元素的地区，因地制宜，用0.2%～0.4%的磷酸二氢钾、0.05%～0.1%的钼酸、0.1%～0.2%的硫酸锌、0.2%的硼砂或硼酸溶液浸种，都有一定的增产作用。

5. 确定适宜的播种量

"以地定产、以产定穗、以穗定苗、以苗定种"是确定小麦播种量的原则。即根据每个地块的水肥条件和管理水平，定出该地块的产量指标，再根据预定的单位面积产量算出所需要的单位面积穗数，有了单位面积穗数再根据品种和播期算出所需要的基本苗数，根据需要的基本苗数和种子的发芽率及田间出苗率，算出播种量。计算方法是：每亩播种量（kg）＝每亩基本苗数（万株）×千粒重（g）×0.01÷发芽率（%）×田间出苗率（田间出苗率一般按80%计算）。例如，若要求10月1日至4日播种的基本苗为12万株，则需要千粒重分别为38g和45g，发芽率90%的小麦的播种量分别为每亩6.3kg和7.5kg。

确定适宜播量与品种特性有密切关系，因为在同一地区、同样条件下，不同品种的分蘖能力、单株成穗数、叶面积和适宜的单位面积穗数都有很大差别。与播期早晚也有关系，播期早，冬前积温较多，分蘖多，成穗较多，基本苗宜稀，播量应适当减少，播期晚的相反，因当时温度较低，冬前积温较少，形成的分蘖和成穗数也随之减少，基本苗宜稀，播量可酌情增加。另外确定播量也应考虑土壤肥力水平，肥力基础较高、水肥充足的麦田，小麦分蘖多，成穗也多，应以分蘖成穗为主，基本苗宜稀，播量宜少。地力瘠薄，水肥条件不足的麦田，小麦的分蘖及成穗都受到一定影响，分蘖少，成穗率低，应以主茎成穗为主，基本苗宜稀，播量宜相应增加。

6. 足墒播种

足墒播种是指在足墒的条件下播种小麦。足墒的指标是土壤湿度为田间持水量的80%左右，即所谓“黑墒”“透墒”。农民曾有“犁前出明冬，冬前好麦苗”的说法，形象地说明底墒的重要，因冬前壮苗是小麦高产的基础和关键，而它的前提离不开足墒下种。土壤水分，尤其是耕作层土壤水分状况对小麦种子的萌发有直接关系，休眠的小麦种子一般含水量不超过12%，当种子从土壤中吸水使含水量达到种子干重的20%～25%时，胚开始萌动，当含水量增加到50%左右时，小麦种子才能萌发。小麦种子的吸水力一般为8～12个大气压，其吸水速度与吸水量取决于种子吸水和土壤保水的能力。土壤水分太低，保水能力很强，种子难以吸水萌发，只有在适宜的土壤湿度下才利于种子的吸水与出苗。另外底墒水对改善土壤的物理状况也有一定作用，麦田耕作后比较疏松，通过浇水可踏实表土、润湿土块，避免苗期土壤下沉而伤根。

要做到足墒播种，一般年份要进行播前灌水，根据秋作物腾茬的早晚、水源的难易情况及麦播的紧迫性，可分为三种形式：在前茬收获较早，水源条件又好的地区可灌踏墒水，即犁过的地块打畦或冲沟，而后沿沟畦灌水，灌水量掌握在每亩60～70m^3，待能进地时耙匀整平土地，即可播种；对于腾茬较晚、水源不很丰富的田块，可采用灌茬水的方法，即在前茬收获后（少数情况下可在收获前）先灌水，后翻地，整地后进行播种，用这种方式灌水量一般不大，在每亩50m^3左右；在晚秋腾茬较晚或井、渠负荷量大，轮灌期长，播前来不及灌水的田块，为争取农时，可在欠墒的情况下犁后整地，随即播种，跟着浇水，出苗后松土，即所谓蒙头水。蒙头水的效果不如踏墒水和灌茬水，但它是在特殊条件下的一种补救措施，能够补足耕层土壤中的水分亏缺，对于小麦出苗还是有利的。

7. 种肥分离

施肥播种机应遵循种肥分离的原则。深施肥应将肥料深施于种子下面 5cm 以下，肥料侧施，也应与小麦种子的距离大于 5cm，防止烧苗。

8. 确定小麦播种深度和播种速度

小麦的播种深度对种子出苗及出苗后的生长都有重要影响。根据试验研究和生产实践，在土壤墒情适宜的条件下适期播种，播种深度 3～5cm。底墒充足、地力较差和播种偏晚的地块，播种深度以 3cm 左右为宜；墒情较差、地力较肥的地块可适当加深至 4～5cm。大粒种子可稍深，小粒种子可稍浅。为确保小麦播种质量，播种时速一般控制在 5km/h 左右。此外还要强调播种后镇压，确保种、土紧密接触，实现苗全、齐、匀、壮。

二、机械化播种技术

（一）小麦宽幅精量播种技术

小麦宽幅精量播种技术就是在秸秆还田深松旋耕压实的基础上，采用小麦宽幅精量播种机械一次进地完成开沟、播种、覆土、镇压等多项工序的农机化技术。其核心是“扩大行距，扩大播幅，健壮个体，提高产量”。

小麦宽幅精量播种技术有利于提高个体发育质量，构建合理群体；对小麦前期促蘖、中期攻粒，促进高产具有重要意义。

1. 技术要点与配套措施

（1）品种精选：选用有高产潜力、分蘖成穗率高、中多穗型或多穗型品种。

（2）精细整地：土壤深松（耕）整平，提高整地质量，杜绝以旋代耕；耕后撒毒饼或辛硫磷颗粒灭虫，防治地下害虫。

（3）精量播种：改传统小行距（15～20cm）密集条播为等行距（22～26cm）宽幅播种，改传统密集条播籽粒拥挤一条线为宽幅播（8cm）种子分散式粒播，有利于种子分布均匀，无缺苗断垄、无疙瘩苗，克服了传统播种机密集条播，籽粒拥挤，争肥、争水、争营养，根少、苗弱的生长状况。

（4）适期适量播种：黄淮海地区小麦播期 10 月 3～15 日，播量每亩 7.5～10kg。播种时墒情要足，墒情不好，提前造墒；若播后造墒，播种深度适当调浅。

（5）浇好越冬水，确保麦苗安全越冬。

2. 技术注意事项

（1）按照农艺要求，做好播种量和行距、播种深度的调整。

（2）作业过程中应随时检查播量、播深、行距、衔接行是否符合农艺要求。播完一块地后，应根据已播面积和已用种子，核对排量是否符合要求。

（3）作业过程中，机手要经常观察播种机各部件工作是否正常，特别是看排种、输种管是否堵塞、种子和肥料在箱内是否充足。

3. 常用机具种类与特点

小麦宽幅播种机按照开沟器种类分为圆盘式和双管尖角式两种宽幅播种机。双圆盘宽幅开沟器，苗带播宽可到 5cm；三圆盘宽幅开沟器，苗带播宽可到 10cm；双管尖角式宽幅开沟器，苗带播宽可到 8cm。

（1）郓农 2BJK 系列小麦宽幅精量播种机（图 3-1）。主要包括机架、悬挂架、种子箱、排种器、开沟器、覆土器、镇压轮驱动总成、链条传动总成等部分组成。2BJK 系列小麦宽幅精量播种机结构紧凑，操作简单，生产成本低，作业效率高，播种均匀，疙瘩苗少、缺苗断垄少，是实现小麦增产的新播种机具。

①结构特点：排种器采用螺旋窝眼外侧囊肿式，实现均匀排种，精量播种。开沟器采用双管排列箭铲式开沟器，底部增加凸起式分种板，增加开沟宽度，实现宽幅播种。作业时，播种机通过悬挂架与拖拉机相连接，播种机在拖拉机牵引下前进，开沟器开出一条 8～10cm 种沟。播种机镇压轮随播种机在地表滚动，带动链轮转动，通过链条带动种子箱排种器轴转动，实现均匀精量排种。种

图 3-1　郓农 2BJK 系列小麦宽幅精量播种机

子通过输种管、开沟器，经分种板均匀落到中沟内，覆土器随即将种子覆土掩埋，镇压轮对种沟镇压，完成播种作业过程。

②适用选择：2BJK 系列小麦宽幅精量播种机采用悬挂式结构，配套 35.3～44kW 拖拉机，适用于玉米秸秆还田质量高的区域作业。

（2）大华宝来 2BFJK 系列小麦宽幅施肥播种机（图 3-2）。主要由机架、悬挂装置、排种器、输种管、圆盘双护翼分种装置和镇压器等部件组成。

图 3-2　大华宝来 2BFJK 系列小麦宽幅施肥播种机

①结构特点：该机采用单个排种器输种管以及单圆盘双护翼分种装置播种小麦，通过性好，播种宽度可达 8～12cm，播种均匀度

高，采用不锈钢种肥箱，使用寿命长，施肥、播种行距调整范围大。

②适用选择：大华宝来 2BFJK 系列小麦宽幅施肥播种机可选择装配筑畦，拆装方便，在经耕翻碎土平整的地块上，一次性完成起垄、施肥、宽苗带播种、覆土镇压等多道工序。配套动力 36.8～66.2kW 拖拉机，种子播深 2～3cm，施肥深度 10～12cm，作业行距 25cm。

（3）鑫飞达 2BMF 系列小麦宽幅施肥播种机（图 3-3）。主要由机架、种子箱、排种器、肥料箱、排肥器、滚轮镇压机构、链条传动总成、双线圆盘开沟器、V 形托板装置、平沟器等部件组成。

图 3-3　鑫飞达 2BMF 系列小麦施肥播种机

①结构特点：排种器为双排种盒，采用外槽轮式直齿或斜齿排种轮。双线圆盘开沟器内侧装配了双下种管和 V 形分隔板链接，形成双线排种，解决了单排种盒排种不均匀，断垄等现象。双圆盘开沟器内装配双管 V 形分隔器，将下种管内的种子分成两个种子流，均匀流到种沟内，形成两个苗带，且分布均匀。双圆盘开沟器所用开种沟宽度从常规的 4～5cm，加宽到 6～9cm，从而形成宽苗带，克服了普通小麦播种苗带窄，不易通风等弊病，具有个体健壮、分蘖性强、群体合理、抗倒伏、通风透光、小麦产量高等特点。

②适用选择：鑫飞达 2BMF 系列小麦宽幅施肥播种机适用于秸秆还田机的地块播种，一次作业能完成平地、开沟、播种、施肥、镇压、覆土等多项工序。配套动力 13.2～51.5kW 拖拉机，播种深度 2～4cm。

4. 宽幅精量播种机操作要点

（1）播种机出厂经过长途运输，安装好的部件在运输过程中易造成螺丝松动或错位等现象，机手在播种前应对购买的播种机进行“三看三查”：一看种子箱内 12 个排种器窝眼排种孔是否与播种量相一致，查一查排种开关是否锁紧，毛刷螺丝是否拧紧，排种器两端卡子螺丝是否拧紧；二看行距分布是否均匀，是否符合要求，查一查每腿的 U 形螺栓是否松动，排种塑料管是否垂直，有没有漏出耧腿或弯曲现象等；三看播种深浅度，查一查 6 行腿安装高度是否一致，开空车跑上一段，再进行一次整机调整和单耧腿调整，以达到深浅一致、下种均匀。

（2）选择合适的牵引动力。

（3）调整行距。行距大小与地力水平、品种类型有直接关系，小麦宽幅精播机应根据当地生产条件自行调整。

（4）调整播量。①首先松开种子箱一端排种器的控制开关，然后转动手轮调整排种器的拨轮，当拨轮伸出一个窝眼排种孔时，播种量约为每亩 3.5kg，前后两排窝眼排种孔应调整使数目一致，当播种量定为每亩 7.0kg 时，应调整前后两排两个窝眼排种孔，以此类推。播种量调整后，要把种子箱一端排种控制锁拧紧，否则会影响播种量。②种子盒内毛刷螺丝拧紧，毛刷安装长短是影响播种量是否准确的关键，开播前一定要逐一检查，播种时一定要定期检查，当播到一定面积或毛刷磨短时应及时更换或调整毛刷，否则会影响播种量和播种出苗的均匀度。③确定播种量最准确的方法是称取一定量的种子进行实地播种。

（5）播种深度。调整播种深度最好先把播种机开到地里空跑一圈，看一看各耧腿的深浅情况，然后再进行整机调整或单个耧腿调整。一般深度调整有整机调整、平面调整和单腿调整。所谓整机调整是在6行腿平面调整的基础上，调整拖拉机与播种机之间的拉杆；平面调整就是在地头路上把6行腿同落地上，达到各耧腿高度一致，然后固定U形螺圈；单腿调整就是对单行腿深浅进行调整，特别是车轮后边耧腿要适当调整深些。

（6）翻斗清机，更换品种。前支架左右上方有两个控制种子斗的手柄，当播完一户或更换种子时，将两个控制手柄松开，让种子斗向后翻倒，方便清机换种。

（7）播种速度是播种质量的重要环节，速度过快易造成排种不匀、播量不准、行幅过宽、行垄过高等问题，建议播种时速为2挡速较为适宜。

（8）对秸秆还田量较大或杂草多、湿度大、过黏的地块，播种时间应安排在下午，避免土壤湿度过大，造成壅土，影响正常播种。

（二）小麦播前播后二次镇压抗逆高效技术

1. 概念

在农田耕翻后，不经整地立即通过二次镇压施肥播种机，一次性完成施肥、碎土、播种前镇压、播种、播种后镇压等多项农艺要求的农机化技术。

2. 技术要点

上季作物收获、秸秆还田和深耕后，通过播种前后两次镇压施肥播种一体机，一次完成驱动耙碎土整平和耕层肥料匀施、镇压辊播种前苗床镇压、宽幅播种、播种后镇压轮二次镇压等复式作业。此外，该技术配套播种机还可以根据生产需要，在整地播种同时进行滴管带铺设作业。

3. 技术特点

（1）改善土壤理化性质，培育小麦壮苗。通过土壤深翻秸秆掩埋、基肥耕层匀施和播前播后两次镇压等措施，改善耕层土壤结构、提高秸秆还田质量、抑制土壤菌源数量、提高小麦播种质量，为小麦一播全苗和形成壮苗奠定基础。

（2）提高小麦整地播种效率和作业质量。通过整地播种机械关键部件改进和有效组合，在减少机械田间作业次数的同时，提高小麦耕整地环节的作业效率和作业质量，进而提高农机手作业效率和收益。

（3）提高资源利用效率。整地播种一次性作业在优化耕层土壤结构、改善种子分布状况的同时，确保种子与土壤紧密结合，减少土壤水分蒸发，满足适耕期内小麦正常播种出苗，不需要再浇灌蒙头水或苗后灌溉补水；通过生育期水分调控措施和氮素诊断追施技术，避免灌溉和追肥施用的盲目性，水肥利用效率可提高10%左右。

（4）有效控制茎基腐病等土传病害。通过翻耕进行秸秆掩埋，抑制小麦茎基腐病、赤霉病的菌源数量，大幅度降低病菌对小麦的侵染机会。调查发现，采用播前播后二次镇压抗逆高效技术的小麦田，小麦茎基腐病病株率较旋耕播种麦田降低了85%以上。

4. 技术效果

与传统栽培技术相比，小麦耕层优化二次镇压保墒抗逆高效技术平均每亩增产34.4kg，每亩节约物化投入（种子、化肥）31.54元，每亩机械作业成本降低31.2元。2015年，在济南市济阳县新市镇高产攻关田利用该技术平均亩产达到733.9kg；2017年夏津县雷集镇轻度盐碱地平均亩产562.0kg，均比相邻传统栽培地块增产20%以上；2019年，经专家组测产，在聊城市茌平县韩屯镇创造了764.9kg的小麦高产典型；在德州市夏津县渡口驿镇创造了优质强筋小麦（济麦44）亩产602.8kg高产典型，比对照增产6.43%。

5. 注意事项

（1）种子选用与处理。选用产量潜力高、分蘖成穗率高、抗逆性强的多穗型品种，在播种前针对当地病虫害发生情况，选用相应包衣剂或拌种剂进行种子处理。

（2）土壤耕作环节对土壤墒情的要求。应在小麦适宜播种期内进行小麦耕种作业，耕种前，要求土壤含水量能够满足小麦正常出苗要求。

(3) 土壤耕作环节对秸秆还田质量的要求。由于该技术将耕地与播种一次性完成，对秸秆还田质量和耕地质量要求较高，一般要求耕翻深度应在25cm以上，并将秸秆掩埋于地下。

(4) 播种前进行农机田间调试。在整地播种之前，做好播种机播种量、播种深度等的调试工作，确保小麦播种出苗质量。

6. 配套机具

2BLZ-300型立旋整地智能小麦精量播种机（图3-4）。该机具由动力驱动耙和播种机组成，能一次性完成驱动耙碎土整平和耕层肥料匀施、镇压辊播种前苗床镇压、宽幅播种、播种后镇压轮二次镇压等复式作业。该机具可实现耕后即播，在减少田间机械作业次数的同时，实现高效碎土整地，防止水分蒸发，实现了土壤保墒与小麦苗齐、苗壮的目的。机具配套动力：120kW以上。工作幅宽300cm，行数24行，作业效率1.7～2.0hm^2/h。

图3-4　2BLZ-300型立旋整地智能小麦精量播种机

(三) 小麦旋耕播种技术

1. 概念

小麦旋耕播种技术就是在秸秆覆盖的情况下，采用旋耕播种机具一次进地完成旋耕、播种、覆土、镇压等多项农艺要求的农机化技术。

2. 意义

小麦旋耕播种技术只翻动需要播种的土壤，减少了对土地的扰动，并且一次性完成播种的全部程序，可以节约时间、降低成本，适应性广。

3. 技术要点与配套措施

（1）播种量要准确、均匀。要根据种子品种、播期、土壤条件确定播种量，以符合农艺要求。

（2）播种的行距和深度要一致，且覆盖均匀，符合农艺要求。行距宜为20～25cm，提倡使用旋耕施肥播种机进行宽行播种，应用种肥深施。一般播深3～4cm，水分不足时加深至4～5cm，沙壤土可稍深，但不宜超过6cm。

（3）侧位深施的种肥应施在种子的侧下方2.5～4.0cm处，肥带宽度大于3cm。正位深施的种肥应施在种子的正下方，肥层与种子之间的土壤隔离层应大于3cm。肥带宽度略大于种子播幅的宽度，肥条均匀连续，无明显断条和漏施。

（4）播完后需检查实际播量与原计划是否一致，误差控制在计划播量的±4%以内，在整地质量符合要求时，播深合格率≥75%。各行播量均匀一致，误差≤5%。

（5）播种均匀，无断条、漏播、重播现象，在整地质量符合播种要求时，断条率≤5%。种子破损率要小，一般不超过0.5%。

（6）播种要适时，垄或行要直。行距一致，播行笔直，地头整齐。机组内相邻两行行距误差＜1.5cm，相邻两靠行误差＜2.5cm。

（7）干旱时应加大播后镇压力度。

4. 技术注意事项

（1）作业前机具检查。使用前必须向变速箱加足润滑油到检油孔高度位置。所有黄油嘴应注足黄油。检查并拧紧全部连接螺栓。各传动部分必须转动灵活并无异响。与拖拉机的挂接牢靠，万向节传动轴在安装时应保证中间万向节叉、方管节叉的开口须在同一平面内。

（2）机具左右水平调整。在较平的地面将机具降低至旋耕刀尖接近地面，观看左右两端刀尖离地面高度一致，以保证耕深和播深一致。在机具水平调整时，要注意左右两限深轮必须在同一调节孔上。

（3）机具前后水平调整。在机具左右水平调整的基础上，调节镇压辊的前后孔位，高度对应一致，使机具保持前后的水平状态。前后水平位置的调整，与耕深调整同时进行。

（4）耕深调整。耕深调整是通过耕深调节装置，统一协调改变前后限深轮、后镇压辊与机具机架之间的相对位置，达到改变耕深和植被覆盖率的要求。也可调整拖拉机挂接机构中的调整拉杆来实现，伸长中拉杆耕深变浅，植被覆盖率降低，反之耕深增加，植被覆盖率提高。耕深一般为8～10cm。

（5）播深调整。播深主要是通过改变下种管在机架后梁的上下位置实现，应注意各种管深度一致。耕深、播深工作部件安装调整好后，必须进行作业前的田间试验。经试验，确认孔位安装正确，播深若不合适，也可调节后镇压辊高度（耕、播深同时调），来达到调节播深的目的，总之，应根据不同的农艺要求、不同的操作环境，灵活使用不同的调节方法。

（6）行距调整。行距大小通过改变种管在机架后梁的左右相对位置实现，即可达到所需行距，如还需要更大的行距可用减少播行的方法实现。调整时应注意相邻种管之间距离一致，使种管在机架后梁分布均匀。

（7）播种量的调整。多用途播种机在调整播种量时应将排种器调整至小麦播种状态。根据当地农艺要求，并调整排种量调节手柄，使小麦排种槽轮端面与种量尺上相应刻度对齐。加上要播的种子，加入量不少于容积的1/5，在地头进行试播。

（8）排肥量的调整。排肥器只适用于施颗粒肥，禁止使用吸水结块肥和混肥。由于肥料含水量和颗粒大小不同，播施前按农艺要求进行实际测试，其方法和大小与排种量的调整方法相同。

（9）机具排种、排肥各行排量不均的调整。移动种轴、肥轴上的卡片，清除排种槽轮、排肥槽轮与卡片之间间隙，使各排种槽轮、排肥槽轮工作长度一致。如果某行排种、排肥量偏大或偏小，可适当调整该行的槽轮工作长度，达到各行排种、排肥量一致。

(10) 试运转。机具与拖拉机挂接、调整后，将其升离地面，用手扳动旋耕刀轴转动，检查各运转部件是否转动灵活，有无异常响声，确定无异常后，再结合动力，转速由低到高，使机具转速达到最高，转速达到 2 030r/min 后，停车检查确认一切正常，方可投入作业。

(11) 机械化作业要求。①启动拖拉机，用适当的速度将机械驶进大田。播种机作业速度以 2 挡为宜，在不影响播种的前提下，可适当提高，播种机需匀速前进，检修调整宜在地头进行，中途不宜停车，以免造成种子断条。田头应留有一个播幅宽度最后播种。②旋耕播种机的排种、排肥全靠镇压轮（辊）来传递动力，因此作业时镇压轮（辊）必须着地转动，否则旋耕施肥播种机既不排种也不施肥。③要经常检查排种器的刮种舌或毛刷的疏密度并及时调整，以免造成播种量不均匀。④旋耕施肥播种机作业时靠行应保持一致并控制尺寸，太宽时浪费土地，容易造成减产，过窄时容易将土翻入已播的垄沟内，覆土过厚，影响小麦出苗和分蘖。⑤播种作业一段时间后，应检查播种机排种轮和排肥轮的松紧程度，如在震动下逐渐变松，将导致自动减小或增大排种量和排肥量。

(12) 保管。作业结束应清除机器内外的杂物和剩余肥料种子，将各运动处清洗干净，用清洁润滑油涂敷封存，最好放在室内保管。

5. 常用机具种类与特点

大多数小麦旋耕施肥播种机的排种器采取外槽轮式，它具有构造简单、通用性好、播种量稳定、各行播量一致性好、播量调整方便等特点。

(1) 农哈哈 2BFG-14 小麦旋耕播种机（图 3-5）。该系列机具是将旋耕机与圆盘播种机连接起来，使旋耕、播种、施肥一次性完成。不再经过二次碾压，地表平整，播深一致，出苗齐整，减少了拖拉机进地次数，降低了作业成本，减轻了农民作业强度。

①结构特点：该机在开沟器前设置有旋转刀具，作业时，旋转刀具将作物的秸秆、根茬打碎或打走，在播行形成种床，可一次完成旋耕、施肥、播种、覆土、镇压等工序。旋耕机与播种机采用四连杆液压升降连接装置，旋耕两遍时，播种机在非作业状态下升起到旋耕机正上方，重心靠前。播种作业时，在驾驶室直接操作手柄完成升降，操作方便。可播小麦、油菜、谷子、高粱等，实现多种作物的降本增效，有利于农业的可持续发展。

②适用选择：适用于平原地区条播小麦，配套 80kW 以上轮式拖拉机。

图 3-5　农哈哈 2BFG-14 小麦旋耕播种机（折叠式）

（2）亚澳 2BFG-4/8-200G 旋播施肥机（图 3-6）。该系列机具一台可抵旋耕机、小麦播种机、玉米播种机等多台农具，既能播小麦，又可播玉米、大豆。可以灵活变换三种刀轴转速，彻底解决了拖拉机跑得快了效果差，跑得慢了效益差的问题。巧妙利用了旋耕土空间播种施肥，不增加主机马力消耗，且种肥覆盖效率高，种苗生长好。

①结构特点：既可以全耕播，又可以免耕播；既能播小麦、玉米，又能播大豆、花生和水稻。设计紧凑，施肥管紧贴旋耕刀，巧妙利用旋耕真空带，不增加拖拉机马力消耗。3 挡变速，专利技术拨叉变速装置，适合不同土质、不同农艺、不同主机。防缠堵塞掏

图 3-6 亚澳 2BFG-4/8-200G 旋播施肥机

草刀发明专利，每分钟 300 多转的转速，把种管间、种床间的杂草及时清理干净，不管是玉米秆直立地，还是小麦收割后的秸秆地，彻底解决机具通过性和因种床秸秆杂草多而烧坏种苗，影响生产的难题。重型耕播机具，自重大于同行 30%～40%，田间运行平稳，干硬土地旋耕易入土。仿形系统技术专利，前后仿形轮、中央拉杆条形孔、双梁双悬挂机构成独有的仿形限深系统，免除拖拉机液压损耗，关键是保证耕深、播深一致。小麦宽幅播种技术专利，12cm 宽幅播种器，一行相当于传统播种机 3～4 行。单粒种子占土壤面积大，通风透光好，小麦分蘖率高，便于田间管理。玉米配置指夹式精量排种器，省种、省功，与勺式的排种器相比较，在同等质量下由每小时前进 5km 提高到 8km，提高工效 50%以上。种、肥隔行分层技术，小麦正位施肥 5cm，玉米侧位施肥 5cm，与手撒式施肥相比，提高肥料利用率 300%，防治土壤板结。

②适用选择：该机具可以在玉米秆直立地、秸秆还田地、小麦高茬浮秆地、深翻地等不同前茬条件下，一次性完成灭茬、开沟、播种、施肥、覆土、镇压等多道工艺。配套 40.5～51.5kW 轮式拖拉机。

6. 小麦旋耕播种机操作要点

(1) 严格控制提升高度，万向节转动轴夹角工作时不大于 10°，地头转弯时不大于 25°，长距离转移时应切断动力。

(2) 严禁先入土后结合动力或猛放入土，以免损坏拖拉机及旋耕播种机部件。

（3）机具检修调整宜在地头进行，中途不得停车；地头转弯及倒车时，必须提升播种机。

（4）旋耕播种作业时，拖拉机及旋耕播种机上严禁乘人，以免造成伤亡事故。

（5）旋耕播种机运转时，严禁接近旋转部件；检查或更换旋耕播种机零部件时，必须切断动力，停机熄火。

（6）作业中驾驶员要特别提高警惕，听到异常噪声或发现问题，随时切断动力，停车检查，排除故障。

（四）小麦免耕播种技术

1. 概念

小麦免耕播种技术就是在秸秆覆盖的情况下，不耕翻土壤，采用免耕播种机具一次进地完成开沟、播种、覆土、镇压等多项工序的农机化技术。

2. 意义

小麦免耕播种可在地表有大量秸秆的情况下作业，充分利用秸秆资源，具有蓄水保墒、培肥地力、改善环境、节本增效、提高持续增产能力等优势。

3. 技术要点与配套措施

（1）选择优良品种。选择分蘖能力强的优良品种，如烟农 19、济麦 19、济麦 20、济麦 22 等，小麦良种播前药剂拌种。

（2）适期播种。根据土壤墒情，播期在 10 月 1 日至 15 日。随着气温的变化，各地要适当推迟播期，鲁东地区集中在 10 月 1 日至 10 日播种；鲁中地区集中在 10 月 3 日至 13 日播种；鲁南、鲁西南地区集中在 10 月 5 日至 15 日播种；鲁北、鲁西北地区集中在 10 月 2 日至 12 日播种。

（3）足墒播种。墒情不足的地块，要播前造墒。在适期内，掌握“宁可适当晚播，也要造足底墒”的原则，做到足墒下种。避免播后造墒，覆土增厚，形成弱苗。

（4）质量要求。每亩播量一般为 8～11kg，播种深度 3cm。每亩播颗粒状化肥 30～50kg，种上肥下，种肥间距≥5cm。做到不漏播、不重播，播深一致、落籽均匀、覆盖严密。行距 15～30cm。

（5）秸秆还田。用机械将玉米秸秆粉碎均匀覆盖地表，玉米秸秆切碎长度≤5cm，秸秆覆盖率≥30%，抛撒不均匀率≤20%。

（6）机械深松。对多年旋耕、耕层较浅的地块，免耕播种作业前，要进行深松作业，打破犁底层，改善土壤水、肥、气、热交换环境，避免免耕小麦早衰。

（7）有机肥撒施。因免耕播种不能将耕层土壤翻耕，施用有机肥时，要在播种前撒施地表，作业时，与苗带土壤混合，发挥肥效。

（8）基肥深施。免耕播种的地块不能将基肥撒施地表，必须随播种作业将基肥深施。一般颗粒状基肥每亩施用 25～35kg，肥种间隔大于 5cm。

（9）冬前灌溉。因免耕播种田玉米秸秆较多，苗带土壤疏松，易遭冻害。为使小麦安全越冬，免耕播种小麦冬前最好普灌一次越冬水。

（10）连续 2～3 年实施旋耕播种的田块宜深松（深耕）一遍，以改变土壤的板结状况。

4. 技术注意事项

（1）机具准备。按照施用说明书对播种机进行全面检查，调整机器左右水平、排肥量、排种量、播种深度、施肥深度、镇压强度和传动机构；检测配套拖拉机的技术状态，液压系统应操作灵活可靠，调整自如。工作前进行试运转。检查各部件是否灵活可靠，各工作间隙是否符合要求，紧固件是否有松动，工作部件是否有碰撞声，并进行及时检查、调整。

（2）试播。正常作业前，先进行试播。试播长度要大于 15m，检查播种量、播种深度、施肥量、施肥深度、有无漏种漏肥现象，并检查镇压情况，必要时进行调整。

（3）作业时，应将播种机降低到接近地面位置，接通旋耕动力，边走边放，在地头线处进入作业状态。

（4）作业中保持平稳恒速前进，速度不可过快；作业中应尽量避免停车，以防起步时造成漏播。如果必须停车，再次起步时要升起播种机，后退 0.5m，重新播种。作业时，严禁倒退，防止播种施肥器堵塞或损坏；地头转弯时，应将整机升起，离开地面，以防损坏机器。

（5）作业中，发现掉链、缠草、壅土、堵塞等现象，应立刻停车检查，排除故障。

5. 常用机具种类与特点

小麦免耕播种机按照开沟器种类分为尖角式和苗带旋耕式两种。尖角式小麦免耕播种机主要用于一年一作区，为防止堵塞，一般开沟器分为 2～3 排；苗带旋耕式开沟器主要用于一年两作区。苗带旋耕刀不但开沟疏松苗带土壤，同时清理苗带秸秆，为种子生长发育创造良好环境。

山东省小麦玉米一年两作，地表秸秆覆盖量大，一般选用通过性能强、播种质量好、作业效率高的苗带旋耕式免耕播种机。沿黄灌区和水量充沛井灌区，一般选用播幅 2m 以上的免耕播种机；小水量井灌区和地块较小的地区，推荐选用 1.2～1.7m 播幅的免耕播种区。

（1）奥龙 2BMFS－2200 型小麦免耕播种机（图 3－7）。

图 3－7　奥龙 2BMFS－2200 型小麦免耕播种机

①结构特点：2BMFS－2200 型小麦免耕播种机主要由悬挂装

置、万向节、齿轮箱总成、刀轴总成、排种（肥）链传动总成、种肥箱总成、播种（肥）器、镇压轮等部件组成。该机开沟器采用旋耕刀，旋耕刀座设有防缠绕装置，减少秸秆缠绕与堵塞，机具通过性好、适应性强，播种质量高；播种施肥器的施肥口在播种口下方，置于旋转刀后，实现肥料深施和肥种分施，提高化肥利用率，避免烧种；采用旋耕弯刀，将种肥沟内秸秆抛出，为种子发芽和小麦生长发育创造良好环境；采用宽苗带播种装置，实现小麦宽幅、宽垄播种，促进麦苗生长发育；配置筑畦扶垄装置，实现灌区筑垄，节约灌水。

②主要技术参数与适用选择：工作幅宽 2.2m，播种行数 5～7 行，苗幅宽度 10～12cm，行距 25～30cm，施肥深度 8～12cm，播种深度 3～5cm，配套拖拉机动力 36.8～51.5kW，作业效率 0.27～0.47hm^2/h。该型播种机可适用于小麦、玉米、大豆等作物的播种。

（2）大华宝来 2BMYF 系列免耕施肥播种机（图 3－8）。

图 3－8　大华宝来 2BMYF 系列免耕施肥播种机

①结构特点：2BMYF 系列免耕施肥播种机主要由悬挂装置、万向节、齿轮箱总成、刀轴总成、排种器、播种器、开沟器和镇压器等部件组成。可根据当地农艺要求、播种幅宽和地表秸秆量进行更换圆盘式播种器或其他装置。一次性作业可完成带状灭茬旋耕、施肥、播种、扶垄、镇压等多道工序，播种苗带宽度可达 10～

12cm，可提高种子有效分蘖，更利于通风、采光和作物生长。种、肥分施间隔 5～8cm，可以提高肥料利用率并完全满足作物生长需要，从而提高粮食的产量。与传统的耕作种植方式相比具有节约机械作业成本、节水、节能、省工、省时、省肥等优点。

②适用选择：主要用于在秸秆切碎还田后的田地作业。配套 22～66.2kW 拖拉机。

(3) 亚奥 2BMG-4/6 型小麦（玉米）免耕播种机（图 3-9）。

①结构特点：2BMG-4/6 型小麦（玉米）免耕播种机主要由悬挂装置、万向节、齿轮箱总成、刀轴总成、排种器、播种器、开沟器和镇压器等部件组成。该机既具有传统播种机的开沟、施肥、播种、覆土、镇压等功能，又具有良好的清草排堵功能、破茬入土功能、种肥分施功能和地表仿形功能。

图 3-9　亚奥 2BMG-4/6 型小麦（玉米）免耕播种机

②主要技术参数与适用选择：耕幅 2.23m，苗幅宽度小麦 12cm，玉米 3～6cm，工作速度 2～5km/h，刀轴转速 251r/min、283r/min、365r/min、249r/min、277r/min、326r/min，播种行数小麦 6 行，玉米 3～4 行，化肥 3～6 行，种肥箱容积 92L，配套 40.4～51.4kW 拖拉机。适用于玉米秆直立、秸秆还田地、小麦高茬浮秆地、深翻地等不同前茬条件，既可播小麦，又可播玉米、大豆等作物。

6. 小麦免耕播种机操作要点

（1）田头应留有一个播幅宽度最后播。

（2）播种机作业速度以 2 挡为宜，在不影响播种质量的前提下，可适当提高，但一般不超过 3 挡，以免打滑系数增加，播种质量下降；播种机宜匀速前进，检修调整宜在地头进行，中途不宜停车，以免造成种子断条。

（3）地头转弯前后应注意起落线，及时、准确地起落播种机。

（4）播种时不应倒退，机器需倒退时应将开沟器和划印器升起。

（5）带有座位或踏板的悬挂式播种机，在作业时可站人或坐人，但运输时严禁站人或坐人。

（6）严禁在划印器下站人和在机组前后来回走动。

（7）工作中经常注意排种器、输种管、种子（肥料）箱的下种下肥情况，及时清除杂物及开沟器，覆土器上的杂草、土块等。

（8）清理黏土、杂草，加肥、加种必须停车进行。

（9）播种机应进行班次保养，清除杂物，向润滑点注润滑油。

（10）播拌药种子时，工作人员应戴手套、风镜和口罩等防护用具，工作完毕，及时清洗，剩余种子要妥善处理。

（五）小麦深松分层施肥免耕精播技术

1. 概念

小麦深松分层施肥免耕精播技术是指采用小麦深松分层施肥免耕精播机，一次进地能完成种植带旋耕、筑畦修道、间隔深松、分层施肥、精密播种、浅沟镇压等多项作业，是实现小麦生产高产、高效、低成本、节能、降耗、环保的一种新型保护性耕作技术。

2. 意义

小麦深松分层施肥免耕精播技术，改传统的秸秆取走为秸秆粉碎还田，改传统的全面耕整地为只旋耕播种带的同时进行深松，改传统平作的大畦漫灌为小畦节水灌溉，改化肥撒施为分层深施，改传统杂乱的小麦玉米种植规格为统一的标准化种植规格。

3. 技术要点与配套措施

（1）精选优良品种。选择适宜本地区种植的小麦优良品种，根据品种发育特性适时播种，小麦种子播前药剂拌种。

（2）适量播种。每亩播量一般为8.0～11.0kg。

（3）作业周期。每沟2～3年深松一次，深松的同时深施磷钾复合肥。

（4）质量要求。深松深度25～35cm，播种深度3cm，做到不漏播、不重播，播深一致、落籽均匀、覆盖严密。行距20～30cm。种上肥下，种肥间距≥5cm，底肥施肥深度15～20cm。每亩播颗粒状化肥30～50kg，底肥占总施肥量的60%。

4. 技术注意事项

（1）种植带旋耕振动深松。每条种植带旋耕宽一般为22cm，播种2行小麦，两播种带之间不动地宽度一般为22cm，深松铲的深度为20～35cm之间，一般每年调节2个铲的深松深度在30cm左右，其他铲深松在25cm左右，并每年调换深浅位置，保证每2～4年每条种植带有一次深松深度达到30cm以上。

（2）浇水固定畦。播种机通过畦埂两边种植带的旋耕刀旋起的土，在成型装置的整形下筑起畦埂。畦埂位置每年固定不动，播种小麦和玉米时均可对原畦埂进行扶土作业。畦埂宽可根据需要在26～35cm之间调整。

（3）固定道作业。挂接小麦、玉米两用型播种机的拖拉机和小麦玉米两用型联合收获机，在田间作业时，均在不耕作带的固定道上行走，固定道永久保留。固定道作业，机械不碾压作物种植区，不会有轮辙造成地表不平，从而保证播种质量。固定道路基较硬，机械行走消耗动力少，轮胎附着力好。

（4）分层施肥。紧靠深松铲后面，前后有两根施肥管。底肥管紧靠深松铲之后，底肥分散施在两行小麦中间地下深度15～20cm处。紧靠底肥管后面一根为种肥管，种肥施在两行小麦中间，在种子下方3～5cm处。每亩总施肥量在20～70kg之间，底肥施肥量一般占总施肥量的60%以上。

（5）平畦精密播种。在旋耕刀后挡板下方装有活动拖地的平土板，平土板起挡土、碎土和平整畦面的作用。采用圆盘式双播种管播种器，宽苗带播种。每个圆盘播种器内并排两根播种管，每行小麦 5cm 宽的播种带用 2 套排种器和 2 根播种管播种，并装有散种板，使播下的种子均匀分布在播种带内，有效避免缺苗断垄和疙瘩苗，达到精密播种。

5. 常用机具种类与特点

小麦深松分层施肥免耕精播机按深松铲种类可分为凿铲振动式和全方位倒梯形两种。

（1）郓农 2BMFZS 系列震动深松分层免耕施肥精播机（图 3－10）。

图 3－10　郓农 2BMFZS 系列震动深松分层免耕施肥精播机

①结构特点：2BMFZS 系列震动深松分层免耕施肥精播机主要由机架、变速箱、旋耕刀轴、苗带旋耕刀、深松铲、震动器、种子箱、磷钾复合肥箱、控释肥箱、种肥箱、施肥管、播种管、传动链轮、镇压轮、调节装置等组成。悬挂支架上方安装变速箱和旋耕刀，旋耕刀位于悬挂支架的下方；变速箱的输出轴通过传动机构与旋耕刀的轴连接；变速箱的输出轴上安装传动轴，传动轴上安装偏心轴承，偏心轴承的外周安装连杆套；连杆套上安装连杆，悬挂支架上安装摆臂，摆臂通过摆臂轴与悬挂支架铰接；摆臂的一端与连杆铰接，摆臂的另一端安装松土铲；松土铲位于悬挂支架的下方，且位于旋耕刀的后方。它装有深松铲，可通过深松铲的摆动实现深松作业。

②主要技术参数与适用选择：郓农 2BMFZS 系列震动深松分层免耕施肥精播机共有 190cm、276cm、280cm、285cm、340cm、380cm 共六种基本种植规格。190 型小麦深松分层施肥免耕精播机种植规格适合山区、丘陵区和井灌区的小地块作业，作业幅宽 190cm。276 型适合不筑畦作业，作业幅宽 276cm 左右。280 型适合黄灌区作业，作业幅宽 280cm。285 型适合井灌区较大地块作业，作业幅宽 285cm。340 型适合黄灌区中低产田的大地块作业，作业幅宽 340cm。380 型适合黄灌区高产田的大地块作业，作业幅宽 380cm。配套 60.3～73.5kW 拖拉机。

（2）大华 2BMYF 系列深松免耕施肥精播机（图 3-11）。

图 3-11　大华 2BMYF 系列深松免耕施肥精播机

①结构特点：大华 2BMYF 系列深松免耕施肥精播机有效地将深松和免耕播种两大技术有机结合，可与 73.5～147kW 拖拉机配套使用，作业幅宽为 2.0～3.5m，播种行数为 14～20 行。该系列产品采用弧面倒梯形深松铲生产的“W”系列深松机与系列免耕施肥播种机组合，可一次性完成全方位深松土壤、深施化肥、苗带旋耕、施种肥、畦土覆平、双圆盘开沟器开沟、播种、镇压等多道工序。该系列产品为组合式机具，即可组合使用也可拆开单独使用深松机和免耕施肥播种机。

该机可实现多种先进的农业生产技术。一是全方位深松技术。采用进口欧洲特种弧面倒梯形结构深松铲研发生产的“W”系列深松机。二是分层施肥技术。作业时分两层施肥，一层深施在 25cm 左右土层，另一层作为种肥施在两行种子中间 5cm 土层以下。三是平畦开沟播种技术。安装在开沟装置后的平土板，起挡土、碎土和平整畦面的作用。双圆盘开沟器安装在平土板之后，在平土板平整播种带后再开沟播种，从而保证了播深稳定，大行内每行小麦的播种带宽度为 5～6cm。四是浅沟镇压技术。为增强苗带和深松部位的镇压效果，镇压轮设计成直径大小相差 6cm 的大小轮组合式。镇压后形成苗带浅沟，即有利于保墒和蓄积雨雪，并且避免了一般免耕播种作业形成的深沟塌土压种现象。五是防缠防堵技术。采用完全免耕播种刀轴，避免了全幅型刀轴在无刀处缠草；增加了苗带旋耕刀的密度，采用弯刀和直刀相组合的方式，提高了刀辊碎土、切碎秸草和种带清理的能力；双圆盘采用前后两排布置，增加了秸秆的通过空间，避免了开沟器产生壅堵的现象，并且还可进一步切碎秸秆杂草。六是农药喷洒技术。用户根据需要可选装农药喷洒装置，在播种玉米和小麦的同时喷洒除草剂和其他农药，以减少作业环节，降低作业成本。

②适用选择：播种机通过苗带旋耕刀旋起的土，在拖拉机两轮胎的后面（或中间）筑起畦埂，以便于作物灌溉。可采用固定畦作业方式，每次作业均按原畦面宽度作业。用两边的旋耕刀筑畦，畦埂规整，畦埂宽 30～40cm，占地面积小，土地利用率高，更有利于提高产量。配套 73.5～147kW 拖拉机。

6. 小麦深松分层施肥免耕精播机操作要点

（1）设备必须有专人负责维护使用，熟悉机器的性能，了解机器的结构及各个操作点的调整方法和使用。

（2）工作前必须检查各部位的连接螺栓，不得有松动现象。检查各部位润滑油的油位，不够应及时添加，检查易损件的磨损情况。

（3）正式作业前要进行深松分层施肥免耕精播试验作业，调整好深松的深度；检查机车、机具各部件工作情况及作业质量，发现问题及时解决，直到符合作业要求。

（4）机组作业速度要符合使用说明书的要求，作业应保持匀速直线行驶。

（5）深松作业中，要是深松间隔距离保持一致。

（6）作业时应随时检查作业情况，发现机具有堵塞应及时清理。

（7）作业时应保证不重松、不漏松、不漏肥、不拖堆。

（8）机器在运转过程中有异常响声，应及时停止，待查明原因后再进行生产。

（9）定期维护设备，及时更换润滑油。

（10）设备工作一段时间，应进行一次全面检查，发现故障及时修理。

（六）小麦垄作技术

小麦垄作技术是针对我国北方小麦产区水资源日益短缺、灌溉技术落后，农田水分利用效率及生产效率低下以及农机农艺不配套等问题研究形成的。该技术改传统平作为垄作，改大水漫灌为沟内渗灌，改化肥地表撒施为沟内集中条施，改善了小麦群体的微生态环境，小麦垄作产量提高10%左右，水分利用效率提高30%～40%，肥料利用效率提高15%左右，生产成本降低30%左右。小麦白粉病等病害减轻，植株的抗倒伏能力显著增强。该技术先后被农业农村部和山东省确定为“小麦生产主推技术”，被科技部确定为“重点农业科技成果推广计划项目”。其技术要点为：玉米收获、秸秆还田→翻耕整地→垄作播种机开沟、起垄、施肥、播种、镇压一次完成（垄宽70～120cm，沟深15～17cm，根据需要选择）→沟内水肥管理→病虫草害防治→适时收获、秸秆还田。具体生产作业环节如下：

1. 选择适宜地区

小麦垄作栽培适宜于水浇条件及地力基础较好的地块，应选择耕层深厚、肥力较高、保水保肥及排水良好的地块进行，对于旱作地区，必须结合免耕、覆盖及其他节水技术进行。

2. 精细整地

播前要有适宜的土壤墒情，墒情不足时应先造墒再起垄。如农时紧，也可播种以后再顺垄沟浇水。起垄前深松土壤 20～30cm，耙平除去土坷垃及杂草后再起垄，以免播种时堵塞下种管影响播种质量。整地时基肥的施用原则同一般的精播高产栽培方法，目前提倡肥料后移施肥技术，即基肥占全生育期的 1/3，追肥占 2/3。

3. 合理确定垄幅

对于中等肥力的地块，垄宽以 70～80cm 为宜，垄高 12～15cm，垄上种 3 行小麦，小麦垄上的小行距 20cm，垄间大行距 30～40cm；而对于高肥力地块，垄幅可缩小至 60～70cm，垄上种两行小麦，小麦垄上的小行距 25～30cm，垄间大行距 30～35cm。

4. 选用配套垄作机械，提高播种质量

用小麦专用起垄播种一体化机械，起垄播种一次完成，可提高起垄质量和播种质量，尤其是能充分利用起垄时的良好土壤墒情，利于小麦出苗，为苗全、苗齐、苗匀、苗壮打下良好基础。

5. 合理选择良种，充分发挥垄作栽培的优势

用精播机播种，注意在品种的选择上应以叶片松散型品种为宜，这样有利于充分利用空间资源，扩大光合面积，可最大限度地发挥小麦的边行优势。而对于叶片紧凑型品种，由于占用空间较小，可适当加大密度，以增加有效光合面积。

6. 加强冬前及春季肥水管理

垄作小麦要适时浇好冬水，干旱年份要注意垄作小麦苗期尤其是早春要及时浇水，以防受旱和冻害。后期灌水多少应视天气情况灵活掌握。小麦起身期追肥（一般每亩追 10～15kg 尿素），肥料直接撒入沟内，可起到深施肥的目的。然后再沿垄沟小水渗灌，切忌大水漫灌。待水慢慢浸润至垄顶后停止浇水，这样可防止小麦根际土壤板结。切忌将肥料直接撒在垄顶，否则不仅会造成肥料的浪费，严重的还会造成烧苗现象。小麦孕穗灌浆期应视土壤墒情加强肥水管理，根据苗情和地力条件，脱肥地块可结合浇水每亩追施尿素 5～10kg，有利于延缓植株衰老，延长籽粒灌浆时间，提高产量，同时为玉米套种提供良好的土壤墒情和肥力基础。

7. 及时防治病虫草害

小麦垄作栽培有利于有效控制杂草，且由于生活环境的改善（田间湿度降低、通风透光性能增强、植株发育健壮等），植株发病率和虫害均较传统平作轻，但仍应注意病虫害的预测预报，做到早发现、早防治。

8. 适时收获，秸秆还田

垄作小麦收获同传统平作一样均可用联合收割机收割，但套种玉米地块应注意玉米幼苗的保护。垄作栽培将土壤表面由平面形变为波浪形，粉碎的作物秸秆大多积累在垄沟底部，这不会影响下季作物播种和出苗。

9. 垄作与免耕覆盖相结合

垄作与免耕覆盖相结合减少雨季地表径流，增加土壤蓄水量，减少土壤蒸发，抑制杂草生长，提高土壤水分利用率及旱地土壤生产能力。

第三节　小麦田间机械化管理

一、小麦田间管理

（一）小麦冬前管理

小麦播种期是减轻和控制多种病虫害的关键时期，尤其是一些病害只有通过播前拌种才有可能得到较好地控制，如小麦全蚀病、根腐病、纹枯病、黑穗病等。做好小麦播种期间及苗期病虫害防治工作，是确保小麦苗全、苗壮，夺取来年小麦丰产的重要保证；进行冬前除草相对于春季杂草防控也是相对经济、高效的。

1. 主要病虫草害的类型

（1）地下害虫。主要有蝼蛄、蛴螬、金针虫等，主要危害小麦种子及根茎，常会造成缺苗断垄。研究发现，地块间虫口密度差异很大，一般沙壤土密度小，部分土质黏重、有机质含量丰富的地块虫口密度较大，应该加强防治。

（2）小麦红蜘蛛。麦田红蜘蛛是常发性害虫，其耐寒能力极强，以成虫、若虫、卵在小麦分蘖丛和土块上越冬。当翌春气温达到8℃以上时开始繁殖，危害小麦始于苗期。一般播种早、播种前后未浇水和整地粗糙的地块，冬前发生较重。近年来由于秋季气温偏高，越冬前其在麦田可繁殖1～2代，对麦苗造成较重危害。若冬前不进行防治，既影响麦苗安全越冬，又使翌春受害加重。

（3）小麦蚜虫。小麦蚜虫俗称腻虫、蜜虫，是小麦的主要害虫之一，可对小麦进行刺吸危害，影响小麦光合作用及营养吸收、传导。以成虫和若虫刺吸麦株茎、叶和嫩穗的汁液。麦苗被害后，叶片枯黄，生长停滞，分蘖减少；后期麦株受害后，叶片发黄，麦粒不饱满，严重时麦穗枯白，不能结实，甚至整株枯死。

（4）小麦纹枯病、根腐病、茎基腐病。小麦幼苗期至成株期均可感病。病菌以菌核在植株病残体上或在土壤中存活，成为初次侵染的主要菌源。

（5）小麦丛矮病。由灰飞虱传播，秋季苗期可发病，在靠近沟渠、道边、杂草较多的地块，常造成边行减产。

（6）小麦散黑穗病。由种子带菌进行传播，苗期侵染、抽穗后穗部表现症状，个别地块发生。

（7）小麦全蚀病。主要以土壤中的病残体或混有病残体未腐熟的粪肥及种子传播的一种根部病害，严重发生时造成麦苗连片枯死。抽穗后田间病株成簇或点片发生白穗，根部变黑，形成“黑脚”，对产量影响很大，在有些地方、有些地块发生严重。

（8）麦田杂草。冬前小麦杂草主要以荠菜、播娘蒿、雀麦、节节麦、野燕麦等。

2. 防治方法

（1）播前耕翻灭茬。彻底清除田间、地头、沟渠杂草，消灭蟋蟀、土蝗、灰飞虱等害虫的生存场所。

（2）平衡施肥。提倡配方施肥技术，应多施加充分腐熟的农家肥，增施磷肥、钾肥，提高麦苗的抗病能力，减轻病害的发生程度。

（3）适期播种。黄淮海地区适宜的播期为10月上中旬，在此期间播种或适当晚播可减轻灰飞虱危害及小麦根腐病、纹枯病的发病程度。

（4）药剂拌种。用14%的菌核净悬浮剂拌种防治金针虫、蛴螬、蝼蛄等地下害虫，可兼治蟋蟀、蝗虫及小麦纹枯病、散黑穗病等病害。用2.5%的苯醚甲环唑悬浮剂、硅噻菌胺悬浮剂防治小麦纹枯病、根腐病、散黑穗病等病害。

对于全蚀病发生的地块小麦种子播种前要用12.5%的硅噻菌胺悬浮剂拌种，每20mL加水250～500mL拌10kg麦种，闷种6～12h，即可播种。

（5）喷雾防治。小麦出齐苗后，用高效氯氰菊酯等喷雾防治灰飞虱，控制小麦丛矮病的发生。

（6）冬前除草。冬前进行麦田除草，能节省药液，除草效果也非常理想。一般每亩用18%苯磺隆可湿性粉剂5g、10%苯磺隆可湿性粉剂10g，兑水25kg均匀喷雾可较好地防治麦田阔叶杂草。个别麦田雀麦等禾本科杂草发生较重的地块，在小麦3～6叶期、气温10℃以上时，每亩用3%甲基二磺隆油悬浮剂30～35mL兑水25kg喷雾防治。

（二）小麦春季管理

小麦返青至拔节期温度回升，病虫草害开始滋生蔓延，春季随着气温回升，小麦病虫草害发生进入盛期，主要有全蚀病、纹枯病、根腐病、丛矮病、黄矮病，瑞典蝇、麦蜘蛛、麦叶蜂、潜叶蝇、金针虫、蝼蛄、灰飞虱，播娘蒿、荠菜、野麦子等。应在全面监测的基础上，通过适时灌溉、科学施药等综合措施，将病虫草害控制在一定范围内，实现改善小麦品质、降低防治成本、提高经济和生态效益的目标。

1. 适时浇灌起身拔节水

春季追肥浇水应重点在返青拔节期进行，高产田块可适当推迟追肥灌溉时间。田间要沟渠配套，排灌通畅。浇水时不可大水漫灌。浇返青水时，用竹竿等拨动麦苗或其他方法，把麦蜘蛛振落到水中杀死。

2. 病害防治

起身拔节期，上年小麦全蚀病或纹枯病、根腐病发病较重且播种期没有进行土壤处理的麦田，或纹枯病、根腐病病株率达到15%时，返青期每亩用15%三唑酮可湿性粉剂15～20g加50%多菌灵可湿性粉剂50g或12.5%烯唑醇可湿性粉剂50g，兑水50～70kg，顺垄喷灌小麦茎基部。重病田间隔7～10d再防治一遍。

3. 害虫防治

当金针虫或蝼蛄等地下害虫为害率达3%以上时，每亩用50%辛硫磷乳油240～300mL，随水灌入土中；或用48%毒死蜱乳油1 500倍液或90%晶体敌百虫800倍液灌根；50%辛硫磷乳油200～240mL兑成10倍液后加细土24～30kg，制成药土顺垄条施，然后浅锄混土。

当麦蜘蛛达到每50cm行长有300头或麦叶蜂每平方米有30头时进行防治，可用1.8%阿维菌素乳油3 000倍液、40%乐果乳油1 500～2 000倍液喷雾，兼治传毒害虫、潜叶蝇等。

4. 化学除草

拔节前对杂草达到每平方米30株以上的麦田进行化学除草。以播娘蒿、荠菜等阔叶杂草为主的麦田，每亩用40%唑草酮水分散粒剂2g加10%苯磺隆可湿性粉剂10g，兑水30～45kg喷雾。拔节后严禁再使用除草剂，以防药害，出现杂草可人工进行拔除。

5. 早春冻害

早春冻害（倒春寒）是黄淮海地区早春常发灾害。防止早春冻害最有效的措施是密切关注天气变化，有浇灌条件的地区，在寒潮来前浇水。若早春一旦发生冻害，就要及时进行补救。主要补救措施：一是抓紧时间，追肥浇水。对遭受冻害的麦田，根据受害程度，抓紧时间，追肥浇水，提高高位分蘖的成穗率。一般结合浇水每亩追施尿素10kg左右。二是中耕保墒，提高地温。及时中耕，蓄水提温，能有效增加分蘖数，弥补主茎损失。三是叶面喷施植物生长调节剂。小麦受冻后，及时叶面喷施植物细胞膜稳态剂、复硝酚钠等植物生长调节剂，可促进中、小分蘖的迅速生长和潜伏芽的快速萌发，明显增加小麦成穗数和千粒重，显著增加小麦产量。

（三）小麦后期管理

4月下旬至5月上旬正值小麦生长的中后期，对于小麦产量的大小非常关键。此时由于气温逐渐升高，雨量加大，小麦病害的发生率相对较高，因此，应采取各种措施尽量避免和减少小麦病害的发生，以确保小麦稳产、高产。

小麦后期病虫草害主要有纹枯病、赤霉病、白粉病、锈病、吸浆虫、蚜虫、麦叶蜂、播娘蒿、荠菜、田紫草（麦家公）、葎草、藜、猪殃殃、打碗花等。

1. 虫害防治

（1）小麦吸浆虫防治。小麦吸浆虫分蛹期防治和成虫扫残两个过程，以蛹期防治为重点、成虫扫残为辅。蛹期防治适期在4月20日前后2～3d利用陶土的方法密切关注吸浆虫是否上升到地表，如上升到地表0～20cm处，应采取撒毒土的方法，每亩用2.5%甲基异柳磷颗粒剂2kg或20%毒死蜱粉剂900g，加细土25～30kg配成毒土，无露水时均匀撒施麦田。成虫期防治在抽穗至扬花前，一般年份在5月1日前后，选用4.5%高效氯氰菊酯乳油1 500倍液或10%灭多威乳油1 000倍液喷雾防治。

（2）小麦蚜虫的防治。小麦蚜虫的防治每亩用4.5%高效氯氰菊酯乳油30g、10%吡虫啉可湿性粉剂10g与25%三唑酮乳油50g混合兑水30kg喷雾，防治麦蚜，兼防白粉病、锈病。

（3）麦蜘蛛的防治。麦蜘蛛多集中在小麦基部吸取汁液，使被害叶片呈现黄白色小斑点，被害植株矮小，发育不良，严重者干枯死亡。为害小麦的红蜘蛛有两种，一种是麦圆蜘蛛，一种是长腿蜘蛛。麦圆蜘蛛每年发生两代，春季发生一代，秋季发生一代。麦圆蜘蛛耐寒性极强，冬季主要以成螨和若螨在麦苗茎基部越冬，翌年2～3月开始活动为害，最适温度为8～15℃，适宜湿度为80%以上，多分布在水浇地或低洼、潮湿、阴凉的麦地，春季阴凉多雨时发生严重。麦长腿蜘蛛年发生3～4代，以成虫和卵在小麦茎基部越冬，翌春2～3月成虫开始活动，越冬卵开始孵化，4～5月田间虫量多，5月中下旬后成虫产卵越夏，喜温暖、干燥的环境条件，最适温度为15～20℃，最适湿度为50%以下，一般春旱少雨年份活动猖獗。白天爬上叶片为害，晚上退至麦苗基部潜伏。

由于虫体小，发生早，小麦红蜘蛛很容易被忽视，造成严重危害。因此应加强田间调查。当麦垄单行33cm有虫200头或每株有虫6头，大部分叶片密布白斑时，是喷药防治的最佳时期，可选用2%阿维高氯乳油3 000～4 000倍液均匀喷雾，防效可达90%以上，还可兼治苗蚜等害虫。

（4）麦叶蜂的防治。麦叶蜂主要为害小麦，其幼虫咬食麦叶，从叶边向内咬成缺刻，严重时麦叶顶端好似推子推过，或把全叶吃光，导致小麦减产。当麦田每平方米有虫20头时进行防治。此时正是麦叶蜂的防治适期，应及时防治，避免造成危害。防治措施：一是每亩用4.5%高效氯氰菊酯乳油20g，50%多菌灵可湿性粉剂40g混合喷雾可兼治小麦纹枯病；二是用1.8%阿维菌素乳油2 000倍液喷雾，每亩用药液25kg。防治时间在上午10：00时前或下午4：00时后，药液要喷匀打透，提高防治效果。

2. 小麦病害的防治

（1）小麦白粉病。麦田白粉病株的发生率达20%～30%、平均严重度达2级时，用25%三唑酮可湿性粉剂30g，稀释2 000倍喷雾；或50%多菌灵可湿性粉剂每亩用50g，稀释1 000倍液喷雾。

（2）小麦锈病。每亩用25%三唑酮可湿性粉剂70g，或每亩用20%三唑酮可湿性粉剂90g，或每亩用20%三唑酮乳油40mL，兑水50kg喷施。对发病较重田块每7天防治一次，连续防治2～3次。

（3）小麦纹枯病。在纹枯病严重的地块，每亩用20%井冈霉素可湿性粉剂30g，或每亩用12.5%烯唑醇可湿性粉剂32～64g，每亩用40%多菌灵胶悬剂50～100g，或每亩用70%甲基硫菌灵可湿性粉剂50～75g，兑水50kg喷雾。喷雾时要注意适当加大用水量，使植株中下部充分着药，以确保防治效果。

（4）小麦根腐病。对于小麦根腐病可用12.5%烯唑醇可湿性粉剂2 500倍液、50%多菌灵可湿性粉剂50g、25%三唑酮粉剂1 000倍液或25%丙环唑乳油2 000倍液喷施。

（5）小麦全蚀病。每亩用15%三唑酮可湿性粉剂200g，或每亩用20%三唑酮乳油150g，或每亩用12.5%烯唑醇可湿性粉剂30g，兑水50～60kg，顺垄喷洒，每隔15d左右喷一次，连喷两次。

（6）小麦赤霉病。小麦赤霉病是小麦生育后期的主要病害，扬花期遇雨或连续阴天则有利于小麦赤霉病的大面积流行。一般在灌浆期显示症状，半截麦穗干枯死亡，呈现枯白穗。因此抽穗至扬花期是预防小麦赤霉病的关键时期。防治方法：一是在小麦初花至盛花期，每亩用50%多菌灵可湿性粉剂100g，或每亩用70%甲基硫菌灵可湿性粉剂50～75g，兑水60kg喷雾，预防病害发生。如扬花期连续阴雨，应在降雨后再连喷1～2遍；二是可每亩用12.5%烯唑醇可湿性粉剂40g，兑水60kg喷雾，兼防白粉病、锈病，起到“一喷多防”效果；三是与4.5%高效氯氰菊酯乳油1 500倍液混合喷雾，兼治小麦吸浆虫成虫。

3. 麦田杂草的防治

麦田杂草主要有播娘蒿、荠菜、麦家公等。可每亩用10%苯磺隆粉剂10g或每亩用15%的噻磺隆粉剂15g，兑水30kg均匀喷雾，为促使壮苗早发，可加入叶面肥混合喷雾，起到补肥作用，对于有效分蘖有促进作用。注意事项：一是要选择晴朗无风或微风天气喷雾，以免雾滴飘移到菠菜等敏感阔叶作物上，造成药害；二是施药应在小麦拔节前结束，此时防除效果好，也有利于麦苗的健壮生长。

4. 后期倒伏减损措施

小麦倒伏危害很大，倒伏后叶片重叠，使光合作用受到影响，植株体内输导组织不畅通，养分和水分的运输受到阻碍，而且由于田间湿度大、通风差、透光不良，极易造成白粉病、条锈病、赤霉病、纹枯病的发生。小麦后期倒伏是夺取高产的最大障碍。

（1）小麦倒伏分两种情况。小麦灌浆期前发生的倒伏，称为早期倒伏。由于这时候小麦“头轻”，一般都能不同程度地恢复直立。灌浆后期发生的倒伏，称为晚期倒伏。这时候由于小麦“头重”不易恢复直立，往往只有穗和穗下茎可以抬起头来。

（2）倒伏后补救措施。因风吹雨打而倒伏的可在雨过天晴后，用竹竿轻轻抖落茎叶上的水珠，减轻压力助其抬头。切忌挑起而打乱倒向，或用手扶麦。每亩用磷酸二氢钾粉剂 0.15～0.2kg 兑水 50kg 或每亩用 16%的草木灰浸提液 50～60kg 喷洒，以促进小麦生长和灌浆。加强病害的防治工作。一般轻度倒伏对产量影响不大，重度倒伏常伴有病害的发生，如不能控制病害的流行蔓延，则会雪上加霜，导致严重减产。因此，及时防治倒伏后带来的各种病虫害，是减轻倒伏损失的一项关键措施。

二、机械化植保技术

小麦在生长发育过程中，会受到病菌、害虫和杂草等生物的侵害，轻则单株或局部植株发育不良，生长受到影响；重则整片植株被毁，产量下降，品质变差，损失巨大。因此，在小麦种植过程中，及时防治和控制病、虫、杂草、动物等对小麦的危害，是确保小麦增产、农民增收的重要举措。小麦植保是小麦生产过程的重要组成部分，是小麦生长发育过程中不可缺少的环节，传统植保手段跑、冒、滴、漏，防治效率低，劳动强度大，环境污染高，操作人员容易受到伤害，已无法满足新形势下规模化作业的要求。

机械化植保就是用专用植保机械，将化学药剂喷洒到田间作物的根茎叶或土壤中，进行病虫草害防治的技术。可以做到低喷量、精喷洒，减少污染；高工效、高精准，提高防效；操控环境隔离，保障安全。因此，大力发展机械化植保技术是防治农作物病虫草害发生，保障粮食增产和农产品品质安全的现实需要和最佳举措。

（一）机械化植保技术要点与配套措施

1. 农艺要求

（1）应能满足小麦不同生育期内病、虫、草害的防治要求。

（2）应能将液体、粉剂、颗粒等各种剂型的化学农药均匀地分布在施用对象所要求的部位上。

（3）对所施用的化学农药应有较高的附着率，以及较少的漂移、流失损失。

（4）机具应具有较高的生产效率和较好的使用安全性、经济性以及耐腐蚀性。

2. 技术要点

（1）根据防治目的，采用相应的药液配制规程和正确的施药方法，满足作物不同生育期的病、虫、草害的防治要求。施用的化学农药要有较高的附着率，以及较少的飘移损失。

（2）要将液体、粉剂、颗粒等剂型的化学农药，均匀地喷洒在作物茎秆和叶子的正反面。

（3）用药量要符合当地农业技术要求。在农药持效期和安全使用间隔期，一般不再使用农药。

（4）作业中要无漏液、漏粉。喷洒不重、不漏，交接行重叠量不大于工作幅宽的 3%。机组作业采用梭式行走法作业。

（5）机具应有较高的生产效率和较好的使用经济性和安全性。同一地块同种作物应在 3d 内完成一遍作业。风力超过 3 级、露水大、雨前及气温高于 30℃时，不宜作业。

3. 配套措施

作业时，合理选择药剂，推广使用高效、低毒、低残留、环境相容性好、可持续防治的高效生物农药；根据主要作物、害虫和病害的生长发育阶段特点，制定适宜的用药时间；根据防治对象，精准选用配比和药量。

（二）常见器械种类与选择

植保机械是用于防治为害植物的病、虫、杂草等的各类机械和工具的总称。植保机械不但对确保粮食高产、稳产起着巨大的作用外，也是保护其他经济作物以及卫生防疫等方面不可缺少的器械，已成为农业发展不可缺少的组成部分。植保机械的种类很多，从手持式小型喷雾器到拖拉机机引或自走式大型喷雾机；从地面喷洒机具到装在飞机上的航空喷洒装置以及多旋翼遥控式飞行喷雾机，形式多种多样。

按喷施方式分类为喷雾机、喷粉机、喷烟（烟雾）机、弥雾机等；按动力配置方式进行分类为人力式、畜力式、机动式、机引式、自走式、航空喷洒等；按操作、携带、运载方式分类为手持式、肩挂式、背负式等。按“农机购置补贴产品目录”简单分为背负式、拖挂式、自走式、航空植保机等机动式植保机械。山东省常见植保机械机型有以下几种。

1. 背负式喷雾喷粉机（图 3-12）

背负式喷雾喷粉机是一种轻便、灵活、高效率的植保机械，主要适用于棉花、小麦、水稻、果树和茶树等农林作物的大面积病虫害防治。它不受地理条件限制，在山区、丘陵地区及零散地块上都很适用。

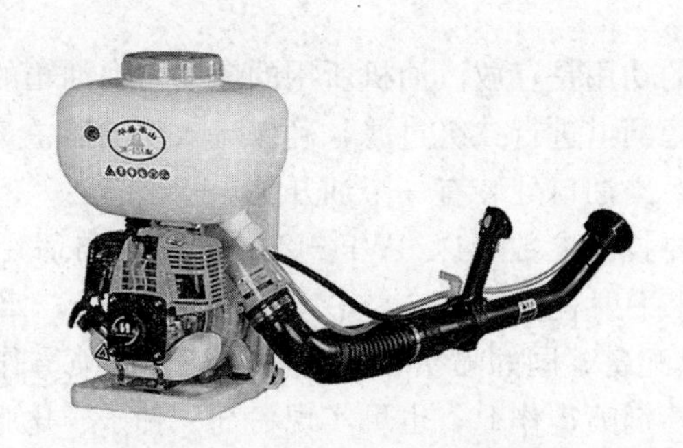

图 3-12　背负式喷雾喷粉机

（1）主要结构特点。背负式喷雾喷粉机结构简单紧凑，采用风送式喷雾，利用发动机直连风机，带动叶轮旋转，产生高速气流，将喷头处药液分散成细小的雾滴向四周飞溅出去。背负式喷雾喷粉机主要由机架、离心风机、汽油机、油箱、药箱和喷洒装置等部件组成。

①机架总成是安装汽油机、风机、药箱等部件的基础部件。它

主要包括机架、操纵机构、减振装置、背带和背垫等部件。

②离心风机是背负式喷雾喷粉机的重要部件之一。它的功用是产生高速气流，将药液破碎雾化或将药粉吹散，并将之送向远方。背负式喷雾喷粉机上所使用的风机均为小型高速离心风机。气流由叶轮轴向进入风机，获得能量后的高速气流沿叶轮圆周切线方向流出。

③药箱总成的功用是盛放药液（粉），并借助引进高速气流进行输药。主要部件有：药箱盖、进气管、药箱、粉门体、吹粉管、输粉管及密封件等。为了防腐，其材料主要为耐腐蚀的塑料和橡胶。

④喷撒装置的功用是输风、输粉流和药液。主要包括弯头、软管、直管、弯管、喷头、药液开关和输液管等。

⑤背负式喷雾喷粉机的配套动力都是结构紧凑、体积小、转速高的二冲程汽油机。汽油机质量的好坏直接影响背负式喷雾喷粉机使用可靠性。

⑥油箱的功用是存放汽油机所用的燃油。在油箱的进油口和出油口，配置滤网，进行二级过滤，确保流入化油器主量孔的燃油清洁，无杂质。出油口处装有一个油开关。

（2）主要技术参数（以 3WF－20B 为例）与适用选择：药箱容积 20L，水平射程≥12m，水平喷雾量≥2.3kg，水平喷粉量≥3.5kg。可以配备不同的喷头，实现不同流量的喷雾作业；既可实现常见液体药剂喷雾作业，也可实现粉剂、种子、化肥等颗粒喷撒作业，作业高效，喷撒均匀。

2. 背负式动力喷雾机（图 3－13）

（1）主要结构特点。采用压力喷雾方式，雾化效果好，施药针对性强，极大地提高了工作效率，降低了药液流失和浪费。主要部件柱塞泵为双向柱塞式，结构简单紧凑，维修方便。该机压力高、流量大，生产效率高，防治效果明显。主要喷洒部件为长杆三喷头，喷幅宽，效率高。

（2）主要技术参数（以 3WZ－6 为例）。①汽油机技术参数。

汽油机型号1E31F，单缸、风冷、二冲程汽油机，TCI点火方式，排量22.6mL，缸径31mm，每分钟6 500r，最大功率0.7kW，燃油润滑油混合比30∶1。②整机参数。外形尺寸450mm×340mm×645mm，净重9kg，使用压力0～2.5MPa，流量≥5.5L/min，药箱容积25L。

3. 背负式电动喷雾器（图3-14）

（1）主要结构特点。背负式电动喷雾器主要有药箱、直流电机、微型电动隔膜泵、喷杆、喷头等部件组成。采用微型电动隔膜泵压力稳定、喷雾均匀、操作方便；与同类电动产品相比，结构简单，维护方便，使用寿命长。适用于粮油、蔬菜作物和设施农业（蔬菜大棚）的病虫害防治。

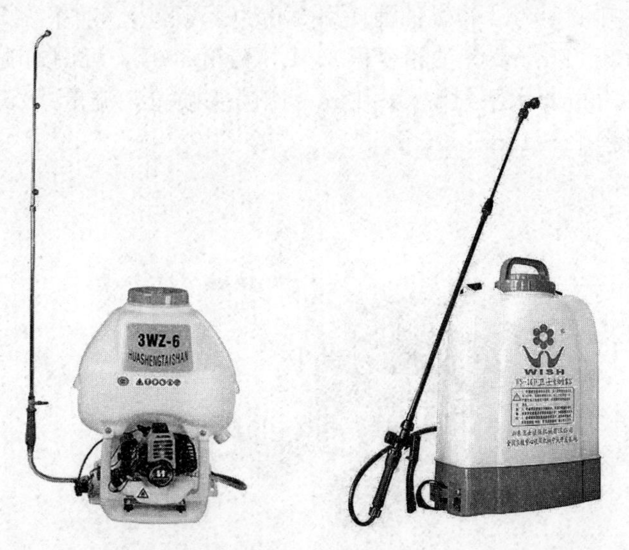

图3-13　背负式动力喷雾机　　图3-14　背负式电动喷雾器

（2）主要技术参数（以WS-16D/18D为例）。外形尺寸380mm×220mm×545mm，工作压力0.15～0.4MPa，微型电动隔膜泵，药液箱容量16～18L，整机净重量5.1kg，单喷头，喷孔直径1.5mm，直流电机工作电压12V。

4. 手推车式机动喷雾机（图 3－15）

（1）主要结构特点。机动喷雾机主要机架、发动机、柱塞泵、药箱、高压输水管、喷头、行走轮等部件组成。该机采用离合输出-皮带传动，启动轻便，运转平稳，压力稳定；采用三缸柱塞泵，压力平稳，压力高、流量大、雾化效果好；整机结构简单，工作效率高，性能可靠，经济实惠。它重量轻，易搬运，操作简单，喷雾压力大。适用于水稻、小麦等大田作物及果实、园林等病虫害防治；也适用于社区、车站、码头、牲畜圈舍的卫生防疫和消毒。

（2）主要技术参数（以 3WH－36L－Ⅱ型为例）。外形尺寸 1 500mm×720mm×1 100mm，净重 70kg，三缸柱塞液泵，液泵使用压力 2.0～3.5Mpa，配套动力 168F 汽油机，汽油机为反冲式启动，排量 163mL，燃油消耗率 396g/(kW·h)，功率为 3.2kW，转速为 3 600r/min，油箱容积 3.6L，药箱 300L，可调式喷枪，流量＞6L/min，水平射程 0～12m；四喷头喷枪，流量＞25L/min，水平射程 12～15m。

图 3－15　手推车式机动喷雾机

5. 拖挂式喷杆喷雾机（图 3－16）

（1）主要结构特点。喷杆式喷雾机主要有机架、悬挂装置、传动装置、隔膜泵、高压输液管、折叠喷杆、喷头、控制阀、药箱等零部件组成。工作压力高、流量大、使用维护简单便捷；采用不锈

图 3 - 16　拖挂式喷杆喷雾机

钢喷杆，配合高压胶管软连接，耐腐蚀好；采用低量防滴喷头，雾化好，防漂移；分段设计的折叠式喷杆，操作方便；独特的后置输出轴通过万向节传动，可控制性好，结构紧凑，美观大方。整机具有喷幅宽、容量大、作业效率高的特点，是大型拖拉机的理想配套机具。

（2）主要技术参数（以 3WP - 650 型为例）。药箱容积 650L，BM380 型隔膜泵，流量 80L，整机工作压力 0.2～0.4MPa，动力输出轴转数 540r/min，幅宽 12m，回流搅拌方式，净重 120kg，作业效率≥6hm²/h。

6. 3WYTZ2000 - 24 型自走式高地隙植保机（图 3 - 17）

（1）主要结构特点。3WYTZ2000 - 24 型自走式高地隙植保

图 3 - 17　自走式高地隙植保机

机，主要有机架、动力系统、行走系统、液压操控系统、药箱、自吸上水泵、隔膜泵、管道及喷雾系统等部件组成。行走系统采用纯机械传动，动力流失小，扭矩大；结构设计采用专利技术，田间爬坡能力强，坡度10°～45°、沟坎高度20～45cm能平稳通过；转弯半径小，车辆底盘与地面高度可实现0.8～1.7m的不同定制要求；整机配备自吸上水泵，具有自动自吸加水等功能；喷药泵采用意大利UDOR S. P. A205C，喷头采用德国德克斯喷嘴，喷管压力稳定，雾化质量好，喷雾均匀；喷雾系统采用变量喷洒控制阀，避免管道与喷头因阀体开关引起的压力升降，发生喷头地漏，系统工作平稳性好。适用于水旱田、高低秆作物田间植保作业。

（2）主要技术参数。离地高度1 250mm，配套动力66kW，四轮驱动，药箱容积2 000L，意大利UDORS. P. A205C隔膜泵，喷幅24m，喷药泵控制形式为电磁离合式，喷杆控制形式为自动、手柄式、液压折叠，作业效率16～18hm²/h。

7. WS－Z1805型多旋翼遥控式飞行喷雾机（图3－18）

（1）主要结构特点。WS－Z1805型多旋翼遥控式飞行喷雾机主要由机架、药箱、电池、控制电路、高速电机、旋翼、喷头、输液管、遥控器等部件组成。该机型采用高效能电池作为电源，标配手动GPS增稳导航飞行控制系统，附带远程视频监看系统，可以根据客户需要增配自主飞行控制、配置农业病虫测报系统，实现大面积监视测报功能。多旋翼飞行器与固定翼飞行器相比，有携带方便、易学习操作、保养维修方便简单、维护保养成本低、起飞适应性好、投放准确、超低空作业、作业质量高、无噪音等优点；与人工植保机械相比，其雾化效果好，旋翼产生的稳定风场可以穿透到作物底部，喷洒到叶片的背面，喷洒均匀效果好，此外还有断点续航，避免重喷漏喷和喷洒效率高的优点。

（2）主要技术参数。飞行尺寸直径2 450mm，高500mm，喷幅流量0.2～0.4L/min（双喷头）可调，雾滴直径50～100μm，飞行速度0～10m/s，喷幅面积（宽幅）3.5～5m，喷洒速度0～4m/s可调，起飞重量≤18kg，农药载重5kg，每架次飞行时间

图 3-18　多旋翼遥控式飞行喷雾机

15～12min，防治效率为每架次 1～2hm^2，飞行高度 0～200m，喷洒高度 2～4m。

8. T20 植保无人飞机（图 3-19）

（1）主要结构特点。T20 植保无人飞机主要由机架、药箱、电池、控制电路、高速电机、旋翼、喷头、输液管、遥控器等部件组成。

图 3-19　T20 植保无人飞机

配备高精度雷达避障模块，飞行器可感知前后方 1.5～30.0m 范围内的障碍物，让植保作业在地形复杂的农田中飞行时更可靠；E 系列动力套装与 A3-AG 2.0/N3-AG 2.0 飞行控制器搭配，可实时监控电调运行状态，动态调整控制策略；主动短路保护、堵转保护、过流过压保护、高效散热等功能使飞行稳定可靠；优异的防尘、防水、防腐能力，有效应对农业作业面临的恶劣环境；超强负载，为农业应用注入更强动力。用户还可根据不同的作业需求，选择单喷或全喷的不同喷洒作业模式；新增的压力传感器与精准的流量控制，可实时监测喷洒流量，在作业过程中动态控制药液的流量与速度。农业植保机解决方案 2.0 采用全新 A3-AG 2.0/N3-AG 2.0 飞控和雷达感知系统，结合 MG 智能规划作业系统，大疆农业管理平台，以及全新水泵喷洒系统，可实现精准植保作业、高效作业规划、飞行实时管理和工作统计，大幅提升农业植保效率。还可装配播撒机，用于颗粒剂播撒，实现一机多用。

（2）主要技术参数。飞行尺寸 2 509mm×2 213mm×732mm，喷幅流量 3.6～6.0L/min（8 喷头），雾滴直径 130～300μm，飞行速度 0～7m/s，喷幅面积（宽幅）4.0～7.0m，喷洒速度 0～4m/s 可调起飞重量≤42.6kg，农药载重额定 15.1kg，每架次飞行时间 10～15min，防治效率为每架次 2～3hm²，田间作业高度 1.5～3.0m。

（三）植保机械发展趋势

目前，植保机械发展的总趋势是向着高效、经济、安全方向发展。在提高劳动生产率方面，通过增大作业幅宽、提高作业速度、发展一机多用、航空植保等；同时还广泛运用液压、电子控制，降低劳动者工作强度。在提高经济性方面，提倡科学施药，适时适量地将农药均匀地喷洒在小麦上，追求以最少的药量达到最佳的防治效果；要求施药准确，机具上广泛采用施药量自动控制和随动控制，使用药液回收装置和间断喷雾装置，同时还积极进行静电喷雾应用技术的研究等。此外，更注重安全保护，减少污染，随着农业生产向深度和广度发展，开辟了植物保护综合防治手段的新领域，生物防治和物理防治器械将有更多的应用，如超声技术、微波技术、激光技术、电光源在植保中的应用及生物防治设备的开发等。2018 年，山东、河南、安徽和江苏等 15 个省份将植保无人机列入补贴试点；2019 年，全国 20 个省份开展植保无人飞机规范应用试点。农机购置补贴等政策加快了高效植保技术的应用。

三、小麦机械化灌溉技术与装备

节水灌溉技术是为充分利用水资源，提高水的利用效率，达到农作物高产高效而采取的技术措施。它是由水资源、工程、农业、管理等环节的节水技术措施组成的一个综合技术体系。运用这一技术体系，将提高灌溉水资源的整体利用率，增加单位面积或总面积农作物的产量，以促进农业的持续发展。

节水灌溉技术包括地面灌溉、喷灌、微灌、渗灌等多种措施。地面灌溉仍是当今世界占主导地位的灌水技术，随着高效田间灌水技术的成熟，输配水有向低压管道化方向发展的趋势。喷灌技术是大田农作物机械化节水灌溉的主要技术，本部分将主要介绍喷灌技术与机具。

喷灌技术是指利用专门的设备将水加压，或利用水的自然落差将有压水通过压力管道送到田间，再经喷头喷射到空中散成细小的水滴，均匀散布在农田上，达到灌溉的目的。喷灌适用于灌溉所有作物，既适用于平原也适用于丘陵山区；除了灌溉作用，还可用于喷洒肥料与农药、防冻霜和防干热风等。机械化喷灌技术地形适应性强，灌溉均匀，灌溉水利用系数高，尤其适用于透水性强的土壤。

喷灌的灌溉水利用系数可达 0.75，较传统地面灌溉节水 40%左右，灌水均匀度可达 80%～90%，在透水性强、保水能力差的土壤上，节水效果更为明显，可达 70%以上；喷灌能改变田间小气候，为作物生长创造良好条件，较沟畦灌比增产 10%～30%；自动化、机械化程度高，节省劳动力。其主要缺点是受风影响大、设备投资高、耗能大。

（一）机械化喷灌技术要点与配套措施

1. 适时适量灌水

按照作物需水规律，制定科学的灌水计划，根据土壤水分、作物长相、天气变化情况，随时调整灌水计划。在水资源紧缺的地区，应选择作物生育期对水最敏感、对产量影响最大的时期灌水，如禾本科作物拔节初期至抽穗期和灌浆期至乳熟期，大豆的花芽分化期至盛花期等。在关键时期灌水可提高灌溉水的有效利用率。

2. 均匀灌水

合理布置喷洒点位置，使田块内各处土壤湿润深度及土壤含水量（喷洒水量）大体相近，达到灌水均匀的目的。根据当地地理、气候特点，一般喷头组合间距在 0.6～1.3 个射程为最佳。而且相邻喷灌面积的喷头位置应相互错开，以避开喷灌死角。

3. 强度适宜

单位时间内喷洒在田间的水层深度就是喷灌强度。根据理论研究与生产实践的结果表明，灌水量较少、水分不足时，产量随灌水量或耗水量的增大迅速增大；当灌水量达到一定程度后，随着灌水量的增加，产量增加的幅度开始变小；当产量达到极大值时，灌水量再增加，产量不但不增加反而有所减少。因此，应避过量灌溉造成不必要的浪费。

4. 雾化合理

喷头喷射出去的水流在空气中的粉碎程度称为喷灌的雾化指标。根据不同的作物选择相适应的工作压力及喷嘴直径，形成适宜的喷灌雾化指标有助于作物的生长。如蔬菜类需要喷灌雾化指标为 4 000～5 000kPa/mm；粮食作物需要的喷灌雾化指标为 3 000～4 000kPa/mm。

5. 清洁水源

喷灌水源要清洁，泥沙含量低。水源污染严重、杂质多地区，应进行过滤清洁。

6. 水源适中

井位选择在位置适中、出水量大的地点为最佳，以减少喷灌设备移动次数。采用河道、渠道取水距离较远的可采取二次提水的方式进行作业。

（二）常见器械种类与选择

喷灌机又称喷灌机具、喷灌机组。喷灌设备按照管道压力来源不同，分为机压喷灌系统和自压喷灌系统；按照布置方式不同，分为管道喷灌系统和机组喷灌系统。

1. 机压喷灌系统和自压喷灌系统

（1）机压喷灌系统。靠机械加压，以获得喷头正常工作压力的喷灌系统。

（2）自压喷灌系统。多建在山丘区，且有足够的落差时，利用自然水头将位能转变为压力水头，实现喷灌的机械系统。

2. 管道喷灌系统和机组喷灌系统

（1）管道喷灌系统。管道喷灌系统由首部设备、输配水管网和喷头三部分组成。

①固定管道喷灌系统。其首部、干管、支管在整个灌溉季节甚至常年都是固定不动的。干管、支管一般埋于地表之下，管道末端露出竖管和喷头。固定式喷灌系统操作使用方便，灌水劳动效率高，劳动强度低，可实现自动控制，但投资高，设备利用率不高。

②半固定管道喷灌系统。其首部、干管在整个灌溉季节或常年固定不动，埋于地下，而支管铺于地表，移动使用。半固定式喷灌系统支管利用率高，投资较低。

③移动管道喷灌系统。其干管、支管甚至首部均可移动使用。适于经济欠发达地区、面积较小或分散地块、机动性强，但劳动强度较高。

（2）机组喷灌系统。机组喷灌系统的供水、输水、配水三部分设备集于一体，或输水和配水两部分设备集为一体。常见的机组喷灌系统包括轻小型喷灌机组、绞盘式喷灌机、圆形喷灌机及平移式喷灌机。

①轻小型喷灌机组。指配套动力在 11kW 以下的喷灌机组，按移动方式可分为手提式、手抬式和手推式；按配套喷头数量分为单机单头式、单机多头式。轻小型喷灌机结构简单、安装操作容易、结构紧凑体积较小、耗能少、投资及运行费用较低、操作保养较方便、能充分利用分散小水源。

②绞盘式喷灌机。绞盘式喷灌机包括钢索牵引式和软管牵引式两种，结构简单、制造容易、维修方便、价格低廉、自走式喷洒、操作方便、平稳可靠、适应性强。绞盘式喷灌机工作方式有两种：一是单喷头远射程喷灌，二是多喷头桁架车低压喷洒。

③滚移式喷灌机。由中央驱动车、带喷头的铝制喷洒支管、爪式钢制行走轮、有矫正器的摇臂式喷头、自动泄水阀和制动支杆等部分组成。滚移式喷灌机结构简单，操作简便，维修费少，运行可靠，损毁的作物面积少；驱动装置传动动力大，效率高，可无级变速，控制面积大，单位面积投资较少。

④圆形喷灌机。按行走驱动力可分为水力驱动、液压驱动、电力驱动圆形喷灌机。其中，电力驱动圆形喷灌机是目前国内外被广泛使用的一种。

⑤平移式喷灌机。平移式喷灌机是在圆形喷灌机的基础上发展起来的，克服了圆形喷灌机四周不能灌溉的弊端。

3. 主要移动式机组喷灌系统简介

（1）永胜JP65、JP75、JP85型系列卷盘式喷灌机（图3-20）。

图3-20 卷盘式喷灌机

①主要结构特点。JP系列卷盘式喷灌机主要由车架、卷盘、PE胶管、喷水车、排灌机构、水涡轮驱动装置以及传动机构等部件组成。新技术和特殊材料制成的PE管，具有柔韧性好、抗冲击强度高和使用期长特点；核心部件水涡轮驱动装置采用混流式水涡轮，效率高，工作稳定可靠。工作时，车架两个支撑板插入地下，保证设备稳定可靠；水涡轮通过变速箱、驱动链轮和链条，把动力传送到卷盘；水量和连接压力不同，PE管转盘回转速度不同，PE管回收速度通过水涡轮调速板调整；出喷水车回收到主机前时，自动停车装置将离合器自动脱开，结束回卷过

程，移动喷灌结束。

②主要技术指标。JP 系列卷盘式喷灌机主要技术指标，如表 3-1 所示。

表 3-1 JP 系列卷盘式喷灌机主要技术指标对比

技术指标	型号		
	JP65-300	JP75-300	JP85-320
PE 管直径×长度（mm×mm）	ϕ65×300	ϕ75×300	ϕ85×320
最大控制带长（m）	340	345	360
流量（m^3/h）	11.4～38.3	13～41.4	15.9～38.3
结构质量（kg）	2 050	1 600	1 880
喷嘴直径（mm）	14～22	14～24	14～26
入机压力（MPa）		0.35～1.0	
喷洒宽度（m）	34	30～42	34

（2）德邦 DYP-500 电动圆形喷灌机（图 3-21）。

图 3-21 德邦 DYP-500 电动圆形喷灌机

①主要结构特点。德邦 DYP-500 电动圆形喷灌机由中心支座、塔架车、喷洒桁架、末端悬臂和电控同步系统等部分组成。装有喷头的若干跨桁架，支承在若干个塔架车上。桁架之间通过柔性接头连接，以适应坡地等作业。中心支轴上水管采用专用密封元

件，确保支轴密封与电缆管密封可靠、耐用；桁架和塔架结构设计非常合理，保证了行走的稳定性；高性能传动系统，提高了喷灌机的通过性能；喷头、减速机等零部件，均选用高品质的零部件，确保整机的技术和质量；控制系统的主要电气元件，均采用国际名牌正品，确保控制可靠，使用寿命长。

②主要技术参数。主管道尺寸 168mm、219mm 两种，壁厚 3mm，跨体长度 62m、56m、50m、44m、38m 等可选，作物净通过高度 2.9m（标准型）、4.6m（增高型），悬臂长度 24m、18m、12m、6m 等长度供选择，喷嘴间距 2.9m 和 1.49m 两种供选择，轮距：4.1m。

（3）伊尔 RM4 TD 平移式喷灌机（图 3-22）。

图 3-22　伊尔 RM4 TD 平移式喷灌机

①主要结构特点。伊尔 RM4TD 平移式喷灌机主要桁架、行走支架、电动机、传动系统、高压泵、输水管道、喷头等部件组成。行走支架双倍运动链系驱动，进行往返灌溉，在灌溉地块的端头可以进行空回转行走；采用四种不同型式的可更换喷头，确保喷水均匀。

②主要技术参数。供水方式为水渠或其他，设备长度 300.55m，设备入口处压力 233kPa，沿程损失 33kPa，管道厚度 3mm，喷头工作压力 150kPa，供水管类别为软管，3 个水栓，有效控制长度 319.55m，控制面积 40hm^2，水泵流量 134.4m^3/h，尾枪型号为西美 10124，尾枪射程 14m，尾枪流量 8.2m^3/h，一次灌溉的最短时间为 10.24h。

③推广应用情况。10 余年来，伊尔灌溉产品已有 3 000 余套大

中型设备在新疆、内蒙古、甘肃、银川、山东、哈尔滨、辽宁、海南及河北服务于现代化农业及园林绿化领域。

（4）德邦 GYP40－500 滚移式喷灌机（图 3－23）。

图 3－23　德邦 GYP40－500 滚移式喷灌机

①主要结构特点。GYP40－500 滚移式喷灌机是一种大型半自动化的灌溉设备，由驱动车、吸水管、喷头、喷头矫正器、自动泄水阀、防风支杆等组成。整体采用单元组装多支点结构的节水喷灌设备；机组管道采用铝合金管，具有轻便、耐腐蚀、坚固耐用，快速连接、拆装方便、一机多用等优点。采用无级变速行走方式，实现“步步为营”田间喷灌方式（定点喷洒→滚移→定点喷洒→滚移……往复循环）。适应作物小麦、牧草、棉花、甜菜、大豆等矮秆作物；沙土、壤土、黏土等各种土质；平地或坡度不大于 25％的坡地，长方形或形状不规则地块。

②主要技术参数。管道公称直径为 10.16cm（4 英寸）或 12.7cm（5 英寸）。输水管材料为高强度铝合金。喷头流量为 0.95～3.0m^3/h（标配 1.8m^3/h）。喷嘴处压力为 0.2～0.4MPa。发动机功率为 5.9kW。发动机类型为汽油发动机。设备最大长度为 400m（4 寸）/500m（5 寸）。驱动车架长度为 4.3m。每段输水管道长度为 12m。设备通过高度为 0.75m、0.97m 或 1.13m。轮子直径为 1.47m、1.93m 或 2.25m。喷头间距为 12m。灌溉强度为 4.5～17.1mm/h。喷头为美国雨鸟专用全铜喷头。爬坡能力为≤20°。行

走速度为 0～20m/min。

③推广应用情况。该产品已批量生产，主要用于黑龙江省、黑龙江农垦、新疆、新疆生产建设兵团、内蒙古等地大规模生产组织。

（三）灌溉机械发展趋势

（1）当今世界节水灌溉已成为农业现代化的主要标志，有效保护利用淡水资源，合理开发新的灌溉水源已成为农业持续发展的关键。

（2）生态农业、有机农业、设施农业、立体农业等高效节水农业模式和先进节水灌溉技术特别是营养液喷、微灌、地下灌、膜下灌等大有发展潜力。

（3）喷灌技术进一步向节能节水及综合利用方向发展。从综合条件考虑，在各类喷灌机中，平移（包括中心支轴）式全自动喷灌机、软管卷盘式自动喷灌机及人工移管式喷灌机等是推广重点。

（4）世界各国非常重视从育种的角度高效节水，一是选择不同品种的节水作物；二是培育新的节水品种。

（5）地下灌溉已被世人公认为是一种最有发展前途的高效节水灌溉技术，尽管目前还存在一些问题，其应用推广的速度较慢，但随着科技发展，许多理论实践问题会逐渐得到解决。

（6）地面灌溉仍是当今世界占主要地位的灌水技术，输配水向低压管道化发展；田间灌水探索节水技术较多，如激光平地、波涌灌溉等；在管理上采用计算机联网控制，精确灌水，达到时、空、量、质上恰到好处地满足作物不同生育期的需水；在田间规划上，由于土地平整度高，多以长沟、长畦、大流量进行田间灌水。

（7）增墒保水机械化旱地农业大有发展前途，如保护性带状耕作技术、轮作休闲技术、覆盖化学剂保水技术、深松深翻技术等。

第四节　小麦机械化收获

小麦收获是机械化生产中的重要环节，对于小麦产量和质量具有重要意义。小麦收获具有很强的季节性，一般适宜收获期仅有

5～8d。收获过早，籽粒不饱满，脱粒、清选损失增加；收获过迟，自然损失以及机械作业时割台损失增加。小麦人工收获劳动强度大，需要弯腰低头，腰酸腿疼，时间长、效率低。经过近30年发展，我国小麦收获基本实现了机械化。据统计，2017年全国小麦机收率达到90%以上，山东更是达到了98.5%。但是，与发达国家相比，我国小麦收获装备在研发能力、制造水平、产品质量、生产效率，以及自动化、智能化水平方面差距甚大，急需对现有产品更新换代，提升小麦机收作业质量和效率。

一、小麦成熟期特性及机收技术要求

（一）小麦成熟期特性

1. 小麦成熟期

小麦的成熟期分为乳熟、蜡熟、完熟、过熟等几个阶段，在不同的成熟期，籽粒饱满度、籽粒及秸秆含水量、籽粒与穗轴之间的连接强度等指标也不同。同一地块的小麦，因地力水平、灌溉条件等生长发育环境条件不同，成熟度并不完全一致。同一穗上的籽粒，由于形成花蕾和开花的次序有先后，成熟度也参差不齐。小麦属于穗状花序，最先开花和结实的在穗头中部，然后是穗头顶部和底部，因此，穗头中部籽粒饱满、穗头顶部和中部次之。针对小麦成熟情况不一的特性，收获时应采取不同的收获方式。

（1）小麦乳熟期。这时小麦灌浆没有结束，植株湿青，收获后籽粒发芽率低，多用于鲜食。一般采用分段收获方式。

（2）小麦蜡熟期。一般历时3～7d，根据籽粒硬化程度和植株枯黄程度，又分为蜡熟初期、中期和末期。

蜡熟初期：小麦籽粒正面呈黄绿色，用手指掐压籽粒易破，胚乳成凝蜡状，无白浆、无滴液，籽粒受压而变形；茎叶中的养分仍可向籽粒输送，粒重仍在增加。当田间取样50%的籽粒达到以上情况、籽粒含水量在35%～40%时，为蜡熟初期。这时田间全株金黄，多数叶片枯黄，旗叶金黄平展，基部微有绿色，茎节、穗节含水较多，微带绿色，柔软韧性强，此期1～2d。

蜡熟中期：籽粒全部成黄色，饱满湿润，用指甲掐籽粒可见痕迹，用小刀切籽粒，软而易断，但不变形；田间取样50%的籽粒达到以上情况，籽粒含水率在35%左右时，为蜡熟中期。此时植株茎叶全部变黄，其下部叶变脆，茎秆仍有弹性，部分品种穗基部仍有微绿色。正常成熟的植株，有机养分仍向籽粒输送。此期1～3d。

蜡熟末期：籽粒颜色接近于本品种固有色泽，且较为坚硬，通常全田取样有50%的籽粒达到以上标准，籽粒含水量25%左右时，为蜡熟末期。这时植株全部枯黄，叶片变脆，茎秆仍有弹性，籽粒中有机物质积累结束，千粒重达到最大值。此期1～3d。

（3）小麦完熟期。这时籽粒全部变硬，呈现本品种固有色泽，小麦植株干燥，含水量在20%左右；籽粒密度大、发芽率高、品质好。这时植株枯黄，叶片和穗头含水量低，易折断；籽粒与穗轴连接力下降严重，易脱粒；秸秆与籽粒密度差大，易于分离清选。

（4）小麦过熟期。这时小麦植株干燥，籽粒与穗轴连接力极低，易造成自然脱落损失，小麦籽粒品质变差。因此，小麦收获时不要等到这个时期，适时收获为好。

2. 小麦含水量

小麦含水量是影响机收质量的重要因素。对于含水量大的作物，切割、脱粒、分离与清选都比较困难，可能导致机械装备作业质量变坏、动力损耗增加。因此，在雨水较多的地区，要选择适应秸秆潮湿作业的收获机械和方式，同时提高“湿脱”和“湿分离”的性能。

小麦的含水量随着成熟度增加逐渐降低。茎秆的高度不同部位，其含水率变化也很大，如在小麦基部含水75%时，茎秆下部约35%，穗头处则可低至15%左右。因此，收获时留茬高度直接影响作业效率和作业质量。

3. 作物倒伏

作物倒伏会给机械收割造成困难，增加损失，降低效率，需培育抗倒伏品种；在栽培管理方面，采取防倒伏措施；试验研究适应倒伏收获的机械，从多方面解决问题。

（二）小麦收获的农业要求

小麦收获的农业技术要求是收获机械装备使用和设计的依据。由于黄淮海区域面积大，各地自然条件各异，品种多样，栽培制度不尽相同，对小麦收获的技术要求不尽一致。概括起来主要有以下几点：

1. 适时收获，尽量减少损失

为防止自然落粒和收割时的损失，小麦以蜡熟后期开始收获，到完熟期收割完毕，一般3～7d。因此收获机械要有较高的作业效率和工作可靠性。

2. 保证收获质量

割茬高度应尽量低，一般5～10cm，只有两段收获法，才可保持15～25cm。在收获中还要尽量减少籽粒破碎及机械损伤，以免影响籽粒发芽率和贮藏加工。收获的籽粒应具有较高的清洁率。

3. 禾条铺放整齐、秸秆堆积或粉碎

割下的小麦为了便于打捆，须横向放置，按茎基部排列整齐，穗头朝向一边。两段收获时，其麦穗和基部需要相互搭接成连续的禾条，铺放在麦茬上，以便通风晾晒及后熟，并防止积水霉变；捡拾和直收时，秸秆应进行粉碎直接还田，不利于直接还田的，需对秸秆进行后续压缩打捆，利于秸秆综合利用。

4. 有较强的适应性

由于黄淮海地区自然条件和栽培制度差异，旱田水田兼有，平作垄作共存，间作套作同行，小麦倒伏、雨季潮湿同在。因此，要选择结构简单、重量轻，工作部件、行走装置适应性强的收获机械。

（三）小麦机械化收获方法

小麦收获是农业机械化生产过程中最复杂的工艺过程。目前，关于小麦收获的方法基本分为分段收获法、两段收获法和联合收获法。

1. 分段收获法

先用收割机将小麦割断成条，铺放在田间，用人工打捆（也可用收割机一次完成收割、打捆作业），用脱粒机进行脱粒，再用人工清扬。这种收获方式适合小麦在蜡熟中早期收获，所需机械结构简单，价格较低，保养维修方便。但收获过程人工需求多，工作效率低，总损失大。这种方法是黄淮海地区三十年前常用的收获方式。

2. 联合收获法

用小麦联合收割机在田间一次完成收割、脱粒、分离和清选等程序作业。这种收获方法优点是：生产效率高、劳动强度和收获损失少。但机械结构复杂，设备一次性投资大，对技术使用要求高。小麦最佳联合收获期为蜡熟末期或完熟期。

3. 两段收获法

将小麦收获分为两个阶段：先在小麦腊熟期用割晒机割下成条状铺放在割茬上，经过3～5d晾晒，利用后熟作用，使籽粒成熟变硬，然后利用带拾禾器的联合收获机，将小麦沿条铺捡拾、输送、脱粒、分离和清选联合作业。与联合作业相比，小麦经后熟作用，提高了产量和质量；小麦经晾晒，湿度小，易脱粒清选，作业效率高。缺点是增加了机械进地次数和燃油消耗（7%左右）。在多雨潮湿地区，可能造成籽粒霉变，不易采用此法收获。

二、小麦收获机械种类及作业质量

（一）小麦收获机械种类

小麦收获时，不同的收获方法所采用的机械在用途上和构造上都不相同。他们构成了小麦联合收割机的机器系统，如图3-24所示。主要包括收割机、脱粒机、联合收割机三大类。

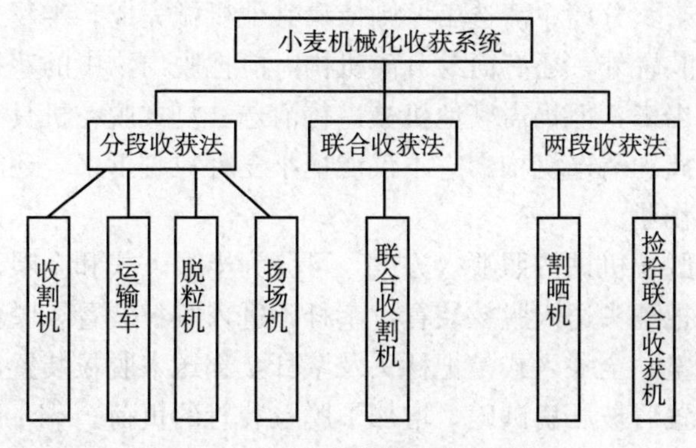

图 3-24　小麦机械化收获系统

1. 收割机械

收割机械可完成收割和铺放两道作业工序。按照小麦铺放形式不同，分为收割机、割晒机和割捆机。

（1）收割机。可将小麦基部切割后，进行茎秆转向条铺，即把茎秆转到与收割机前进方向基本垂直的状态进行铺放，便于后续人工打捆、运输。收割机按照割台输送装置不同，可分为立式割台收割机、卧式割台收割机和回转式割台收割机；按照与动力机连接方式不同，可分为牵引式和悬挂式两种。20 世纪 80～90 年代，黄淮海地区前置悬挂式收割机应用较多，作业时自行开道，减少人工作业。

（2）割晒机。割晒机可将小麦基部切割后，进行顺向条铺，即把茎秆与按照割晒机前进方向基本平行的方向条铺，适于装有捡拾器的联合收割机进行捡拾联合作业。

（3）割捆机。割捆机可将小麦基部切断后，直接进行打捆，并放置田间。

2. 脱粒机械

脱粒机械是一种通过搓揉、打击等方式，将小麦籽粒从穗轴上分离下来的机械装备。脱粒机按照不同的分类方式，具有不同种类。

（1）按照完成脱粒工作情况及结构复杂程度，可分为简易式、半复式和复式三种。简易式脱粒机仅有脱粒装置，仅能把籽粒从穗轴上脱下来，分离、清选工序则依靠其他机械完成。半复式脱粒机除有脱粒装置外，还有简易分离机构，能把脱出物中的茎秆和部分颖壳分离出来，但仍需其他机械进行清选。复式脱粒机具有完备的脱粒、分离和清选机构，它不仅能把小麦籽粒脱下来，还能完成分离和清选作业。

（2）脱粒机械按照喂入方式，可分为半喂入式和全喂入式。半喂入式只把穗头送入脱粒装置，茎秆不进入脱粒装置，脱粒后可保持茎秆完整。全喂入式是把穗头及茎秆全部送入脱粒装置，茎秆经过脱粒装置后被压扁破碎，增加了脱粒装置的负荷。

（3）脱粒机械按照物料在脱粒装置的运动方向，可分为切流型和轴流型两种。切流型脱粒机内的物料沿脱粒滚筒圆周方向运动，无轴向流动，脱粒后的茎秆沿滚筒抛物线抛出，滚筒的线速度高，脱粒时间短，生产效率高，适于茎穗干燥的小麦脱粒。轴流型脱粒机内的物料在沿滚筒切线方向流动的同时，还作轴向流动，茎秆在脱粒室内工作流程长，脱净率高，籽粒破碎率低，但茎秆破碎严重，功耗略高，脱粒机构适应性广，尤其适于潮湿、水分高的小麦脱粒作业。

3. 联合收获机械

能够依次完成小麦切割、输送、脱粒、分离和清选，以至秸秆处理的复式作业机械装备。小麦联合收获机械除配套动力外，主要是收割机械和复式脱粒机械的组合。

（1）按照动力配备方式，分为牵引式、悬挂式和自走式。牵引式结构简单、转弯半径大，机动性差，需人工割出拖拉机行驶道路，东北地区早期有所应用，但数量不多；悬挂式就是将收割、复式脱粒机械悬挂在拖拉机上，该机具有结构简单、造价低、机动性强、能自行开道的优点，黄淮海地区发展初期，大量应用这类联合收获机械。自走式小麦联合收获机是将小麦收割机和脱粒机用中间输送装置连接为一体，并有专用动力及底盘的小麦联合收获机械，其收割装置配备在机器正前方，能自行开道、机动性好、生产效率高、作业质量好，虽造价略高，但目前应用最多。自走式联合收割机按照驱动装置不同又分为轮式和履带式。轮式联合收割机转移速度快，驾驶灵活；履带式联合收获机转移速度慢，但对土壤破坏程度低。

(2) 按照茎秆喂入形式不同分为全喂入、半喂入和梳脱式三种形式。全喂入式是将茎秆和穗头全部喂入进行脱粒和分离，作业效率高、损失率低，但要求秸秆干燥度高。半喂入式用夹持链夹紧作物茎秆，只将穗部喂入脱粒装置，脱离后茎秆保持完整，能减少脱粒和清选功率消耗，目前主要用于水稻收获机。

(3) 按照生产效率分为大型（喂入量5kg/s以上)、中型（喂入量3～5kg/s)、小型（喂入量3kg/s以下)。20世纪90年代，黄淮海地区主要应用小型联合收割机，目前主要应用中、大型联合收割机。2017年山东新增购置补贴小麦联合收割机7 802台，其中大型6 436台，占补贴总量的82.49%。

近年来，随着农村经济和农机化发展，黄淮海地区小麦两段收获法、分段收获法已被摒弃，小麦联合收获技术及装备已经普及，小麦收获主要选用大型全喂入自走轮式小麦联合收获机。

小麦联合收获特点：一是生产效率高。喂入量5kg/s左右的小麦联合收割机每天收获小麦10hm^{2}左右，相当于600多人分段收获的作业量。二是小麦收获损失少。一般小麦联合收获机正常作业时总损失小于2%；而分段收获因为每个环节都有损失，总损失高达6%～10%。三是减轻劳动强度。小麦分段收获时间紧、环节多、劳动强度大。联合收获减轻了劳动强度，改善了劳动条件，为下茬玉米直播抢种创造了条件。

(二) 联合收获机械作业质量及检测办法

1. 小麦联合收获机械作业质量指标

按照农业行业标准《谷物（小麦）联合收获机械作业质量》(NY/T 995—2006) 要求，黄淮海地区常用全喂入自走式小麦收割机作业质量主要指标如下：

损失率≤2.0%，破碎率≤2.0%，含杂率≤2.5%，还田茎秆切碎合格率≥90%，还田茎秆抛撒不均匀率≤10%，割茬高度≤18cm，收获后割茬高度一致，无漏割，地头地边处理合理，地块和收获物中无明显污染。

2. 小麦联合收获机械作业质量检测

机械作业后，在检测区内采用5点法测定。从地块4个角画对角线，在1/8～1/4对角线长的范围内，确定出4个检测点位置再加上一条对角线的中点。

（1）割茬高度检测。在样本地块内按近似五点法取样，每点在割幅宽度方向上测定左、中、右3点的割茬高度，其平均值为该点处割茬高度，求5点的平均值。

（2）损失率。每个取样点处沿联合收割机前进方向选取有代表性的区域取$1m^2$取样区域，在取样区域内收集所有的籽粒和穗头，脱粒干净后称其质量，按下式分别计算损失率，最后取5点损失率的平均值。

$$S_j=(W_{sh}-W_z)\times 100\div W_{ch} \tag{3-1}$$

式中：S_j——第j取样点损失率，%；

W_{sh}——每平方米籽粒损失质量，g/m^2；

W_z——每平方米自然落粒质量，g/m^2；

W_{ch}——每平方米测区籽粒总质量。

（3）含杂率。在联合收获机正常作业过程中，从出粮口随机接样5次，每次不少于2 000g，集中并充分混合，从中含杂样品5份，每份1 000g左右，对样品进行清选处理，将其中的茎秆、颖糠及其他杂质清除后称质量，按下式计算含杂率，最后取5份含杂率平均值。

$$Z_z=W_z\times 100\div W_{zy} \tag{3-2}$$

式中：Z_z——第i个样品含杂率，%；

W_z——样品中杂质质量，g；

W_{zy}——含杂质样品质量，g。

（4）破碎率。用四分法从样品处理后的籽粒中取出含破碎的样品5份，挑选出其中破碎籽粒，并称其重量，按下式计算破碎率，最后取其平均值。

$$Z_{zp}=W_{p}\times 100\div W_{py} \qquad (3-3)$$

式中：Z_{zp}——第 i 个样品破碎率，%；

W_{p}——样品中破碎籽粒质量，g；

W_{py}——含破碎籽粒样品的质量，g。

（5）还田茎秆切碎合格率和还田茎秆抛撒不均匀率。在每个取样点处选取 $1m^2$ 的测试区，并收集区域内所有还田茎秆称其质量，在从中挑选出切碎长度大于 15cm（山东地方标准 10cm）的不合格还田茎秆称其质量，按照下式计算还田茎秆切碎合格率，并取平均值。

$$F_{h}=(W_{jz}-W_{jb})\times 100\div W_{jz} \qquad (3-4)$$

式中：F_{h}——还田茎秆切碎合格率，%；

W_{jz}——测点还田茎秆质量，g；

W_{jb}——测点不合格还田茎秆质量，g。

在 5 个测点中找出测点还田茎秆质量最大值和还田茎秆最小值，按照下式计算还田茎秆抛撒不均匀率。

$$F_{b}=(W_{max}-W_{min})\times 100\div W_{jj} \qquad (3-5)$$

式中：F_{b}——还田茎秆抛撒不均匀率，%；

W_{max}——测点还田茎秆质量最大值，g；

W_{min}——测点还田茎秆质量最小值，g；

W_{jj}——测点还田茎秆质量平均值，g。

（6）收获后地表状况及污染情况。用目测法观察收获后样本地表：割茬高度是否基本一致；是否有较大漏割地块、收获作物有无收获机械造成的明显污染。

三、典型小麦联合收获机结构特点与工作原理

全喂入自走轮式小麦联合收割机按照脱粒物料在脱粒室运动轨迹，以及籽粒与茎秆分离方式不同分为切流＋逐稿器式（一种籽粒与茎秆分离装置）、切流＋横轴流式、切流＋纵轴流式和纵轴流式四种典型形式。

（一）切流＋逐稿器式小麦联合收割机

切流＋逐稿器式小麦联合收割机是一款传统的小麦联合收割机，俗称康拜因。采用纹杆式切流脱粒滚筒，逐稿器式分离装置，对秸秆进行充分翻抖，增强了秸秆的散落性，保证作物有效地进行分离。代表型号有丰收3.0、迪尔W系列、道依茨法尔DF4LZ-13型（图3-25）等小麦联合收割机。

图3-25　道依茨法尔DF4LZ-13型小麦联合收割机

1. 总体结构

切流＋逐稿器式小麦联合收割机主要由割台系统、切流脱粒系统、逐稿器分离系统、风机筛箱清选系统、卸粮系统、发动机系统、行走系统、驾驶操作系统、液压及电气系统等组成，如图3-26所示。

2. 工作原理

小麦收割机工作时，分禾器把要割小麦与待割小麦分开，在拨禾轮的作用下，小麦被引向切割器并扶持切割。割下的小麦在拨禾轮的作用下，铺放在收割台上，割台螺旋推运器将小麦推运到可伸缩拨齿机构处，伸缩拨齿将作物拨入输运器，通过输运器链耙的抓取作用，将作物不断地输送到切流脱粒装置，在切流滚筒和凹板的作用下脱粒。脱粒后的大部分谷粒、断穗和碎茎秆经凹板栅格孔落到阶梯抖动板上；长茎秆和少量夹带的谷粒在逐稿轮的作用下被抛送到键式逐稿器上，经键式逐稿器抛扬和翻动，谷粒从茎秆中分离出来，被分离出来的谷粒、断穗和碎茎秆沿逐稿器底部向前滑落到抖动板上，与从凹板落下的谷粒混杂物汇集；逐稿器面上的长茎秆被排出机外或被茎秆切碎器切断，由抛撒器抛撒于地面。落在抖动板上的脱出物在向后移动的过程中，颖壳和碎茎秆浮在上层，谷粒

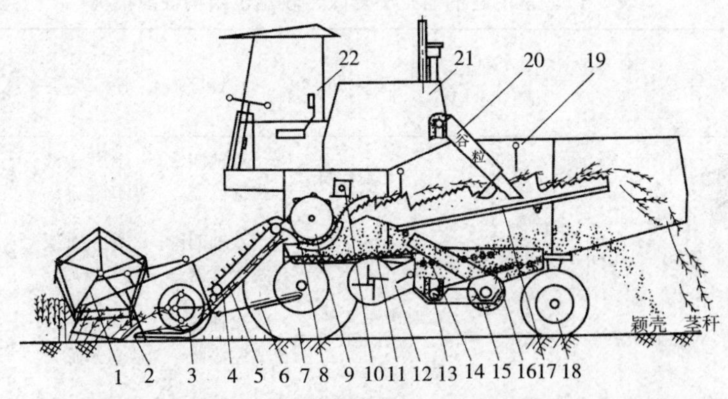

图3-26　切流滚筒+逐稿器式小麦收割机结构示意

1. 拨禾轮　2. 切割器　3. 割台　4. 输送链耙　5. 过桥　6. 割台升降油缸　7. 驱动轮　8. 脱粒凹板　9. 切流脱粒滚筒　10. 逐稿轮　11. 抖动板　12. 风机　13. 谷物推运器　14. 上筛箱　15. 杂余复脱器　16. 下筛箱　17. 逐稿器　18. 转向轮　19. 挡帘　20. 卸粮筒　21. 发动机　22. 驾驶室

沉在下面。脱出物经过抖动板尾部的梳齿筛时，被蓬松分离，进入清粮筛，在筛子的抖动和风扇气流的作用下，将大部分颖壳、短碎茎秆等吹出机外。未脱净的穗头经筛尾落入杂余推运器，经升运器进入脱粒装置。通过清粮筛筛出的籽粒，由籽粒推运器和升运器送入粮箱。

3. 性能特点

因切流脱粒滚筒与物料作用时间短，要脱粒干净，减少脱粒损失，需要滚筒转速高、脱粒能力强，物料干燥。因此，切流+逐稿器式小麦联合收割机适合小麦秸秆和籽粒干燥时收获，喂入量大，作业效率高，但潮湿小麦收获损失大、籽粒破碎率高。适宜大型农场小麦联合收获作业。

4. 常见机型性能指标

目前，黄淮海地区切流+逐稿器式小麦联合收割机数量较少，在生产规模较大的国有农场少量应用，这里介绍一些早期或东北地区常见机型的结构性能指标（表3-2），供参考。

表 3-2　常用逐稿器式小麦联合收割机结构性能指标

型号	喂入量 (kg/s)	割幅 (m)	配套动力 (kW)	脱粒机构	分离机构	清选机构	行走方式
丰收 3.0	3.0	3.3	65	切流纹杆式	双轴四键式逐稿器	风机＋双层鱼鳞筛	轮式
迪尔 W80	4.0	3.66	86	切流纹杆式	双轴四键式逐稿器	风机＋双层鱼鳞筛	轮式
迪尔 W230	7.0	4.57	136	切流纹杆式	双轴五键式逐稿器	风机＋双层鱼鳞筛	轮式
道依茨法尔 DF4LZ-13	13.0	4.2	163	双切流滚筒钉齿和纹杆	双轴五键式逐稿器	风机＋双层鱼鳞筛	轮式

（二）切流＋横轴流式小麦联合收割机

切流＋横轴流式小麦联合收割机是在传统小麦联合收割机基础上，为适应我国农业生产规模小、小麦收获时间早的要求，由新疆农业机械化学院研发生产的产品。最大特点是采用板齿切流滚筒和纹杆＋钉齿轴流脱分滚筒两个滚筒，实现小麦有效脱粒、分离，去掉了逐稿器，机体大大缩小。代表型号有新疆-2、谷神 GE、GF 系列（图 3-27）等小麦联合收割机。

图 3-27　谷神 GE80 型小麦联合收割机

1. 总体结构

切流＋横轴流小麦联合收割机主要由割台系统、切流脱粒系统、横轴流脱粒分离系统、风机筛箱清选系统、卸粮系统、发动机系统、行走系统、驾驶操作系统、液压及电气系统等组成，如图 3-28 所示。

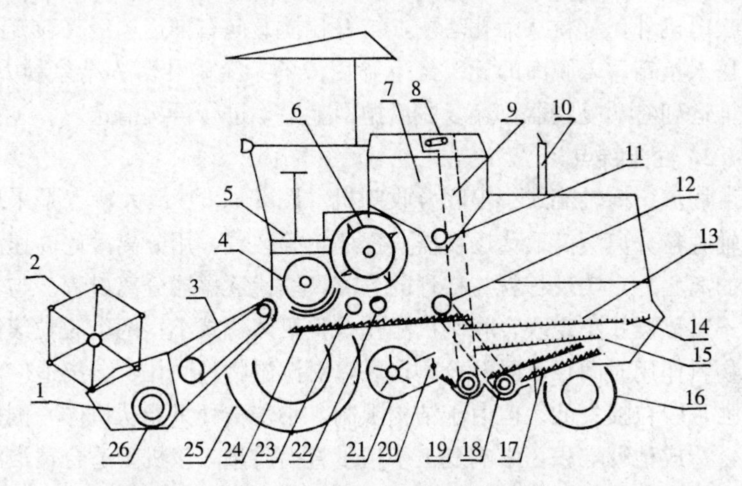

图 3-28 切流＋横轴流小麦收割机结构示意

1. 割台 2. 拨禾轮 3. 过桥 4. 切流脱粒滚筒 5. 驾驶台 6. 横轴流脱粒分离滚筒 7. 粮箱 8. 分布搅龙 9. 籽粒升运器 10. 发动机 11. 卸粮搅龙 12. 复脱器 13. 上筛箱 14. 尾筛 15. 下筛 16. 后轮 17. 下筛箱 18. 杂余升运器和杂余搅龙 19. 籽粒搅龙 20. 导风板 21. 风扇 22. 后搅龙 23. 前搅龙 24. 阶梯板 25. 前轮 26. 割台搅龙

2. 工作原理

切流＋横轴流式小麦联合收割机工作时，割台将小麦割下，割台搅龙将小麦推运到过桥链耙处，过桥链耙将物料不断地输送到板齿切流脱粒滚筒脱粒，脱粒后的物料然后切向抛入横轴流滚筒，在轴流滚筒上盖导向板的作用下从右向左螺旋运动，同时在纹杆和钉齿作用下完成脱粒和分离，长茎秆被滚筒左端分离板从机体左侧排草口抛出去。从轴流滚筒凹板分离出的籽粒、颖壳和碎茎秆等细小脱出物由前、后搅龙堆集到清粮室前，在抛送板的作用下落到阶梯抖动板上，物料在阶梯抖动板振动下，由前向后跃动，使物料分层，籽粒下沉，颖壳和碎秸秆上浮，当跃动到抖动板尾部栅条时，籽粒和颖壳的混合物从栅条缝隙落下，形成物料幕，在风扇的作用下，经风选落入筛箱不同位置，而碎茎秆杂余被栅条托着进一步分离。初分离物料在筛子和风扇的作用下进行清选，颖壳和短碎茎秆被吹出机外，籽粒从筛孔落下，被籽粒搅龙向右推运，经籽粒升运器送入粮箱。未脱净的穗头经下筛后段的杂余筛孔落入杂余搅龙，被推运到右端复脱器，经复脱后抛回上筛，进行再次清选。

3. 性能特点

切流＋横轴流式小麦联合收割机（图 3－28）最大特点是采用横轴脱粒分离滚筒取代逐稿器、逐稿轮等装置，用分离滚筒高速旋转的离心力，实现籽粒与秸秆的分离，取代逐稿器分离过程。与切流＋逐稿器式小麦联合收割机相比，整机体积减小；两个脱粒滚筒与物料作用时间长，脱粒分离彻底，对潮湿物料脱粒、分离适应能力强，脱粒损失低。但由于结构限制，小麦秸秆只能从机体一侧抛出，造成秸秆堆积，影响夏玉米精量直播质量。该机型适合黄淮海中小生产规模地区选用。

4. 常见机型性能指标

目前，在黄淮海地区切流＋横轴流式小麦联合收割机保有量较多，农机购置补贴初期以喂入量 5kg/s 左右为主，近几年，群众主要选购 7～8kg/s 的机型为主，现列举黄淮海区几款常见机型的结构性能指标（表 3－3），供参考。

表 3－3　常见切流＋横轴流式小麦联合收割机结构性能指标

型　号	喂入量（kg/s）	割幅（m）	配套动力（kW）	脱粒分离机构	清选机构	行走方式
巨明 4LZ－5.0	5.0	2.5	66	切流＋横轴流	风机＋双层鱼鳞筛	轮式
谷王 TB60	6.0	2.5	92	切流＋横轴流	风机＋双层鱼鳞筛	轮式
金大丰 4LZ－7	7.0	2.65	121	切流＋横轴流	风机＋双层鱼鳞筛	轮式
谷神 GE80	8.0	2.56/2.75	121	切流＋横轴流	风机＋双层鱼鳞筛	轮式
谷神 GF80	8.0	3.25	118	切流＋横轴流	风机＋双层鱼鳞筛	轮式

（三）切流＋纵轴流式小麦联合收割机

切流＋纵轴流式小麦联合收割机是在现代小麦联合收割机基础上，为适应我国农业生产规模不断扩大、小麦收获质量提升要求，学习借鉴国外技术研发的产品。最大特点是采用板齿切流滚筒和分段式纵轴流脱分滚筒两个滚筒，实现小麦有效脱粒、分离。代表型号有雷沃GN系列、迪尔C系列（图3-29）谷物联合收割机。

图3-29 迪尔C系列谷物联合收割机

1. 总体结构

切流＋纵轴流式小麦联合收割机主要由割台系统、切流脱粒系统、纵轴流脱粒分离系统、风机筛箱清选系统、卸粮系统、发动机系统、行走系统、驾驶操作系统、液压及电气系统等组成，如图3-30所示。

2. 工作原理

切流＋纵轴流小麦联合收割机工作时，割台将小麦割下，割台搅龙将小麦推运到过桥链耙处，过桥链耙将作物不断地输送到板齿切流脱粒滚筒脱粒，脱粒后的物料在上、下击辊及上盖板的疏导下，将物料导入单纵轴流滚筒，物料沿轴流滚筒在盖板和滚筒的作用下从前向后运动，滚筒前部对物料二次脱粒和分离，后部将籽粒从秸秆中分离出来，分离后的长秸秆经秸秆切碎器均匀抛撒地面。从轴流滚筒凹板分离出的籽粒、颖壳和碎茎秆等细小脱出物先后落到阶梯抖动板和回送盘上，再落到上筛上，物料在阶梯抖动板和上

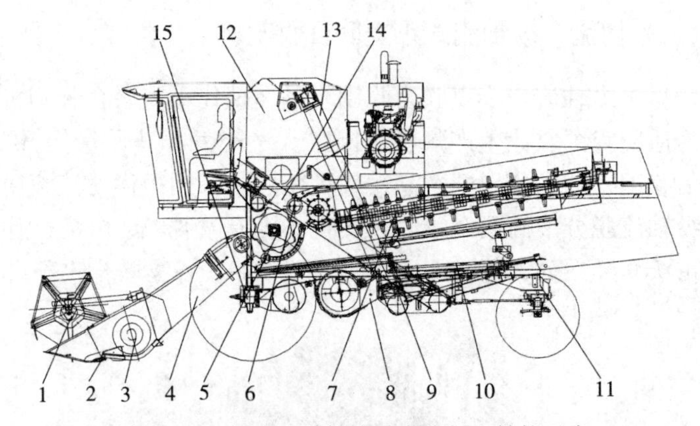

图 3-30　切流＋纵轴流小麦收割机结构示意

1. 拨禾轮　2. 切割器　3. 喂入搅龙　4. 过桥　5. 切流脱粒滚筒　6. 物料转换装置　7. 纵轴流脱粒分离滚筒　8. 风机　9. 抖动板　10. 清选筛　11. 转向桥　12. 粮箱　13. 籽粒升运器　14. 杂余升运器　15. 驱动桥

筛振动下，由前向后跃动，使物料分层，即籽粒下沉，颖壳和碎秸秆上浮。当跃动到抖动板尾部栅条时，籽粒和颖壳的混合物从栅条缝隙落下，同时和落到上筛的物料形成物料幕，在风扇的作用下，经风选落入下筛箱不同位置，而碎茎秆杂余被栅条托着进一步分离。初分离物料在筛子和风扇的作用下进行清选，颖壳和短碎茎秆被吹出机外；籽粒从筛孔落下，被籽粒搅龙向右推运，经籽粒升运器送入粮箱；未脱净的穗头经下筛后段的杂余筛孔落入杂余搅龙，被推运到右端复脱器，经复脱后抛回上筛，进行再次清选。

3. 性能特点

切流＋纵轴流小麦联合收割机最大特点是采用纵轴脱粒分离滚筒，取代目前大多数正在使用的横轴流脱粒分离滚筒。虽其脱粒、分离原理相同，但由于不受结构空间限制，加长了纵轴流滚筒，物料分离更彻底，夹带损失少；降低了滚筒转速，对籽粒打击力度变小，籽粒损伤程度低；加大了筛箱清选面积，小麦清洁度更高；排草方向改变了，可以装配切碎器，将秸秆均匀抛撒，为玉米免耕直播创造条件。这类小麦联合收获机兼有切流、轴流脱粒方式的优点，是当前小麦联合收割机更新换代产品。

4. 常见机型性能指标

目前，黄淮海地区切流＋纵轴流式小麦联合收割机刚刚兴起，保有量较少，通过生产企业的不断改进和完善，这种的机型为主，这里介绍几款黄淮海区常见机型的结构性能指标（表 3－4），供参考。

表 3－4　常见切流＋纵轴流式小麦联合收割机结构性能指标

型　号	喂入量（kg/s）	割幅（m）	配套动力（kW）	脱粒分离机构	清选机构	行走方式
谷神 GN60	6.0	4.57	103	切流＋纵轴流	风机＋双层鱼鳞筛	轮式
谷神 GN70	7.0	4.57	125	切流＋纵轴流	风机＋双层鱼鳞筛	轮式
春雨 4LZ－8CZ	8.0	2.75	100	切流＋纵轴流	风机＋双层鱼鳞筛	轮式
迪尔 C100	6.0	3.66/4.57	100	切流＋双纵轴流	风机＋双层鱼鳞筛	轮式
迪尔 C230	8.0	5.4	150	切流＋纵轴流	风机＋双层鱼鳞筛	轮式
久保田 PR0688Q	2.5	2.00	50	纵轴流脱粒杆齿式	风机＋振动筛	履带式

（四）纵轴流式小麦联合收割机

纵轴流式小麦联合收割机是近年国内外农机设计专家研发的新产品，最大特点用纵轴流脱分滚筒，取代实现小麦有效脱粒、分离。纵轴流小麦收割机结构简单，清选系统面积大，但其传动系统复杂，滚筒喂入部位易堵塞。主要代表型号有迪尔 S 系列，雷沃 M 系列、K 系列，谷王 F 系列，金亿可乐收等型号谷物联合收割机。

1. 总体结构

纵轴流小麦联合收割机主要由割台系统、纵轴流脱粒分离系统、风机筛箱清选系统、卸粮系统、发动机系统、行走系统、驾驶操作系统、液压及电气系统等组成，如图 3－31 所示。

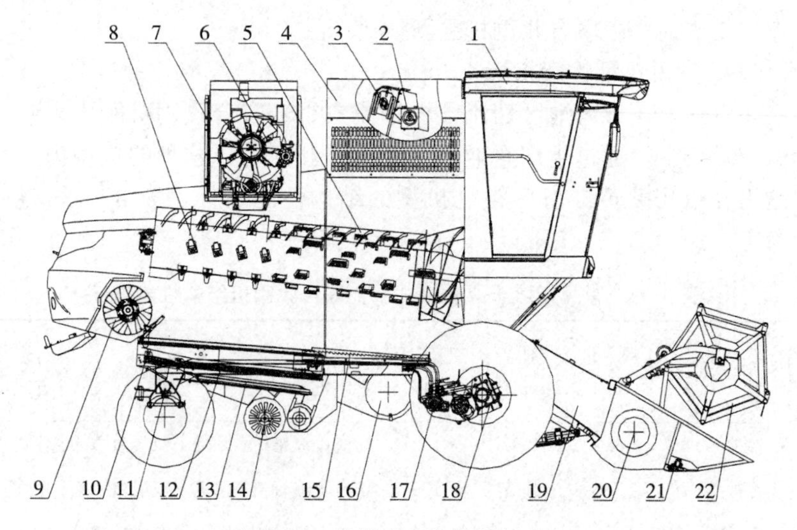

图 3-31　纵轴流小麦收割机示意

1. 驾驶室　2. 粮仓顶搅龙　3. 籽粒升运器　4. 粮仓　5. 分离室总成　6. 发动机　7. 散热器除尘系统　8. 纵轴流滚筒　9. 切碎器　10. 尾筛　11. 转向桥　12. 上筛总成　13. 下筛总成　14. 复脱器　15. 抖动板　16. 风机总成　17. 变速箱　18. 驱动桥总成　19. 过桥总成　20. 割台搅龙总成　21. 切割器总成　22. 拨禾轮

2. 工作原理

纵轴流小麦联合收割机工作时，割台将小麦割下，割台搅龙将小麦推运到过桥链耙处，过桥链耙将谷物不断输送到纵轴流滚筒进行脱粒分离。谷物在轴流滚筒与盖板作用下首先进行脱粒，然后物料在纵轴流滚筒和脱粒凹板的作用下从前向后螺旋运动并分离，分离后的长秸秆经秸秆切碎器粉碎后均匀抛撒地面。从滚筒凹板分离出的籽粒、颖壳和碎茎秆等脱出物先后落到抖动板和上筛，物料在抖动板和上筛振动下，由前向后跃动，使物料分层，即籽粒下沉，颖壳和碎秸秆上浮。当跃动到抖动板尾部栅条时，籽粒和颖壳的混合物从栅条缝隙落下形成物料幕，在风扇的作用下，经风选落入下筛箱不同位置，而碎茎秆杂余被栅条托着进一步分离。初分离物料在筛子和风扇的作用下进行清选，颖壳和短碎茎秆被吹出机外；籽粒从筛孔落下，被籽粒搅龙向右推运，经籽粒升运器送入粮箱；未脱净的穗头经下筛后段的杂余筛孔落入杂余搅龙，被推运到右端复脱器，经复脱后抛回上筛，进行再次清选。

3. 显著特点

纵轴流小麦联合收割机显著的特点是结构简单、脱粒分离滚筒长度增加，脱分能力强，转速降低。作业时，轴流滚筒通过对谷物柔性打击，较长时间搓揉实现脱粒，因此，该机型适于潮湿小麦收获作业；收获效率比同体积的切流收割机高20%～25%；脱粒干净，损失少，籽粒损伤少；维护方便。增大的筛箱面积，使收获的小麦更加清洁。简单换装割台、凹板、筛箱等部件，可以实现玉米、大豆、水稻收获作业。纵轴流脱粒分离，实现了秸秆从收割机正后方排除，加装切碎抛撒机构可实现全割幅小麦秸秆均匀抛撒，避免对后续环节作业的堵塞，利于秸秆综合利用和农业生态环境保护。

从提高农机作业质量和作业效率方面看，纵轴流收割机是实现农机更新换代、新旧动能转换的切入点，是黄淮海地区小麦联合收割机发展的方向。

4. 常见机型性能指标

目前，黄淮海地区纵轴流小麦联合收割机刚刚起步，受生产批量影响，产品价格较高。这里介绍常见机型的结构性能指标（表3-5），供参考。

表3-5　不同纵轴流式小麦联合收割机结构性能指标

型　号	喂入量(kg/s)	割幅(m)	配套动力(kW)	脱粒分离机构	清选机构	行走方式
久保田PRO100	5	2.6	80.1	纵轴流	风机+双层鱼鳞筛	轮式
谷神GM80	8.0	2.56/2.75	129	单纵轴流	风机+双层鱼鳞筛	轮式
谷神GK100	10.0	4.57/5.34	162	单纵轴流	风机+双层鱼鳞筛	轮式四驱
谷王TC80	8.0	3.5	100	单纵轴流	风机+双层鱼鳞筛	轮式
迪尔S660	14.0	6.7	239	单纵轴流	风机+双层鱼鳞筛	轮式

四、小麦收获技术要点与注意事项

（一）技术要点

（1）适时收获。小麦要在完熟期收获，秸秆干燥、籽粒硬度高，可以充分发挥联合收获机械效率。

（2）正确选用机械。随着联合收获装备成熟，用户可根据作业需要，选择大喂入量、高清洁率、秸秆切碎率高的“切流＋横轴流”或纵轴流联合收割机。

（3）正确操作机械。作业时，要始终保持大油门，匀速前进，需要降低前进速度和停车时，也要保持脱粒清选部分正常运转一段时间，避免堵塞。

（二）操作要领

（1）田间准备。作业前，要了解小麦的生长情况、倒伏状况及通往田间的道路等；清除田间障碍，平渠埂、危险地带设标记等；人工开割道，为正式开机作好准备。

（2）机械准备。首先要对收割机进行全面的检查、调整，重点是收割机的行走部分、割台、脱粒机构及发动机等，使整个机器达到良好的技术状态；调整后试运转，包括发动机无负荷试运转、整机原地空运转，整机负荷试运转；准备辅助机械，要根据收割机的功率，型号合理选配运粮、脱粒、运秸秆机械等；准备易损零配件，如割刀、传动皮带等。

（三）注意事项

（1）作业前应进行试割，以检验机械的检修和调整质量，并进一步调整好机器，使之适应大面积作业要求。试割开始时应使用低速，割幅用1/3，并逐渐加大达到正常速度和割幅。试割过程中要经常检查各部位工作是否正常，必要时进行调整。

（2）确定作业速度。作业速度应根据喂入量和小麦品种、高度、产量和成熟度来确定，一般是以脱粒机构满负荷工作，清选机构工作正常为度。行走路线应考虑到卸粮方便，并注意使割刀传动装置靠着已收获的空地侧。

（3）大油门作业。为确保切割、输送、脱离、清选运转正常，作业中要始终保持发动机大油门，高速运转。即使在收割机走出地头后，也要保持高速运转一段时间。

第四章
玉米机械化生产

第一节　玉米栽培的基本知识

一、玉米栽培技术要点

（一）播前准备

1. 整地

夏直播是在小麦收获后播种玉米，其优点是便于机械化操作，播种质量容易提高，出苗比较整齐，有利于提高玉米生长的整齐度。缺点是玉米生长时间较短，不能种植生育期较长的高产品种。夏直播玉米的播期越早越好，晚播会造成严重减产。要注意选用中早熟品种，并因地制宜采用合理的抢种方法。具体方法主要有两种，一是麦收后先用圆盘耙浅耕灭茬然后播种；二是麦收后不灭茬直接播种。直播要注意做到：墒情好，深浅一致，覆土严密，施足基肥和种肥。

2. 备种

选择适宜当地推广种植的主要优良品种，在玉米播种前，可通过晒种、浸种和药剂拌种等方法，增加种子生活力，提高种子发芽势和发芽率，减轻病虫危害，以达到苗全、苗齐、苗壮的目的。

（1）晒种。在播种前选择晴天，摊在干燥向阳的土场上，连续曝晒2～3d，并注意翻动，使种子晒均匀，可提高出苗率。

（2）浸种。在播种前用冷水浸种12h，或用温水（水温55～

57℃）浸种 6～10h。还可用 0.15%～0.20%的磷酸二氢钾浸种 12h。用微量元素浸种的，可用锌、铜、锰、硼、钼的化合物，配成水溶液浸种。浸种常用的浓度，硫酸锌为 0.1%～0.2%，硫酸铜为 0.01%～0.05%，硫酸锰或钼酸铵为 0.1%左右，硼酸为 0.05%左右。浸种时间为 12h 左右。

（3）种衣剂包衣。播种前，用杀虫剂和杀菌剂拌种或包衣，以有效控制地下害虫、灰飞虱、蓟马、苗枯病等病虫害，确保一播全苗。建议选用的种衣剂中应包含噻虫嗪或吡虫啉等杀虫剂和咯菌腈、精甲霜灵、吡唑醚菌酯、苯醚甲环唑等杀菌剂。包衣时间不能太晚，最迟在播种前一周包衣备用，以便于种衣膜固化而不至于脱落。人工包衣时要注意安全，避免中毒。

（4）做好发芽试验。种子处理完成以后，要做好发芽试验，一般要求发芽率达到 90%以上，如果略低一些，应酌情加大播种量，如果发芽率太低，就应及时更换，以免播种后出苗不齐，缺苗断垄，造成减产。

（二）播种

1. 播种期

确定玉米的适宜播期，必须考虑温度、墒情和品种特性等因素，除此以外，还应考虑当地地势、土质、栽培制度等条件，使高产品种充分发挥其增产潜力。黄淮海地区 5 月下旬至 6 月中旬播种夏玉米。

2. 播种量和播深

播种量因种子大小、种子生活力、种植密度、种植方法和栽培的目的而不同。凡是种子大、种子生活力低和种植密度大时，播种量应适当增大，反之应适当减少。一般条播每亩 3～4kg，点播每亩 2～3kg。播种深度要适宜，深浅要一致。一般播种深度以 5～6cm 为宜。如果土壤黏重，墒情好时，应适当浅些，可 4～5cm；土壤质地疏松，易于干燥的沙质土壤，应播种深一些，可增加到 6～8cm。

3. 合理密植

（1）原则。玉米的单位面积穗数、穗粒数和粒重均受种植密度的影响。种植密度过稀，不能充分利用土地、空间、养分和阳光，虽然单株生长发育好，穗大、籽粒饱满。但由于减少了全田的总穗数，从而造成单位面积产量不高。种植过密，虽然单位面积总穗数增加了，但因造成全田荫蔽，通风透光不良，严重抑制了单株的生长发育，造成空秆、倒伏、穗小、粒轻，也降低单位面积产量。只有种植密度合理，穗数、粒数、粒重协调发展，才能增产。因此，在具体安排玉米种植密度时，一定要根据品种特性、施肥水平、土壤肥力、气候特点、播种早迟等因素进行综合考虑。

生产中应如何做到合理密植：①株型紧凑和抗倒品种宜密，株型平展和抗倒性差的品种宜稀；②肥地宜密，瘦地宜稀；③阳坡地和沙壤地宜密，低洼地和重黏地宜稀；④日照时数长、昼夜温差大的地区宜密，反之宜稀；⑤精细管理的宜密，粗放管理的宜稀。

（2）种植方式。等行距种植。在玉米田内按一定的距离播种，在行内条播或点播玉米，使行距一致，一般60～70cm，株距随密度而定，行距大于株距。等行距种植的特点是植株抽穗前，叶片、根系分布均匀，能充分利用养分和阳光；生育后期植株各器官在空间的分布合理，能充分利用光能，制造更多的光合产物；播种、定苗、中耕、锄草和施肥技术等都便于操作。但在肥水足密度大时，后期群体个体矛盾尖锐，影响产量提高。

宽窄行种植。也称大小垄，行距一宽一窄，宽行80～110cm，窄行30～50cm，株距根据密度确定，适用于间作、套种。其特点是植株在田间分布不均，生育前期对光能和地力利用较差，但能调节玉米后期个体与群体间的矛盾，在高密度高水肥条件下，由于大行加宽，有利于中后期通风透光。

（3）密植幅度。对于普通玉米，根据现有品种类型和栽培条件，玉米适宜种植密度为：平展型中晚熟杂交种，每亩3 500～4 000株；紧凑型中晚熟和平展型中早熟杂交种，每亩4 000～4 500株；紧凑型中早熟杂交种，每亩4 500～5 000株。

对于青贮玉米，为了获得较多生物产量，在提早播种的同时，可以适当增加密度，可以比普通玉米增加50%左右。根据品种特性不同，每亩达1万株左右。同时可以在玉米行间与豆类、瓜类、马铃薯等作物间混套作，从而充分利用地力，增加总的生物产量。

4. 玉米播种

夏直播是在小麦收获后播种玉米，其优点是便于机械化操作，播种质量容易提高，出苗比较整齐，有利于提高玉米的生长整齐度。缺点是玉米的生长时间较短，不能种植生育期较长的高产品种。夏直播玉米的播期越早越好，晚播会造成严重减产。要注意选用中早熟品种，并因地制宜采用合理的抢种方法。玉米播种应选择多功能、高精度、种肥同播的单粒精播机械；小麦秸秆粉碎质量差的地区，可选择清茬（或灭茬）玉米精量播种机；土层板结或带肥量大的地区，可选择深松多层施肥玉米精量播种机；选择具备仿形功能的播种机械，保证播深一致，出苗整齐。

（三）施肥与灌溉

1. 加强肥水管理

（1）播种期。底肥或种肥随播种带状施用，优先选用深松多层施肥和定位施肥玉米精播机械。肥料推荐使用缓控释肥。带施底肥要8～10cm侧深施，防止烧种和烧苗。播后立即浇“蒙头水”，有利于早出苗、出全苗、成苗壮。高产攻关田和规模种植的玉米田可以采用水肥一体化。抢时播种未浇“蒙头水”且无有效降水的，有水浇条件时立即浇水，以保证种子尽早萌发和出苗后墒情，确保苗全和苗齐。

（2）苗期。苗期适当干旱有利于根系下扎，起到蹲苗的效果，但如果长期干旱则应及时浇水；如遇强降水形成田间积水，应及时排水。苗期如遇强风倒伏，一般不用扶正，幼苗可自行矫正。苗期一般不需进行施肥。

（3）穗期。小喇叭口至大喇叭口期，是夏玉米需肥的关键时期，大喇叭口到抽雄期是玉米需水的临界期，对水分尤其敏感，如遇旱应及时灌溉，尤其要防止“卡脖旱”造成雌雄穗发育不同步。墒情差时借水追施穗肥，形成大穗。穗肥以氮肥为主，每亩追施氮肥 10～15kg，也可追施磷钾肥，利用机械在距植株 8～10cm 处开沟 10cm 深施。普通地块施用缓控释肥后如不出现脱肥现象，可不追施穗肥。土壤水分过多也会造成发育过旺，空秆率增加，易倒伏，如遇强降雨应及时排水。高产攻关田可采取中耕培土等措施，促进气生根发育，提高植株抗倒能力。

（4）粒期。花粒期是籽粒形成和灌浆的关键时期。遇旱应该及时浇水。后期渍水也会降低根系活力，叶片变黄，引起倒伏，要注意及时排水。开花期增施氮肥，可以提高叶片光合效率、延长叶片功能期。花粒肥以尿素为主，每亩可追施尿素 10～15kg，追肥量占总追肥量的 10%～20%。施用时可结合浇水或趁降水前追施，以提高肥效；也可喷施磷酸二氢钾和尿素，用作叶面肥，延长叶片功能期，增加光合产物转化。

2. 灌溉技术

玉米一生需要灌几次水以及在哪个时期灌水，这要根据各地的产量水平、品种的需水特性、自然条件和土壤持水性能等来确定。常用的灌水技术有以下几种：

（1）沟灌。沟灌就是在玉米行间开沟，使水在沿沟流动过程中渗透到两旁和下面的土壤中。这种方法目前广为采用，其特点是能够调节土壤中水、气、肥三者间的关系，垄背未被水饱和，疏松透气，而且地面蒸发量小，用水经济。

（2）畦灌。畦灌法一般多在玉米播种前造墒时采用。一般在起垄造畦后，由畦面较高的一端引入水田，逐渐湿润全田。此法需水量较大，容易破坏土壤结构，造成土壤板结，水分损失较多，一般不提倡采用。

（3）喷灌。喷灌技术主要是利用水泵、管道和喷头，先把水喷向空中，然后使其以小水滴的形式均匀地洒落。此法用水少，无渗漏损失，喷洒均匀，水分利用率高，还能结合喷施化肥和农药。缺点是设备投资较大，且由于受玉米植株高大的影响，大多局限在玉米生育前期采用。

（4）滴灌。滴灌是将水加压过滤，送入管道，通过连在上面的许多滴头，把水滴在玉米植株基部，使根系附近经常保持适宜的含水量，而行、株间仍保持干燥。滴灌技术节水省力，增产效果明显，便于自动控制，但设备成本较高、滴头易堵塞等。

（5）浸灌。在地下铺设带孔的管道，然后引入灌溉水，使其浸润土壤并上升到玉米根系分布层。管道埋深一般在40～60cm，直径5～25cm，管长不超过100m。此法省地，便于其他机械活动，效率较高，雨水多时也可用来排水。缺点是管道的检修困难，同时由于玉米苗期根系较浅，吸收水分较困难。

在玉米生长季节，降水量较多时，特别是在低洼积水区，玉米很容易受涝减产。玉米受涝后，首先是叶片枯黄，叶绿素和氮素含量显著降低，叶面积指数减小，甚至影响籽粒灌浆，严重影响玉米产量。因此，有必要采取一些措施预防。

（四）田间管理

1. 病虫害防治

播种前选用优质种衣剂（杀虫＋杀菌）进行包衣，防治粗缩病、苗枯病及地下害虫。苗期虫害主要是灰飞虱、黏虫、二点委夜蛾、高粱螟等，玉米6叶前每7天喷1次，连喷2～3遍，药剂建议施用高效氯氰菊酯、吡虫啉、吡蚜虫。在小喇叭口期重点防治玉米螟。在大喇叭口期大力推广玉米“一防双减”技术，杀虫剂杀菌剂混用，一次用药防治玉米中后期多种病虫害，减少后期穗虫基数，减轻病害流行程度。

2. 化学除草

在玉米播后芽前可采用50％乙草胺乳油100～120mL或40％乙草胺·莠去津悬乳剂150～200mL，兑水30～50kg喷施地面。苗后茎叶处理，可每亩用4％烟嘧磺隆胶悬剂75mL，兑水30～50kg在玉米3～5叶期喷施。

3. 化学调控

高肥水、密度较大、生长过旺、降水较多、倒伏风险较大的地块，在玉米拔节到小喇叭口期（6～10片展开叶），可以适度控制株高，促进茎秆粗壮和叶片光合能力，增强抗逆能力和抗倒伏能力，有利于改善群体结构。使用化控剂要注意合理浓度配比，防止因用量过大造成植株过矮，无法制造充足的光合产物，影响产量。密度合理、生长正常的田块和低肥力的中低产田、缺苗补种地块不宜化控。

4. 水肥管理

苗期一般不用浇水，拔节以后视田间墒情及时浇好大喇叭口水、灌浆水。同时应注意防止涝害。

5. 拔除小弱株

在玉米小喇叭口期、大喇叭口期和抽雄期及时拔除田间小弱株，改善群体通风透光条件，提高群体整齐度。

（五）适期晚收

1. 玉米收获适期的确定

玉米收获的适期因品种、播期及生产目的而异。

以籽粒为收获目标的玉米的收获适期，应按成熟标志确定。玉米籽粒生理成熟的主要标志有两个，一是籽粒基部黑色层形成，二是籽粒乳线消失。玉米成熟时是否形成黑色层，不同品种之间差别很大。玉米果穗下部籽粒乳线消失，籽粒含水量30%左右，果穗苞叶变白而松散时收获粒重最高，玉米的产量最高，可以作为玉米适期收获的主要标志。同时，玉米籽粒基部黑色层形成也是适期收获的重要参考指标。

以青贮玉米为收获目标的收获适期通常在乳熟末期，如果以果穗作为食用，只青贮茎叶时在蜡熟末期收获，太晚茎叶减少，饲用价值降低。可采用机械收获，割茬高度约为15cm。

2. 适期晚收

现在越来越多的人在理论方面懂得了玉米适当晚收可以增产的

道理，但是在夏玉米生产实践中却没有做到，他们主要是担心延误小麦播种，造成小麦减产。应当说现在的生产条件比以前改善了，机械化程度提高了，从玉米腾茬到小麦播种的时间已大大缩短，在正常年份适当推迟玉米收获期并不影响适时种麦。提倡晚收时间推迟到10月5日至10月10日。在10月10日前后种小麦仍是播种适期，一般比10月1日前播种的小麦病虫害略轻，群体发育更容易协调，旺长和倒伏的危险降低，造成减产的可能性很小，多数是略有增产。

二、选择良种

良种选择是粮食生产的第一步，要想获得玉米高产稳产，同时适合机械化操作，选择适合的玉米良种非常重要。在玉米诸多增产因素中，良种起20%～30%的作用。

在选购良种时，农民最看重的是品种产量。任何高产品种，如果离开了品种所需要的土壤、水肥、气候、环境等条件，往往都会适得其反，不仅不能增产甚至还会减产。

在选购良种时，一定要根据自己土地的实际情况，如水肥条件、地力结构、管理措施等，根据情况选择那些真正适合自己地区的品种。一般适用性广的稳产品种，才是获得丰收的保证。

（一）品种选择的原则

如何选好玉米良种，是关系到玉米增产增收的关键问题。在选择玉米良种时应遵循以下几个原则。

1. 根据当地的积温情况选择品种

如果积温高，热量充足，时间允许并能保证前后茬作物适时收获或播种的情况下，就尽量选择生长期较长的品种，使品种的生产潜力得到有效发挥。但是，过分追求高产而采用生长期过长的品种，则会导致玉米不能正常成熟，籽粒不饱满，影响玉米的产量。因此，选择玉米品种，既要保证玉米正常成熟，又不能影响下茬作物适时播种。

2. 根据当地生产管理条件选择品种

玉米品种的丰产潜力与生产管理条件有关。丰产潜力高的品种需要好的生产管理条件，而丰产潜力较低的品种需要的生产管理条件也相对较低。要根据地块的地力、地势等情况进行选择，地力高的地块可选高产喜肥品种，地力低的地块可选用稳产耐瘠薄的品种。

3. 根据前茬作物选择品种

玉米品种的增产增收与前茬种植的作物有直接关系。如果前茬种植的是豆科作物，则土壤肥力较好，应选择高产品种；若前茬也是玉米，且生长良好、丰产，也可继续选种这一品种，但要注意病害的发生，若前茬玉米感染某种病害，选择品种时应避开易感此病的品种。同一个品种最好不要在同一地块连续种植三四年，否则会出现土地贫瘠、品种退化现象。

4. 根据病害发生情况选择品种

病害的发生是玉米丰产的克星，如果当地经常发生某病害，应选择抗这种病害的品种。例如，茎腐病等是土传病害，如果某年份茎腐病大发生，第 2 年在该地块一定要选用抗茎腐病的玉米品种。

5. 根据适宜机械化操作程度选择品种

随着机械化水平的提高，目前玉米的播种、施肥、打药和收获等大部分工作都实现了机械化操作，解放了劳动力，减少了人工投入，实现了农民的增收。但目前适合籽粒直收的品种较少，玉米果穗收获后，后期的晾晒和脱粒机械化程度较低，而且需要的场地较大，很不方便。要尽量选择早熟或脱水快的品种，适合机械化粒收或者穗收后含水量低的品种，减少收获后晾晒时间，降低成本。

（二）品种选择的注意事项

1. 注意当地经常发生的自然灾害

一是玉米生长期内有大风、暴雨等自然灾害的地方，应选择抗倒伏、耐涝的品种。二是应根据当地的玉米常发、重发病害选择相应抗性品种。

2. 注意玉米的种植制度和种植习惯

玉米种植时，要严格区分是春玉米还是夏玉米品种，不能混用。适合春播的品种不易感粗缩病，如果夏播品种放在春播区播种，感粗缩病的风险较大。

种植密度为每亩 3 000～4 000 株之间的地区，应选择稀植大穗型品种；种植密度为每亩 4 000 株以上的地区应选择株型紧凑、果穗匀称、抗倒伏的密植型品种。

3. 注意购买种子的质量，维护自身的合法权益

种子要有较高的纯度和净度，选用高质量种子是实现玉米高产的有力保证。在购买种子时一定要选择大的生产商家的玉米种子，包装袋内应该有标签，标明生产厂家、质量标准、生产日期、产地、经营许可证号、品种介绍等。

在购买玉米种子时，要注意索要发票，认真核对和保留，保存好种子包装袋和种子使用说明书，以便在日后出现问题时作为索赔的依据。这样，农民既可维护自己的权利，又能约束销售单位的违法行为。

（三）普通夏玉米主推品种

1. 郑单 958

河南省农业科学院粮食作物研究所选育，2000 年国家、河北省、山东省、河南省审定。品种来源为郑 58×昌 7-2。

株型紧凑，株高 246cm 左右，穗位高 110cm 左右。果穗筒形，穗长 16.9cm，穗行数 14～16，穗轴白色。籽粒黄色，半马齿型，出籽率高。夏播出苗后到收获生育期 100d 左右。

高抗矮花叶病，抗大斑病、小斑病、黑粉病，感茎腐病，抗倒伏，较耐旱。适宜黄淮海夏玉米区套种或直播。适宜密度每亩 4 000～4 500株，苗期发育较慢，注意增施磷钾肥提苗，重施拔节肥，大喇叭口期防治玉米螟。

2. 鲁单 981

山东省农业科学院玉米研究所选育，2002 年山东省、河北省审定，2003年国家、河南省审定。品种来源为齐319×lX9801。

夏播生育期出苗后到收获94d左右。株型半紧凑，株高280cm左右，穗位高110cm左右。果穗筒形，穗长22cm，穗行数14～16，穗轴红色。结实性好，秃顶轻。籽粒黄色、黄白顶，半马齿型。

植株活秆成熟，高抗大斑病、小斑病、锈病、弯孢菌叶斑病、粗缩病毒病、黑粉病、青枯病。适宜在山东、河南、河北、陕西、安徽北部、江苏北部、山西运城等地夏播区种植。适宜密度每亩3 000～3 500株。前期注意控制肥水，以防止中期生长过快时遇到不良气候易发生倒折。

3. 登海605

山东登海种业股份有限公司选育，2010年国家审定。品种来源：DH351×DH382。

在黄淮海地区出苗至成熟101d，比郑单958晚1d。株型紧凑，株高259cm，穗位高99cm。花丝浅紫色，果穗长筒型，穗长18cm，穗行数16～18行，穗轴红色，籽粒黄色、马齿型。高抗茎腐病，中抗玉米螟，感大斑病、小斑病、矮花叶病和弯孢菌叶斑病，高感瘤黑粉病、褐斑病和南方锈病。

适宜在山东、河南、河北中南部、安徽北部、山西运城地区夏播种植，注意防治瘤黑粉病，褐斑病、南方锈病重发区慎用。在中等肥力以上地块栽培，适宜密度每亩4 000～4 500株。

4. 美豫5号

河南省豫玉种业有限公司选育，2012年国家审定。品种来源：758×HC7。

黄淮海夏玉米区出苗至成熟99d，均比对照郑单958早1d。株型紧凑，株高255～278cm，穗位107～122cm。花丝浅紫色，果穗筒型，穗长16.1～18.6cm，穗行数16～18行，穗轴白色，籽粒黄色、马齿型。黄淮海夏玉米区平均倒伏倒折6.0%。黄淮海夏玉米区中抗小斑病，感大斑病、茎腐病和弯孢叶斑病，感玉米螟。

适宜在河南、河北保定及以南地区、山东、陕西关中灌区、山西运城、江苏北部、安徽北部地区夏播种植。夏播区注意防倒伏。注意防治茎腐病和弯孢叶斑病。

5. 鲁单 818

山东省农业科学院玉米研究所选育，2010 年山东省审定。品种来源 Qx508×Qxh0121。

株型紧凑，花丝红色，花药青色。夏播生育期 104d，株高 274cm，穗位 109cm，果穗筒形，穗轴红色，穗长 18.2cm，穗粗 4.9cm，秃顶 0.8cm，穗行数平均 14.6，籽粒黄色、半马齿型，出籽率 87.3%。中抗小斑病，感大斑病和弯孢菌叶斑病，高抗茎腐病，抗瘤黑粉病，高抗矮花叶病。

适宜在黄淮海地区作为夏玉米品种种植。耐密植，适宜密度为每亩 5 000 株左右。

6. 鲁单 9066

山东省农业科学院玉米研究所选育，2011 年山东审定。组合为 lx05－4×lx03－2。

株型半紧凑，花丝粉红色，花药紫色。夏播生育期 98d，株高 269cm，穗位 98cm，倒伏率 0.9%、倒折率 0.5%。果穗筒形，穗长 18.6cm，穗粗 4.9cm，秃顶 0.4cm，穗行数 14.9，穗粒数 514 粒，白轴，黄粒、半马齿型，出籽率 90.1%。接种鉴定：中抗小斑病，高感大斑病，感弯孢霉叶斑病，中抗茎腐病，高感瘤黑粉病，高抗矮花叶病。

适宜在山东省地区作为夏玉米品种种植利用。适宜密度为每亩 4 500 株，在大斑病和瘤黑粉病高发区慎用。

7. 德利农 988

德州市德农种子有限公司选育，2009 年山东审定。组合为万 73－1×明 518。

株型紧凑，花丝浅红色，花药黄色。夏播生育期 105d，株高 260cm，穗位 107cm，倒伏率 0.5%、倒折率 0.6%，锈病最重发病试点发病病级为 7 级。果穗筒形，穗长 16.3cm，穗粗 5.0cm，秃顶 0.4cm，穗行数平均 15.1 行，白轴，黄粒、半马齿型，出籽率 87.7%。感小斑病、大斑病和弯孢菌叶斑病，中抗茎腐病和瘤黑粉病，高抗矮花叶病。

在山东省适宜地区作为夏玉米品种推广利用。适宜密度每亩为 4 500 株，其他管理措施同一般大田。

8. 诺达 1 号

山东省农业科学院玉米研究所选育，2013 年山东省审定。杂交组合为 Lx6958×H318。株型紧凑，花丝红色，花药浅红色。夏播生育期 108d，株高 282cm，穗位 116cm，倒伏率 1.0%、倒折率 2.3%。果穗筒形，穗长 17.5cm，穗粗 5.0cm，秃顶 1.4cm，穗行数平均 15.3 行，穗粒数 525，红轴，黄粒、半马齿型，出籽率 84.3%。抗病性接种鉴定：抗小斑病、大斑病，感弯孢叶斑病，抗茎腐病，高感瘤黑粉病，抗矮花叶病。

适宜在山东省适宜地区作为夏玉米品种种植利用。适宜密度为每亩 4 000～4 500 株。

9. 登海 618

山东登海种业股份有限公司选育，2013 年山东审定。组合为 521×DH392。

株型紧凑，花丝紫色，花药紫色。夏播生育期 106d，株高 250cm，穗位 82cm，倒伏率 1.1%、倒折率 0.7%。果穗筒形，穗长 16.2cm，穗粗 4.5cm，秃顶 1.1cm，穗行数平均 14.7，穗粒数 458 粒，红轴，黄粒、半马齿型，出籽率 87.5%。抗病性接种鉴定：中抗小斑病，感大斑病、弯孢叶斑病，高抗茎腐病，感瘤黑粉病，高抗矮花叶病。2010—2012 年试验中茎腐病最重发病试点病株率 87.0%。

适宜在山东省作为夏玉米品种种植利用。茎腐病高发区慎用。适宜密度为每亩 4 500～5 000 株，其他管理措施同一般大田。

10. 鲁单 2016

山东省农业科学院玉米研究所选育，组合为 Lx0721×Lx2472。2016 年通过山东省审定（早熟组），鲁审玉 20160023。

株型半紧凑，夏播生育期 103d 左右，花丝红色，花药浅红色，雄穗分枝6～10个。株高258.6cm，穗位94.6cm，倒伏率0.5%、倒折率2.4%。果穗长筒形，穗长15.9cm，穗粗4.6cm，秃顶0.3cm，穗行数平均14.9行，穗粒数508.3粒，红轴，黄粒、半马齿型，出籽率88.5%。2013年经河北省农林科学院植物保护研究所抗病性接种鉴定：中抗小斑病、大斑病，感弯孢叶斑病、瘤黑粉病，高感茎腐病，抗矮花叶病。

适宜密度为每亩4 500株，其他管理措施同一般大田。在山东省适宜地区作为夏玉米品种种植利用，茎腐病高发区慎用。

（四）糯玉米品种

1. 金王花糯2号

济南金王种业有限公司、青岛农业大学选育，2013年山东审定。

株型紧凑，花丝绿色，花药绿色。鲜穗采收期73d，株高263cm，穗位99cm，倒伏率0.9%、倒折率0.1%。果穗长锥形，商品鲜穗穗长20.1cm，穗粗4.5cm，秃顶1.6cm，穗粒数488粒，商品果穗率87.2%，白轴，鲜穗籽粒紫白色，果皮中厚。中抗小斑病，感大斑病、弯孢叶斑病，高抗瘤黑粉病，中抗矮花叶病。

适宜在山东省适宜地区作为鲜食专用花糯夏玉米品种种植利用。适宜密度为每亩4 000株左右，应与其他类型玉米品种隔离种植，其他管理措施同一般大田。

2. 济糯13

济宁市农业科学研究院选育，2013年山东审定。组合为济13×济08。

株型紧凑，花丝绿色，花药绿色。鲜穗采收期72d，株高251cm，穗位114cm，倒伏率0.3%、倒折率0.1%，粗缩病最重发病试点发病率为8.0%。果穗圆筒形，商品鲜穗穗长17.8cm，穗粗4.6cm，秃顶0.9cm，穗粒数460粒，商品果穗率89.6%，白轴，鲜穗籽粒紫红色，果皮中厚。中抗小斑病，感大斑病，抗弯孢叶斑病，高抗瘤黑粉病，抗矮花叶病。

在山东省适宜地区作为鲜食专用紫糯夏玉米品种种植利用。适宜密度为每亩 4 000 株左右，应与其他类型玉米品种隔离种植，其他管理措施同一般大田。

3. 西星黄糯 958

山东登海种业股份有限公司西由种子分公司选育，2013 年山东审定。组合为 HN58－3×HN 昌 7－2－1。

株型紧凑，花丝红色，花药黄色。区域试验结果：夏播生育期 106d，株高 237cm，穗位 93cm，倒伏率 3.5%、倒折率 1.6%。果穗筒形，穗长 14.9cm，穗粗 4.7cm，秃顶 0.8cm，穗行数平均 14.6 行，穗粒数 483 粒，白轴，黄粒、半马齿型，出籽率 86.2%，千粒重 296g，容重 735g/L。中抗小斑病、大斑病，高感弯孢叶斑病，中抗茎腐病，高感瘤黑粉病，中抗矮花叶病。

在山东省适宜地区作为淀粉加工型糯玉米品种夏播种植利用。茎腐病、瘤黑粉病和弯孢叶斑病高发区慎用。适宜密度为每亩 4 500 株左右，应与其他类型玉米品种隔离种植，其他管理措施同一般大田。

（五）青贮玉米品种

1. 雅玉青贮 8 号

四川雅玉科技开发有限公司选育，2005 年国家审定，2000 年四川省审定。品种来源：母本为 YA3237，父本为交 51。

在南方地区出苗至青贮收获期 88d 左右。花药浅紫色，颖壳浅紫色。株型平展，株高 300cm，穗位高 135cm，成株叶片数 20～21 片。花丝绿色，果穗筒型，穗轴白色，籽粒黄色，硬粒型。高抗矮花叶病，抗大斑病、小斑病和丝黑穗病，中抗纹枯病。经北京农学院测定，全株中性洗涤纤维含量 45.07%，酸性洗涤纤维含量 22.54%，粗蛋白含量 8.79%。

适宜在黄淮海平原夏播区作为青贮玉米品种种植。适宜密度为每亩 4 000 株。

2. 晋单青贮 42

山西强盛种业有限公司选育，2005 年国家审定。品种来源：母本为 Q928，父本为 Q929。

出苗至青贮收获 106d，比对照农大 108 晚 2d，需有效积温 2 800℃以上。幼苗叶鞘紫色，叶片绿色，叶缘绿色，花药淡红色，颖壳淡绿色。株型半紧凑，株高 275cm，穗位高 130cm，成株叶片数 21 片。花丝淡绿色，穗轴红色，籽粒黄色，半马齿型。高抗矮花叶病，抗大斑病、小斑病和丝黑穗病，中抗纹枯病。经北京农学院两年测定，全株中性洗涤纤维含量 41.25%～46.45%，酸性洗涤纤维含量 19.17%～21.31%，粗蛋白含量 7.66%～8.41%。

黄淮海地区适宜在山东中南部、河南中部、陕西关中夏播区作为青贮玉米品种种植。适宜密度为每亩 4 500 株。

3. 饲玉 2 号

山东农业大学农学院选育，2018 年国家、山东省、上海市审定。品种来源：母本为 C428，父本为 C434。

株型半紧凑，株高 313cm，穗位 133cm，夏播青贮生育期 102d，比雅玉青贮 8 号早 5d。高抗茎腐病，抗小斑病、弯孢叶斑病、瘤黑粉病、粗缩病，中抗穗腐病，感南方锈病。经北京农学院品质测定：淀粉含量 31.04%，中性洗涤纤维含量 39.92%，酸性洗涤纤维含量 17.19%，粗蛋白含量 8.44%。

适于山东地区春夏播种或套种，适宜密度为每亩 4 000 株。夏播时前期注意控制肥水，以防止中期生长过快遇到不良气候而倒伏。

4. 鲁单 258

山东省农业科学院玉米研究所选育，2019 年山东省审定。品种来源：母本为 Lx2056，父本为 Lx2478。

株型半紧凑，山东地区夏播青贮生育期 101.5d，比雅玉青贮 8 号早 6d，全株叶片 19 片，幼苗叶鞘浅紫色，花丝黄绿色，花药浅紫色，雄穗分枝 7～9 个。株高 282.4cm，穗位 113.3cm，种子颜色为黄色。高抗瘤黑粉、禾谷镰孢茎腐病，抗小斑病，中抗南方锈病，感弯孢叶斑病、穗腐病。北京农学院品质分析：淀粉含量 32.1%，中性洗涤纤维含量 38.4%，酸性洗涤纤维含量 16.5%，粗蛋白含量 8.5%。

在山东省夏播区作为青贮玉米品种种植，适宜密度为每亩4 500 株。

第二节　玉米机械化播种

机械化播种是玉米生产的重要环节之一，必须适时播种并符合农业技术要求，使玉米苗齐苗壮，并获得良好的生长条件，为增产丰收建立可靠的基础。机播可加快播种进度并提高播种质量，因而是农田机械化作业中发展较快的环节，也是机械化程度最高的环节。

玉米机械化播种的农艺要求

播种的农艺技术要求包括播期、播量、播种深度、行距、株距（或穴距）、播种均匀度、覆土深度及压密程度等。玉米播种要求因品种其要求不同，有时同一种作物因地区、耕作制度的不同也会有很大差异。

（一）播前准备

玉米播种前做好各项准备工作，能够有效预防玉米病虫害和某些自然灾害对玉米造成的损失。

1. 整地

黄淮海夏玉米生长期较短，抢时抢墒早播是实现高产的关键。在玉米播种前根据不同情况采取适宜的整地措施，既可以提高整地质量，也可以为田间管理争得主动，为玉米丰产打下良好基础。

在机械化水平高的地区，玉米夏直播可增施基肥，全面浅耕、耙耢，或者用圆盘耙深耙整平。在机械化水平差的地区，可以采取局部整地的方法，在玉米播种行内开沟，集中施肥，用松土机对播种行实行深松，耙平后播种；玉米出苗后再对行间进行中耕。

2. 种子处理

玉米在播种前，可通过晒种、浸种和药剂拌种等方法，增加种子生活力，提高种子发芽势和发芽率，减轻病虫危害，以达到出苗早、苗齐、苗壮的目的。现在农民购买的种子，生产商已经经过种子筛选并进行了种衣剂包衣，不需要农民进行上述种子播前处理。

经过各级筛选确保了种子大小一致，出苗后苗齐苗壮，不会出现大小苗情况；种衣剂是由杀虫剂、杀菌剂、微量元素、植物生长调节剂等制成的药肥复合型产品，用种衣剂包衣，既能防治病虫，又可促进玉米生长发育，具有提高产量和改进品质的作用。

（二）播种作业要求

1. 播种期的确定

确定玉米的适宜播期，必须考虑温度、墒情和品种特性等因素，除此以外，还应考虑当地地势、土质、栽培制度等条件，使高产品种充分发挥其增产潜力。黄淮海地区5月下旬至6月播种夏玉米。不同熟期的玉米品种和不同的玉米生态区，播种期也不相同。

黄淮海南部一般集中在5月下旬和6月上旬播种，黄海北部一般集中在6月中旬和下旬播种。

2. 播种量和播种深度

玉米播种量因种子生活力、种子大小、密度、种植方法不同而不同。玉米种子生活力低、适宜的种植密度大，应适当加大播种量，反之应适当减少。目前玉米种一般都经过筛选和包衣，农民购买的种子一般都适合机械化单粒播种。

玉米的播种深度要适宜，深浅一致。一般播种深度为5～6cm。如果土壤黏性大，墒情好，应适当浅播，可4～5cm；土质疏松，易干燥的沙性土，应播种深一些，可增加到6～8cm。

3. 播种密度

玉米产量是由穗数、穗粒数和籽粒重三个因素构成的，这些性状容易受种植密度的影响。密度过小，虽然单株生长发育好，穗大、籽粒饱满，但减少了亩穗数，不能充分利用土地、阳光、养分，从而造成单位面积产量不高；密度过大，虽然亩穗数增加了，但由于田间通风透光不良，严重抑制了单株的生长，玉米容易空秆、倒伏、穗小，也降低单位面积产量。在播种时，一定要根据品种特性、土壤肥力、气候特点、施肥水平、播种早晚等因素综合考虑播种密度。只有种植密度合理，穗数、粒数、粒重协调发展，才能增产。

生产上要尽量做到合理密植，一般要根据种子包装说明来确定种植密度。株型紧凑、抗倒品种宜密植，株型平展和抗倒性差的品种宜稀植；土壤肥力高的宜密植，土壤瘠薄的宜稀植；向阳坡地和沙壤地宜密植，低洼地快和重黏土地宜稀植；管理精细的宜密植，管理粗放的宜稀植。

4. 播种

玉米夏直播是在小麦收获后，播期应越早越好，晚播会造成减产严重。因此要注意选用中早熟品种，并因地制宜采用合理的播种方法。

具体方法有两种，一是麦收后先用圆盘耙浅耕灭茬，然后播种；二是麦收后不灭茬直接播种，出苗后再在行中间中耕灭茬。直播要注意做到：墒情好，深浅一致，覆土严密，施足基肥和种肥。因为多为一次性施肥，种肥和基肥用量较多，机械化操作时，要严格做到种、肥隔离，防止烧种。

玉米机械播种作业时，其作业质量应满足农业生产和国家标准要求。具体见表 4-1。

表 4-1　玉米机械化播种作业质量指标一览

单位：%

项目	指标
各行播量一致性变异系数	≤4.0
播种均匀性变异系数	≤40
重播率	≤2
漏播率	≤0.5
行距一致性	≥95
播种深度合格率	≥80
各行排肥量一致性变异系数	≤13
排肥断条率	<3

第三节　玉米播种机械

一、玉米播种工作原理

播种是玉米生产过程中极为重要的一环，必须根据农艺技术要求适时播种，使其获得良好的发育生长条件，才能保证苗齐苗壮，为增产丰收打好基础。机械播种质量好、生产率高，能保证适时播种，同时为田间管理作业创造良好条件。

玉米机械化播种技术就是用机械完成符合玉米播种农艺要求全部作业环节的技术，主要作业环节包括开沟、播种、施肥、覆土、镇压及喷洒除草剂等。这里主要介绍玉米免耕精播机械化技术。

玉米免耕精播机械化技术是指在小麦收获后的地块上，不耕翻土壤，采用玉米免耕精播机直接进行施肥播种的技术。一次进地完成开沟、深施肥、播种、覆土、镇压等作业工序。

二、常见玉米播种机种类与特点

玉米播种主要是采用点（穴）播排种器，用于玉米的穴播或单粒精密点播，穴播时排种器将几粒种子成簇地间隔排出，而单粒精密播种时，则按一定的时间间隔排出单粒种子。目前在生产中使用较多的单粒精密播种排种器的形式有勺轮式、指夹式、气吸式等类型。

图 4-1 所示为 2BZ-4（6）型悬挂式播种机，是国内较典型的穴播式播种机，主要用于大粒种子的穴播。这种播种机的机架由横梁、行走轮、悬挂架等组成，而种子箱、排种器、开沟器、覆土镇压器等则构成播种单体。单体数与播种行数相等。播种单体通过四杆机构与主梁连接，有随地面起伏的仿形功能。每一单体上的排种器动力来源由自己的行走轮或镇压轮传动。下面详细介绍几种排种器工作原理及其特点：

1. 勺轮式排种器工作原理及其特点

（1）工作原理。种子经由排种器盖下面的进种口限量地进入排

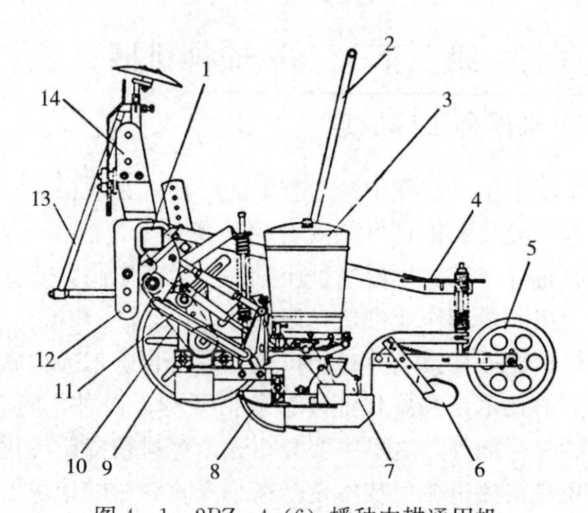

图 4-1　2BZ-4（6）播种中耕通用机

1. 主横梁　2. 扶手　3. 种子筒及排种器　4. 踏板　5. 镇压轮　6. 覆土板　7. 成穴器　8. 开沟器　9. 行走轮　10. 传动链　11. 四杆仿行机构　12. 下悬挂点　13. 划行器架　14. 上悬挂架

种器内下面的充种区，使勺轮充种，工作时勺轮与导种轮顺时针转动，使充种区内的勺轮型孔进一步充种，种勺转过充种区进入清种区，勺轮充入的多余种子处于不稳定状态，在重力和离心力的作用下，多余的种子脱离种勺型孔，掉回充种区，当种勺轮转到排种器上面隔种板上的递种孔处时，种子在重力和离心力的作用下，掉入种勺对应的导种轮凹槽中，种勺完成向导种轮递种，种子进入护种区，继续转到排种器壳体下面的开口处时，种子落入开沟器开好的种沟中，完成排种。

（2）典型机具参数。2BFY-5 型玉米精量施肥播种机（图 4-2）是与轮式拖拉机配套的勺轮式玉米播种机。该机主要由机架、施肥机构、传动机构、勺轮式排种器、镇压装置等部分组成，主要用于玉米的播种施肥作业。该机通过更换勺轮盘可以达到播种大小规格不同的种子，一次性可完成开沟、精量播种、施肥、覆土、镇压等作业。

图 4-2　2BYF-5 型玉米精量施肥播种机

主要技术参数：结构质量 365kg，作业行数 5 行，配套动力≥70kW，作业行距 50～65cm（可调），株距 10～30cm（可调），生产效率 0.57～0.73hm^2/h。

2. 指夹式排种器工作原理及其特点

（1）工作原理。指夹式排种器主要由指夹器、排种夹盘和排种叶片等组成。排种器工作时，种子由种箱流入夹种区，当装有指夹的托盘旋转时，每个指夹经过夹种区，在弹簧的作用下指夹板夹住 1 粒或几粒种子，转到清种区。指夹器在转动过程中定时开启或关闭是依靠凸轮完成的。开启阶段指夹器进入种子层充种，指夹器关闭后将种子运往颠簸带清种，由于清种区底面是凹凸不平的表面，被指夹夹住的种子滑落时，受压力的变化，引起颠动，因此清种后指夹腔通常会剩下 1～2 粒种子，固定盘继续转动至水平方向，经毛刷 2 次清种使指夹腔中只留有 1 粒种子，然后经卸种口投入排种室，再经投种口投入种床。

（2）典型机具结构特点与参数。2BMYFZQ 系列玉米免耕精量施肥播种机主要由机架、肥料箱、种子箱、深松施肥铲、排肥器、指夹式排种器、仿形机构、圆盘开沟器、镇压轮等部件组成，可一次性完成深松、分层施肥、精量单粒播种、挤压覆土等工序。

2BMYFZQ 系列玉米免耕精量施肥播种机（图 4-3）深松施肥铲采用凿铲式设计，选用优质耐磨材料，铲尖双面交替使用，使用寿命长，设计多层施肥口实现玉米全生育期肥量分层施用，避免集中条施烧种伤苗。排种器采用进口指夹式排种器实现单粒精播，多级变速可满足不同地域不同株距的需求，作业速度可达 6～8 km/h。播种单体采用四连杆浮动仿形机构，确保播幅内各行播深相对一致。播种开沟器采用硼钢材质切盘，能有效切碎秸秆、土块等，提高机具通过性；圆盘开沟器两侧装有两个橡胶仿形轮，实现播种深度微调，与开沟器同步上下运动，实现播深一致、出苗整齐。镇压轮采用 V 形倾斜式橡胶轮，镇压力度可调，确保土壤回流和有效压实种子，提高出苗率。

图 4-3　2BMYFZQ-4B 牵引式免耕指夹精量施肥播种机

2BMYFZQ 系列免耕指夹精量施肥播种机配套 80kW 以上拖拉机，可在麦收后直接免耕播种，底肥可深达 25cm，促进根系生长，健壮植株，中期减免追肥环节；种肥上下左右各错开 5cm，即避免浅层多量施肥烧苗，又可免去追肥浇水的麻烦，节省人工生产成本，提高肥料利用率，实现粮食增产和农民增收的目的，适合中等规模生产组织选用。主要技术参数见表 4-2。

表 4-2　2BMYFZQ-4B 与 2BMYFZQ-6B 免耕指夹精量施肥播种机主要技术参数

产品型号	2BMYFZQ-4B	2BMYFZQ-6B
外形尺寸（mm）	3000×3100×1700	3000×4115×1700
结构质量（kg）	1 260	1 830
配套动力范围（kW）	88.3～110.3	132.4～154.5

（续）

产品型号	2BMYFZQ－4B	2BMYFZQ－6B
作业行数（行）	4/4（种/肥）	6/6（种/肥）
作业行距（cm）	40～70	40～70
作业株距（cm）	14、17、18、23、27、30、37	
施肥方式	种下方分层深施肥	种下方分层深施肥
种/肥箱容积（L）	45×2/210×2	45×6/210×3
排种器	精密指夹式	精密指夹式
工作幅宽（cm）	240	360
最佳作业速度（km/h）	6～8	6～8
作业效率（hm^2/h）	0.64～1.12	1.3～2.2

3. 气吸式排种器工作原理及其特点

（1）工作原理。气吸式排种器（图4－4）是利用真空吸力原理排种。当排种圆盘回转时，在真空负压作用下，种子被吸附于吸孔上，随圆盘一起转动。种子转到圆盘下方位置时，附有种子的吸孔处于真空室之外，吸力消失，种子靠重力或推种器下落到种沟内。该排种器通过性好，更换具有不同大小吸孔或不同吸孔数的排种盘，便可适应各种不同尺寸的种子及株距要求。但气室密封要求高，结构较复杂，且易磨损。

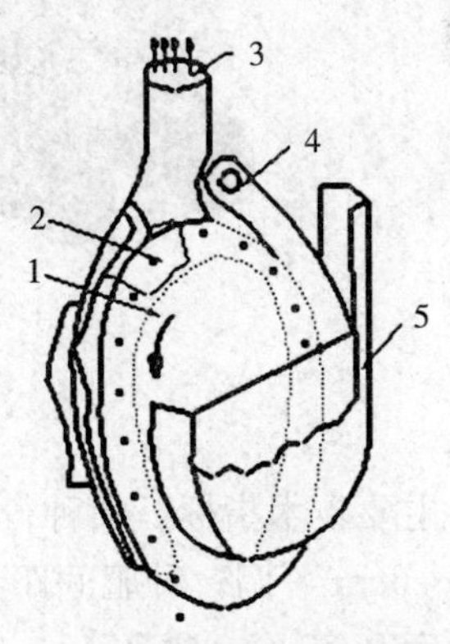

图4－4　气吸式排种器
1. 排种盘　2. 真空室　3. 吸气管　4. 清种器　5. 种子箱

（2）典型机具特点与技术参数。河北农哈哈机械集团有限公司生产的2BYQ型系列气吸式玉米播种机（图4－5）主要有机架、风机、吸风管、种肥箱、排种总成、施肥开沟器、播种开沟器、覆土轮、镇压轮等部件组成，是实现秸秆覆盖条件下玉米免耕、精准、高效播种的新机具。播种机采用“排种盘＋导种轮”新型气吸排种器，排种精度更高；平行四连杆仿形浮动机构使播种深度相对一致性，使出苗整齐均匀；各单体调整机构设有刻度条和指针，便于实现各行深度一致；化肥箱采用不锈钢材质，设计为梭形断面，种子箱采用塑料材质，种肥箱容积大，适合大面积作业；播种开沟器后方设有压密轮，使种子与土壤充分结合，利于保墒；采用宽型橡胶仿形轮，容易脱土，胎面宽覆土效果好。可以播种玉米、大豆、向日葵、高粱、花生等多种作物，适于中等规模农户生产选用。

图 4-5　2BYQ 型系列气吸式玉米播种机

主要技术指标：播种行数 4 行，行距 55～67cm 可调，播肥深度 3～6cm 可调，种肥间距 5cm，每亩施肥量最大可达 140kg，播种深度 2～5cm，株距 14～36cm 可调，最大前进速度 13km/h。

三、玉米播种机械选择及注意事项

（一）机械选择

推荐选用《国家支持推广的农业机械产品目录》中的玉米播种机。各地可根据当地条件和需求进行选择，应一次完成开沟、播种、施肥、覆土、镇压等多道工序。选用玉米精量播种机，要求单粒率≥85%，空穴率<5%，伤种率≤1.5%。

（二）注意事项

（1）每班作业前应检查排种器是否有杂物堵塞等异常现象，保证工作状态正常。

（2）播种中途一般不得停车，以免造成播种不均匀，如遇障碍停车时，要在拖拉机缓慢前进时升起播种机再停车，以防开沟器墩土堵塞，并适当后退补种。

（3）作业时应经常观察开沟器、覆土器的工作情况，检查开沟器、覆土器是否缠草和壅土，开沟深度是否一致，种子覆盖是否良好。发现开沟器、覆土器缠绕麦秸或黏土过多时，必须停车清理，严禁作业中用手清理。

（4）应做到日常班前、班后保养，每班工作完毕，必须将化肥从肥箱清理干净，以防腐蚀。检查易损件损坏、磨损情况，及时修理或更换。

（5）严禁在播种机未停稳时调整机具，以免发生危险。严禁在播种机主梁两端站人或坐人，以防轴断伤人。播种过程中严禁倒退和转弯，田间作业起落机具时禁止在附近站人，在长距离行进时，必须插上销钉、开口销，防止伤人或损坏机具。机务人员必须遵守机务安全操作规程，认真阅读使用说明书，熟悉机具性能、构造及调整和保养方法后，方能操作。

（三）安装与调节

根据黄淮海地区常用的玉米播种机，分别选择2BMYFC勺轮式、2BMYFZQ指夹式和2BQYF气吸式的玉米施肥精量播种机就安装和调整及有关注意事项进行介绍。

1. 2BMYFC玉米清茬免耕施肥播种机

该机一次作业可完成种带清茬、种子侧下方开沟施肥、精量穴播、覆土、镇压等多道工序。采用驱动旋转式种带清理装置，将播种带的秸秆、残茬等有效地进行清理，更有利于深施化肥、保证播种质量和机组正常作业。

（1）机具安装前的整机检查。主要检查传动部件是否转动灵活，链轮是否在同一个平面上；各传动部件与护罩等部件是否有干扰；清茬装置、播种开沟器、镇压轮是否在一条直线上；各紧固螺栓是否拧紧；镇压轮压紧弹簧张紧度是否一致，四个镇压轮高低是否在一个平面上等。

（2）整机挂接与调整。机具出厂前整机已按正常播种施肥的作业状态装配完毕，机具与拖拉机挂接形式为三点全悬挂，拖拉机动力输出轴与清茬装置输入轴由传动轴连接。传动轴安装，应保证机具作业、提升、下降时方轴既不顶死又有足够配合长度，机具作业时万向节传动轴与机具水平面夹角应在±10°范围内；整机左右、前后水平调整，升起机具，使旋转刀和开沟器离开地面，调整拖拉机后悬挂左右斜拉杆，使旋转刀的刀尖、开沟器、机具保持左右水平，调整拖拉机悬挂上拉杆长度，使机具保持前后水平。

（3）清茬装置作业深浅的调整。根据机具下悬挂销孔的上下位置来调整悬挂销的相对位置来控制清茬装置作业的深浅。悬挂销插到最上面的孔中，清茬装置作业就深，反之，作业深度就浅。在这里最特别强调的是清茬装置不是用来开沟的，而是用来清理种带上的杂草和秸秆的，刀片入土深度最多不能超过 5cm，入土 3～5cm 最为适宜。一旦开沟过深，很容易造成失墒。

（4）开沟施肥部分的调整。施肥深度一般要掌握在 8cm 以下，最深不能超过 12cm，可以通过上下调整开沟器来实现开沟深浅的调整；播肥轮采用的是外槽轮式，施肥量的调节是通过外置式手轮旋转带动播肥轮左右移动改变播肥轮在排肥盒中的长度来实现的，播肥轮在排肥盒中的长度越长施肥量越大，反之，施肥量就越少。

（5）玉米株距的调整。玉米清茬精量穴播施肥机的每个排种器的右侧都有 1 个株距调整装置，该装置有 8 个挡位和 1 个空挡，在壳体表面都有显示。8 个挡位与株距对应的理论数值看第 3 张图片。空挡是为了机手作业方便，挂上空挡该行就不播种了。在这里推荐使用Ⅳ挡株距 21cm，考虑到机具打滑率的影响，实际播种株距在18～19cm。2.7m宽畦，每亩播种5 198株，考虑到95%发芽率，实际每亩株数是4 938株，正好在高产种植范围内。

（6）机具行距调整。机具出厂前已将行距调整在70～75cm范围内，若遇到需要调整行距的情况，可根据实际情况做适当调整。调整方法是：松开固定开沟播种部分的U形螺栓进行左右调整，一直到合适的行距为止。机具本身所配备的连接开沟播种部分的方轴和方管最大能调整15cm，如若还需加宽，可配装70cm长的方轴。

（7）镇压传动部分的调整。机具出厂前，镇压轮弹簧已调整到合适紧度。如若镇压效果不理想，就需要调整镇压轮弹簧的张紧度。调整方法是：松开锁紧螺母，若镇压过实，就向上调整压紧螺母；若镇压过虚，就向下调整压紧螺母，直到达到理想的镇压效果。调整完后，把锁紧螺母锁紧。这里应特别注意的是：4个镇压轮弹簧的张紧度应调整一致，否则将严重影响镇压效果。

2. 2BMYFZQ系列牵引指夹式免耕精量施肥播种机

主要适用于有玉米秸秆覆盖或有根茬覆盖情况下平作行免耕播种，垄作垄上免耕播种，宽窄行免耕播种。一次性完成施肥、清理种床秸秆和根茬、整理压实在种床、单粒播种、挤压覆土等工序。

（1）液压管路的连接与操作。将配有快速接头与拖拉机的单作用输出接头（阀）连接。播种机配套的地轮油缸为串联同步式单作用油缸，靠拖拉机液压系统的动力提升，靠机具的自身重量下落。首先将拖拉机悬挂下落至最低点，然后关闭拖拉机主油缸油路。操作时，使用拖拉机液压分配器操作手柄，向上扳动手柄至提升位置；向下按手柄至浮动位置，机具下落。请注意：作业时，一般情况操作手柄需放在浮动位置；在垄上播种时，应根据垄的高低，在机器下落时，当播种单体上的四连杆与地面平行时将操作手柄放在中立位置；运输或地头转弯时间要提升到最高点，达到最高点时，操作手柄必须放回在中立位置。特别提示：拖拉机液压系统故障会导致机具液压系统故障，因此使用播种机前必须检查拖拉机液压系统工作情况，如提升力、液压油的清洁度等。必要时更换液压油或液压滤清器。

(2) 离合器的调整方法及注意事项。将整机放置于高架上,(架子上平距离地平 1.1m),两侧行走轮在油缸的同步驱动下,达到最大位置(即行走状态);牙嵌离合完全脱离。当播种状态时,牙嵌离合完全结合,否则必须进行调整调整斜顶块位置;调整顶杆位置,并锁紧螺母,否则可能造成斜顶块座变形。

(3) 播种深度调整。当播种深度过深或过浅时,要进行调整,拉起调整手柄,向前推动变浅,反之变深。确定位置后,松开手柄,使手镶嵌在定位圆孔中。播种深度的调整范围 3～10cm(10级),每移动 1 孔,改变播种深度 1cm 左右。镇压后 2～3cm 合格率应大于 80%。

(4) 镇压强度的调整。当镇压强度过强或过弱时,要进行调整。其方法是:向后扳动手柄,脱离沟槽,手柄向后压力增大,强度调整后,将手柄推入定位槽锁定,保证压强,使种子与土壤紧密接触。

(5) 牵引高度(前后水平)调整。机具作业时前后呈水平状态,如出现不水平,应调整牵引钩在牵引梁上的位置,改变与拖拉机的挂接高度来保证机架水平状态。请注意:当调整牵引架引梁高度时,必须将播种机的地轮固定,操作人员的脚部应远离牵引梁,防止发生意外。

(6) 排种器毛刷的调整。当播种出现双粒,表明毛刷与指夹的距离太远,当出现空粒率高时间,表面毛刷距离指夹太近。调整的方法:将专用扳手插入调整孔内,逆时针转动,毛刷远离指夹,顺时针转动,毛刷靠近指夹。

(7) 种子和种子润滑剂的选用。选择发芽率高,籽粒均匀,纯度好的种子。发芽率低于 95%的种子,建议采用半株距播种方式,即两株中间增加一株,出苗后选择留苗;发芽率高于 95%,建议采用全株距播种方式,但要增加 10%的密度,比如计划每公顷苗株数 6 万株,实际应播种 6.6 万粒种子,并按 6.6 万粒/hm^2 计算播种株距,其中不发芽、不出苗、漏播等占 10%左右,这样实际保苗数就可以达到预定保苗数了。加入种箱的种子必须掺入种子润滑剂，一是使种子流动性增加，防止堵塞和磕种；二是使排种器转动部件轻快，减少磨损。使用方法：将种子润滑剂适量掺入种子，充分搅拌，使种子表面呈现黑灰色，一般每100kg种子约拌入0.2kg润滑剂。播种籽粒不均匀的种子，重播，漏播都会增加；播种特殊大粒种子，会使漏播增加。

（8）排肥机构。底肥采用侧深施肥方式，即距种子侧面7～10cm，种子侧下方5～8cm。种子与肥料应保持的侧向距离。使用流动性好的颗粒肥料。受潮的肥料，必须晾干使用，结块状肥料必须粉碎后再用，否则造成施肥不均，堵塞，损坏排肥器。各行施肥量应一致。误差小于7%。

3. 2BQYF系列气吸式玉米施肥精播机

播种机悬挂于拖拉机后悬挂上，用万向节传动轴连接好吸风机，作业时机具降落，施肥开沟器和播种沟器破土开沟。与此同时，机具后方的地轮开始转动，传动系统将地轮动力传给变速箱，通过变速箱的链轮转换传到排种机构和排肥机构，由排肥器排出的化肥沿输肥管进入肥床后，施肥开沟器翻出的土壤自然覆土；由排种器排出的种子直接进入种床，由覆土器覆土，地轮镇压，完成整个播种施肥作业过程。

（1）安装方法。选择一处比较平整的地面上，将机架架起到一定高度，机架上带有悬挂臂的一侧为前方。注意支架要稳固！

①安装开沟器、播种浮动总成、牵引架、风机总成。首先把主开沟器，按当地的要求分布好，十字形放到大架前面用螺栓与大架固定牢，播种浮动总成与主梁用螺栓固定牢。将牵引架用螺栓和固定卡板固定到主梁上，再将风机总成用U形螺栓固定在牵引架上。注意施肥开沟器的中心与播种开沟器的对称中心距离在50mm以上，防止化肥烧苗。

②地轮的安装。先将地轮支臂与地轮装配组合用相应紧固件连接在一起，再将其与安装座调整好位置用螺栓连接好，然后将它们用相应紧固件连接到主梁上。

③肥箱安装。将肥箱前侧与牵引架固定连接，后侧通过支架与

主梁固定连接，施肥传动链轮与地轮传动输出链轮用链条连接好，紧固调整好张紧链轮，链条松紧度适宜。

④输肥管的安装。先将漏斗和输肥管连接在一起，再用开口销4mm×70mm将漏斗和肥箱上相应的排肥器连接好，将输肥管的末端插入开沟器的相应孔位内。

⑤链条的安装。将链条活节拆开，通过张紧轮将地轮和中间链轮连接起来。其张紧通过调整移动张紧轮位置来实现。注意链条不宜过紧。

（2）动力连接。选一块平地，将机具下悬挂臂销轴插入拖拉机悬挂臂孔内，锁好锁销，机具上悬挂臂与拖拉机中央拉杆连接。然后，一边旋转中央拉杆，一边观察机具，使机架前后方向基本水平，或开沟器后方的分土翼与地面平行；调整拖拉机悬挂臂吊杆，使机具升起后机架左右方向水平。

（3）行距的调整。根据农艺要求进行调整。调整时注意开沟器在机架上要对称布置。在大行距播种时，应将多余的开沟器、输肥管卸下，不用的排肥器要用堵肥板堵住。

调整方法为：松开主梁上的紧固螺栓，横向移动各浮动体播种总成，达到所需行距尺寸后，紧固好固定螺栓。与此同时，机架前排的深松开沟器也须相应调整，为防止烧苗要求开沟中心与播种开沟中心相距不小于50mm。

（4）播量的调整。调整时先将机架支起，地轮架空，种箱加入种子，肥箱内加入化肥后，慢慢转动地轮，观察排量。播肥量的大小主要是调整排肥轮的工作长度。旋转播量调整手轮，改变排肥轮的工作长度，待播量符合要求后，旋转蝶形螺母即可。

具体方法为：清空排肥箱内的化肥，松开轴端得蝶形螺母，旋转手轮，改变排肥箱的外槽轮的工作长度，实现施肥量调整，完成后再旋紧蝶形螺母。逆时针旋转手轮，槽轮工作长度缩短，施肥量减少；顺时针旋转手轮，槽轮工作长度加大，施肥量增加。

（5）株距调整。通过更换变速成箱上的大小链轮或位置，改变地轮传动链轮的大小，可获得42个挡位的株距，株距范围可在50～

530mm 间变化。达到调整种植密度的作用。

(6) 播种、施肥深度调整。调整深度之前必须事先调整机架状态，要求机架达到“动力连接”中规定的状态，否则达不到理想效果。调整拖拉机上接杆的长度，上拉杆长度缩短，则开沟深度加大。一般情况下，播种作业时播种机应处于水平位置。通过调整镇压轮调整手柄改变镇压轮的位置来调整播种深度，调整时下移镇压轮，播种深度变浅；反之则深。将施肥开沟器固定座螺栓松开，上下移动开沟器固定杆就可以调整施肥深度，上移则变浅，下移则变深。注意当播种深度变化时，施肥深度也相应变化。

第四节　玉米田间机械化管理

一、田间管理技术

1. 玉米苗期管理

(1) 化学除草。苗期采用喷杆式喷雾机或无人植保飞机，喷洒化学除草剂。在玉米 3～5 叶期，可每亩用 4%烟嘧磺隆胶悬剂 75mL，兑水 30～50kg 喷施。

(2) 适当水分管理。玉米在苗期耐旱能力较强，一般不需灌溉。但在苗弱、墒情不足时，尤其是套种玉米土壤板结、缺水时，麦收后应立即灌溉。套种期较早，共生期间墒情不足、干旱缺水的，应及时灌溉，确保全苗。夏直播玉米在干旱严重影响幼苗生长时，也应及时灌溉。但苗期浇水要控制水量，勿大水漫灌。对有旺长倾向的春玉米田，在拔节前后不要浇水，而是通过蹲苗或深中耕控制地上茎叶生长，促进地下根系深扎。蹲苗长短，应根据品种生育期长短、土壤墒情、土壤质地、气候状况等灵活掌握。

(3) 及时防治病虫害。玉米苗期虫害主要有地老虎、黏虫、蚜虫、蓟马等。防治方法为：播种时使用毒土或种衣剂拌种。出苗后可用 2.5%的溴氰菊酯乳油 800～1 000 倍液，于傍晚时喷洒苗行地面，或配成 0.05%的毒沙撒于苗行两侧，防治地老虎。用 40%乐果乳剂 1 000～1 500 倍液喷洒苗心防治蚜虫、蓟马、稻飞虱。用

20%速灭杀丁乳油或50%辛硫磷乳油1 500～2 000倍液防治黏虫。也可每亩用10%四氯虫酰胺悬浮剂20g或2.5%联苯菊酯乳油20mL，进行虫害防治。

玉米苗期还容易遭受病毒侵染，是粗缩病、矮花叶病的易发期。及时消灭田间和四周的灰飞虱、蚜虫等，能够减轻病害的发生。

2. 中期管理

穗期阶段（从拔节至抽雄）这段时间是玉米一生中非常重要的发育阶段，是玉米营养生长和生殖生长并重的生育阶段，也是玉米一生中生长最迅速、器官建成最旺盛的阶段，需要的养分、水分也比较多，必须加强肥水管理，特别是要重视大喇叭口期的肥水管理。

（1）重施攻穗肥。穗期也是玉米追肥最重要的时期。穗期追肥既能满足穗分化发育对养分的要求，又促叶壮秆，利于穗大粒多。不论是春玉米、套种玉米还是夏直播玉米，只要适时适量追施攻穗肥，都能获得显著的增产效果。穗期追肥以速效氮肥为主。追肥时间一般以大喇叭口期为好，具体运用要因苗势、地力确定。

攻穗肥的具体运用应根据地力高低、群体大小、植株长势及苗期施肥情况确定。地力差或土壤缺肥，攻穗肥适当提前，并酌情增加追肥量；套种玉米及受涝玉米穗期追肥应提早；高密度大群体的地块则应增加追肥量。高产田穗肥占氮肥总追施量的50%～60%，一般每亩追施尿素50～80kg；中产田穗肥占氮肥总追施量的40%～50%，一般每亩追施尿素30～50kg；低产田穗肥占30%左右，一般每亩追施尿素20～30kg。

（2）及时浇水和排灌。春玉米穗期正处于干旱少雨季节，浇水不及时常受“卡脖旱”的危害。夏玉米穗期气温较高，植株生长旺盛，蒸腾、蒸发量大，需水多，尤其该阶段的后半期需水量更大。这阶段夏玉米产区降水状况差别较大，不少年份降水偏少，出现干旱。套种和夏直播玉米穗期所处的时间不同，降水量也有差别，由于降水分布不均，个别年份在抽雄前后出现旱情。此时干旱主要影响性器官的发育和开花授粉，使空秆率和秃顶度增加。因此，抽雄前后一旦出现旱情，要及时灌溉。

根据高产玉米水分管理经验，玉米穗期阶段要灌好两次水。第一次在大喇叭口前后，正是追攻穗肥适期，应结合追肥进行灌溉，以利于发挥肥效，促进气生根生长，增强光合效率。灌水日期及灌水量要依据当时土壤水分状况确定。当 0～40cm 土壤含水量低于田间持水量的 70％时都要及时灌溉。一般每亩灌水量 40～60m^3，干旱时应适当增加。第二次在抽雄前后，一般灌水量要大，但也要看天看地，灵活掌握。玉米地面灌水通常采用沟灌或隔沟灌溉，即不影响土壤结构，又节约用水。

玉米穗期虽需水量较多，但土壤水分过多、湿度过大时，也会影响根系活力，从而导致大幅度减产。因此，多雨年份，积水地块，特别是低洼地，遇涝应及时排除。排涝方法：山丘地要挖堰下沟，涝洼地应挖条田沟，做到沟渠相通，排水流畅。盐碱地可整修台田，易涝地块应在穗期结合培土挖好地内排水沟。

（3）注意防病虫、防倒伏。玉米穗期主要病虫害有大叶斑病、小叶斑病、茎腐病及玉米螟、高粱条螟或粟灰螟等。玉米大叶斑病、小叶斑病发生初期，摘除底部老叶，喷 50％多菌灵可湿性粉剂 500～800 倍液防治。药剂防治玉米茎腐病可用 10％双效灵水剂 200 倍液，在拔节期及抽雄前后各喷 1 次，防治效果可达 80％以上。玉米螟一般在小喇叭口期和大喇叭口期发生，应按螟虫测报用 2.5％的辛硫磷颗粒剂撒于心叶丛中防治，每株用量 1～3g。

3. 后期管理

玉米抽雄期以后所有叶片均已展开，株高已经确定，除了气生根略有增长外，营养生长基本结束，向单纯生殖生长阶段转化，主要是开花授粉受精和籽粒建成，是形成产量的关键时期。

（1）补施粒肥。实践证明，玉米生长后期叶面积大，光合效率高，叶片功能期长，是实现高产的基本保证。而玉米绿叶活秆成熟的重要保障之一就是花粒期有充足的无机营养。因此，应酌情追施攻粒肥。

（2）及时浇水与排涝。花粒期土壤水分状况是影响根系活力、叶片功能和决定粒数、粒重的重要因素之一。土壤水分不足制约根系对养分的吸收，加速叶片衰亡，减少粒数，降低粒重。因此，加强花粒期水分管理，是保根、保叶、促粒重的主要措施。

综合各地高产玉米水分管理的经验，玉米花粒期应灌好两次关键水：第一次在开花至籽粒形成期，是促粒数的关键水；第二次在乳熟期，是增加粒重的关键水。花粒期灌水要做到因墒而异，灵活运用，沙壤土、轻壤土应增加灌水次数；黏土、壤土可适时适量灌水；群体大的应增加灌水次数及灌水量。籽粒灌浆过程中，如果田间积水，应及时排涝，以防涝害减产。

（3）辅助授粉。隔行或隔株去雄是一项有效的增产措施，一般可增产4.1%～14.8%。在群体较大的高产田除去雄穗，增产效果更明显。

去雄应在雄穗刚抽出而尚未开花散粉时进行，避免过早或过晚。可在雄穗抽出1/3、长5～8cm时进行，上午露水干后去雄为宜。去雄株数不超过全田株数的一半，地边、地头不要去雄，以利边际玉米雌穗授粉。

辅助授粉，可减少秃顶、缺粒，增加穗粒数。辅助授粉对抽丝偏晚的植株以及群体偏大、弱株较多的地块效果更为明显。人工辅助授粉时间一般在9：00～11：00露水干后开始，中午高温到来前停止。花丝抽出后1～10d内均能受精，一般授粉2～3次，每次隔3～5d为宜。可以利用无人机的风力进行辅助授粉；人工授粉可用容器收集壮株花粉，混合授在花丝上，也可在田间逐行用木棒轻敲未去雄的植株，促使花粉散开，以满足雌穗花丝的授粉要求。

（4）中耕除草，防治害虫。后期浅中耕，有破除土壤板结层、松土通气、除草保墒的作用，有利于微生物活动和养分分解，既可促进根系吸收，防止早衰，提高粒重，又为小麦播种创造有利条件。有条件的，可在灌浆后期顺行浅锄1次。

花粒期常有玉米螟、黏虫、棉铃虫、蚜虫等为害，特别是近几年蚜虫为害程度有加重趋势，应加强防治。一般用 2.5%的溴氰菊酯乳油 1 000 倍液喷洒雄穗防治玉米螟，叶面喷洒 50%辛硫磷乳油 1 500 倍液防治黏虫、棉铃虫，40%氧化乐果乳油 1 500～2 000 倍液防治蚜虫。

二、田间管理装备

（一）机械化施肥技术要点与配套措施

按照传统种植模式，追肥应选用尿素或复合肥等颗粒状肥料，要求氮肥分期施用，轻施苗肥、重施穗肥、补追花粒肥，做到氮、磷、钾等平衡施肥。但在施用穗肥、花粒肥时，机械进地作业比较困难，因此一般将穗肥、花粒肥两次施肥合并为一次，中产田在玉米拔节期、高产田在小喇叭口期进行机械中耕追肥作业。施肥量应控制在总氮量的 70%左右，钾肥的 50%左右。施肥深度应为 6～10cm，施肥部位应在作物株行两侧 10～20cm 之间。肥带宽度大于 3cm，无明显断条，施肥后覆盖严密，镇压密实，伤苗率小于 3%。中耕施肥机有高地隙中耕施肥机、轻小型田间管理机，可根据当地条件和需求进行选择，应一次完成开沟、施肥、覆土、镇压等工序，且具有良好的行间通过性能。

在实际操作中，因为玉米生长迅速，追肥时植株较高，生长茂密，大型机械一般难以进地，小型机械作业效率又较低，目前正大力推广玉米缓控释肥“种肥同播”机械化技术，省去追肥环节。该技术根据玉米生长特点和土壤养分含量，选择合适的缓控释肥种类，并合理确定施肥量，利用具备施肥功能的玉米精量播种机，调整好种子与肥料之间的距离，在播种作业时一次性将种子和缓控释肥同时播入。玉米缓控释肥“种肥同播”机械化技术，改变了农民习惯撒施、浅施和对用肥量把握不准的问题，有利于提高作业效率和肥效利用率，减轻劳动强度，减少环境污染，降低生产成本，增加农民收入，是一项省工、省时、节本、增效的农机化新技术。在黄淮海平原一年两作区大面积推广玉米缓控释肥“种肥同播”机械化技术是现代农业发展的客观需求，也是广大农民群众的迫切期待，对推动玉米轻简化生产具有重要意义。

（二）常见器械种类与选择

如果采用玉米缓控释肥"种肥同播"机械化技术，省去了追肥环节。本书第四章中介绍的播种机械均具有施肥功能，只需选择合适的缓控释肥种类并合理确定施肥量，调整好种子与肥料之间的距离，在播种作业时一次作业即可。这里介绍两种单独的施肥机械。

1. 农田施肥机

该机型配套 4.1kW 汽油机，采用链条链轮传动，外槽轮排肥器，配备单个锄铲式开沟施肥器，一次作业一行，肥料箱外形尺寸为 28cm×24cm×50cm，仅适用于一家一户小规模地块作业（图 4－6）。

图 4－6　小型玉米施肥机

2. 1SZ－460 振动式深松施肥机

该机型采用独特的振动方式与带流线型的凿式深松铲有机结合，有效减少作业阻力，提高了生产效率，作业深度达到 35cm。深松与施肥相结合，减少了作业次数，降低了作业成本。通过作业，能够打破犁底层，疏松土壤，增加耕层深度，降低容重，改善耕层结构；提高土壤田间持水量，增强土壤蓄水抗旱能力，提高土壤的通透性，改善气体交换、矿化过程、活化微生物，促进作物根系发育，增强抗旱抗倒伏能力，提高作物水肥利用效率，培肥地力，实现高产高效。该机械配套动力为 44.1～58.8kW 拖拉机，最大入土深度 35cm，工作振幅 18～22mm，作业幅宽 1.8m，作业行数 2～4 行，施肥深度 30～100mm，机器重量 175kg，工作效率 0.4～0.6hm^2/h。但是，受限于拖拉机与施肥机机架，该机具仅能在玉米小喇叭口期以前进地作业，限制性较大（图 4－7）。

图 4－7　1SZ－460 振动式深松施肥机

（三）施肥机械发展趋势

目前，我国玉米施肥现状不容乐观，肥料利用率低，对环境的污染重。国内玉米施肥机械也存在许多问题，施肥机械的技术水平整体较低，自动化程度不高。总体看，玉米施肥机械将有以下发展趋势。

1. 玉米播种施肥机械向着大型化、智能化方向发展

当前我国现有的玉米施肥播种机以中小型为主，自动化水平较低，仅大型农场有少量国外进口的大型、智能化的玉米播种施肥机。随着城市化进程加快和人口老龄化问题日益突出，土地由农户个体经营转向适度规模经营，中小型玉米播种施肥机不能满足机械作业的要求。随着自动化、智能化技术在农业机械化方面的应用，玉米播种施肥机也会随之发展起来。

2. 玉米施肥的农机农艺将进一步融合

近年来，随着农业机械化水平的不断提高和精准农业的迅速发展，玉米施肥机械的施肥方式将向着穴施肥、变量施肥、种肥同播等方向发展。从农艺方面来讲，穴施肥、变量施肥、种肥同播是施肥技术的重要改进和创新，玉米施肥机械施肥方式的转变，是农机与农艺结合的重要体现。这些技术可以达到节肥、提高肥料利用率、减少农业污染的目的。

三、机械化植保技术

（一）机械化植保概念、意义

机械化植保主要是指化学药剂的机械化施用。机械化植保作为玉米生产机械化的重要一环，主要是在玉米生长期对其病虫害采用机械化施用化学药剂的方式进行有效防治。“三夏”期间是两季作物的衔接期，部分病虫害可能会从上茬作物转移危害到下茬作物，科学地用好植保机械化技术，有效控制病虫草害发生，对保障玉米丰收十分重要。

（二）机械化植保技术要点与配套措施

（1）玉米机械化植保主要包括化学除草，播种期、苗期和穗期的病虫害防治。化学除草一般在玉米播种后出苗前采用土壤封闭的方式进行；播种期病虫害主要有粗缩病、丝黑穗病、苗枯病和地下害虫等；苗期病虫害主要有二代黏虫、玉米螟、红蜘蛛、蓟马、稀点雪灯蛾等；穗期病虫害主要有玉米蚜、三代黏虫、叶斑病、茎基腐病、锈病等。应根据病虫害的实际情况，按照农艺要求配置农药。

（2）在植保机械的选择上，可根据土地规模、玉米病虫草害的情况、植保作业的要求，选择合适的机械进行作业，对植保机械的要求就是安全、均匀、准确。一般喷洒玉米除草剂的机具不得与喷洒其他农药的机具混用，以防除草剂的药效影响作物正常生长，如必须混用一定要彻底清洗。

（3）作业前，要按照农艺要求和农药使用说明，正确调配农药药剂。

（4）注意操作安全，尤其使用背负式植保器械时，必须带好防护用具（口罩、手套等），注意作业风向，防止吸入农药引起中毒。

（5）使用喷杆式喷雾机作业时，要注意调节喷头喷量一致性和喷洒方向，控制施药量和均匀喷洒。

（6）无人植保飞机对操作人员素质要求较高，应加强操作人员的培训，严格按照使用说明操作，电力（油料）不足时应及时返航，风力较大时应暂停作业，避免飞机损坏。

（7）作业后，要妥善处理残留药液，彻底清洗施药器械，防止污染水源和农田。

（三）常见器械种类与选择

目前使用较多的植保机械大致有三种类型：背负式弥雾机、高地隙自走式机械、无人植保机械。背负式弥雾机和无人植保机械在小麦植保机械部分已经介绍，这里重点介绍高地隙自走式植保机。

1. 3WPG－600 高地隙喷杆喷雾机

3WPG－600 高地隙喷杆喷雾机（图 4－8）采用液压转向系统，配两轮或四轮驱动转换机构，轻松实现两轮或四轮工作，转弯半径仅 3.3m；液压控制系统可在 0.5～1.5m 内调整施药高度；最高离地间隙 1.05m；5 段式折叠喷杆，喷幅可达 12.0m。具有自动上水功能，大幅提高了施药效率，适用于中等规模生产组织，不仅用于玉米，还可广泛用于各种作物植保作业。但是虽然离地间隙最高 1.05m，该机型仍然无法用于玉米生长后期植保作业。

2. 马斯奇奥 URAGANO4000 型自走式喷药机

该机型专为玉米等高秆作物研制，同时可以满足常规植保作业需求，还可以选装玉米去雄装置。M 型设计，重心低，稳定性和安全性好。动力强进，选用约翰迪尔 4045HF275 或 4045TF275 系列发动机，功率达到 147kW，功率足，可靠性好。每个行走轮配备一个液压马达，通行能力好。转向功能可实现小转弯半径或平行侧移功能。行走机构和机架间有液氮蓄能器，提高平稳性能。风幕系统有助于减少药物的漂移，风幕气流扰动叶面，使叶面上下均匀着药，提高药剂的利用率和附着效果。在风速 20～28km/h 的情况下，仍然可以正常作业。对称配备两个 2 000L 药罐，总容积 4 000L。机器最高地隙 3.1m，喷杆高度 0.6～3.8m 可调，轮距 1.7～3.3m 可调，喷杆展开后长度 28m。机具外形尺寸较大，达到 6.70m×2.55m×3.30m，最小转弯半径 4.45m，因此不适合小地块作业，此外价格也较高，适合于大型农场购买使用（图 4－9）。

图 4－8　3WPG－600 高地隙喷杆喷雾机

图 4－9　马斯奇奥 URAGANO4000 型自走式喷药机

（四）植保机械发展趋势

随着科技不断进步、土地适度规模经营的不断发展，农业机械必然朝着大型化、智能化发展，人们对于植保机械的高效率、安全性都会有新的要求。从发展趋势看，小型背负式喷药器将逐渐被淘汰，大中型自走式喷杆喷雾器和无人航空植保机将逐步成为主流。另外，精准变量喷雾、杂草识别靶向喷雾、防漂移技术、风幕技术等智能化技术将不断发展并利用到植保机械上。

四、机械化灌溉技术要求与装备

（一）机械化灌溉概念、意义

黄淮海平原夏玉米生产期一般为 6～9 月，正值黄淮海地区汛期，正常年份的生长过程中一般不需要灌溉，若遇干旱严重亦应及时灌溉，在播种期和苗期如果墒情不好，应该灌溉造墒。有条件的地区，应采用喷灌等先进的节水灌溉技术和装备，按玉米需水要求进行节水灌溉。

喷灌是目前黄淮海平原夏玉米灌溉作业实用且可行节水灌溉方

案。喷灌指的是利用专门设备将水加压，或利用水的自然落差将有压水通过压力管道送到田间，再经喷头喷射到空中散成细小的水滴，均匀散布在农田上，达到灌溉目的。还可用于喷洒肥料与农药、防冻霜和防干热风等。机械化喷灌技术对地形的适应性强，灌溉均匀，灌溉水利用系数高，尤其适用于透水性强的土壤。目前黄淮海平原夏玉米灌溉使用的主要是移动式喷灌机。与地面灌溉相比，喷灌一般可省水30%～50%，灌水均匀度可达80%～90%，在透水性强、保水能力差的土壤上，节水效果更为明显，可达70%以上。

（二）技术要点与配套措施

（1）喷灌系统形式应根据当地的地形、经济条件及机械设备条件选择，考虑各种形式喷灌系统的优缺点，选定适当的喷灌系统形式。在黄淮海一年两作区，玉米作为平原大田作物，喷灌次数较少，一般采用移动式。

（2）根据玉米作业农艺要求、当地土壤特点、现有机械设备条件、风力大小及风向等确定喷洒方式和喷头组合形式。喷头的喷洒方式有全圆喷洒和扇形喷洒两种，喷头布置形式可选择正方形、正三角形、矩形和等腰三角形等4种。

（3）管网布置应根据实施喷灌的实际地形、水源等条件，提出几种可行的规划方案，然后进行技术经济比较，择优选定。管网布置应遵循六点原则：一是管网布置应使管道总长度最短、管径小、造价低，有利于水管防护；二是管网布置应考虑各用水单位的需要，方便管理，有利于组织轮灌和迅速分散流量；三是支管一般应与作物种植方向一致；四是管的纵剖面应力求平顺，减少折点；五是支管上各喷头的工作压力要求接近一致，或在允许的差值范围内；六是供水泵站应尽量布置在整个喷灌系统的中心地点，以减少输水的水头损失。

（三）常见器械种类与选择

灌溉机械是通用机械，只要土地情况允许，适当调节喷洒量、喷洒方式，各种作物都可以使用。根据黄淮海平原一年两作区夏玉米的生产实际，这里介绍一种常用的移动式喷灌机——JP75 型卷盘式喷灌机（图 4-10）。

图 4-10　JP75 型卷盘式喷灌机

该机型带有千斤顶和锚桩支架，可以轻松调节机器支架的平衡，保证喷灌机的稳固；PE 管回收系统能够保证 PE 管在恒定的回收速度自动排列；采用轴流水涡轮驱动，减少低压运行消耗，在水流量较低时也可以保证强劲的回收动力和回收速度；双速变速箱与传动感应装置精确配合，实现智能化、自动化控制；液压显示速度计可以快速计算并显示喷灌机 PE 管回收速度；灌溉完成实现自动停车，一个灌溉周期内单机控制面积可达 20～33hm^2。总体看该机型能耗低、喷洒均匀度高、灌溉精确、操作简便、使用安全、高效节水，能够较好满足黄淮海平原一年两作区夏玉米灌溉需求。

第五节　玉米机械化收获

一、收获基本知识

（一）收获的农艺要求

玉米是我国的第二大粮食作物，在我国种植分布广，主要集中在东北、华北和西南地区，大致形成了一个从东北到西南的斜长形玉米栽培带，其中黑龙江、吉林、河北、辽宁、河南、山东、四川7省份种植面积较大。

根据气候条件分为东北华北春玉米区、黄淮海夏玉米区、西南山地玉米区和西北旱地玉米区等玉米种植区。东北华北春玉米区有等行距、宽窄行、大垄双行播种方式。等行距播种时，行距为65cm；宽窄行播种时，宽行行距为80cm，窄行行距为40cm；大垄双行播种时，垄距为130cm，垄上两行行距为40cm。种植密度宜为每亩4 500～5 000株。黄淮海夏玉米区应采用播种行距为60cm等行距平作，种植密度宜为每亩5 000～5 500株。西南山地玉米区根据各地气候和土质不同，可采用直播垄作、直播平作等方式。应结合当地实际，合理确定相对稳定、适宜机械化作业的播种方式。等行距播种时，行距为60cm；宽窄行播种时，宽行行距为80cm，窄行行距为40cm。种植密度宜为每亩4 000～4 500株。西北旱地玉米区可采用等行距和宽窄行播种方式。等行距播种时，行距为60cm；宽窄行播种时，宽行行距为70cm，窄行行距为40cm，种植密度宜为每亩4 000～4 500株。

机械化收获技术主要指玉米联合收获机械化技术，就是在玉米成熟时，根据其种植方式、农艺要求，机械进地一次完成摘穗、输送、剥皮、集箱（或穗茎兼收）、秸秆还田的作业过程。山东省玉米收获时籽粒含水率一般为25%～35%，甚至更高，收获时还不能直接脱粒，因此一般采用收获果穗的方法。

按玉米的用途分为果穗、籽粒、青贮、制种和鲜食玉米的机械化生产。

1. 收获期确定

按照玉米生产目的，确定收获时期。一般玉米收获在玉米成熟期即籽粒乳线基本消失、基部黑层出现时收获，山东夏玉米大致在9月下旬或10月上旬收获。饲用青贮玉米，以乳熟末期至蜡熟期收获为宜，粮用和饲用兼用玉米为兼顾籽粒产量和获得较多的质优青贮饲料，宜在蜡熟期末期收获。

2. 作业条件

玉米收获机械作业一般要求籽粒含水率＜30%，玉米最低结穗高度＞35cm、植株倒伏率≤5%、果穗下垂率≤15%。玉米收获机行距应与玉米种植行距相适应，等行距收获的玉米收获机一般适应行距55～70cm，行距偏差不宜超过5cm。

（二）收获作业质量要求

各地区应根据玉米成熟度和生产需求适时进行收获作业，根据地块大小和种植行距及作业要求选择合适的玉米果穗收获机、谷物联合收获机、青贮饲料收获机、种穗收获机、鲜食玉米收获机等机型进行收获作业。

玉米机械化适时收获。机械收获玉米果穗的最佳收获期应在玉米果穗下部籽粒乳腺消失，出现黑层，籽粒反面基部凹陷变硬，果穗苞叶变枯白而松散时。在玉米最佳收获期进行机械收获，可以达到增加产量、减少损失、丰产丰收的目的，同时可以为下茬小麦争取农时，为来年的增产增收打下良好基础。采用籽粒收获时，玉米籽粒含水率应不大于25%。当玉米籽粒含水率大于25%时，宜采用摘穗收获方式。

玉米收获质量要符合国家相关标准要求。玉米收获应选用行距与玉米种植行距相适应的机械，行距偏差不宜超过5cm。玉米收获机在玉米植株倒伏率低于5%、最低结穗高度大于35cm的条件下，以额定工作速度作业时。

作业质量要求：在适宜收获期，玉米收获作业地块符合一般作业要求时，作业质量指标应符合有关标准要求。玉米果穗收获，籽粒损失率≤2%，果穗损失率≤3%，籽粒破碎率≤1%，果穗含杂率≤5%，苞叶未剥净率＜15%。玉米脱粒联合收获，玉米籽粒含水率≤23%，总损失率≤5%，籽粒破碎率≤5%，籽粒含杂率≤3%。玉米青贮收获，秸秆含水量≥65%，秸秆切碎长度≤3cm，切碎合格率≥85%，割茬高度≤15cm，收割损失率≤5%。玉米种穗收获，总损失率≤2.5%，籽粒损伤率≤3%。鲜食玉米收获，总损失率≤3%，果穗破损率≤1%，籽粒破碎率≤1%。

玉米收获后，应采用根茬粉碎还田机将残留在地里的玉米根茬进行粉碎还田，其碎茬深度应不小于 8cm，根茬粉碎率和碎土率应不小于 90%，根茬覆盖率应不小于 80%。青贮装置的玉米联合收获机，其秸秆粉碎、切断长度要求为 2～3cm，留茬高度不大于 10cm，目的是为下茬作物整地创造良好条件。

二、收获机械

目前我国玉米收获机生产企业较多，年生产规模在万台以上，机型也多种多样。根据摘穗原理的不同，主要分为辊式摘穗和板式摘穗两种机型；根据摘穗器结构的不同，可分为纵卧辊式和立辊式两种机型；根据动力配置方式不同又可分为牵引式、悬挂式、自走式；与小麦收获机互换割台的玉米割台等多种机型。根据收获作业目的分为摘穗型、穗茎兼收型、籽粒收获型和青贮型。

（一）收获机械工作原理

1. 一般构造及工作过程

玉米联合收获机一般由分禾器、输送装置、摘穗装置、果穗输送器、除茎器、剥皮装置、苞叶输送器、籽粒回收装置和茎秆切碎装置等组成，如图 4-11 所示。

玉米收获机虽然分为多种，但工作过程基本比较类似，即首先由分禾器从根部将玉米植株扶正并引向带有拨齿的拨禾链，拨禾链将茎秆扶持并引向摘穗装置；随着摘穗装置辊子的转动茎秆一边向下强拉，一边在摘穗辊螺旋凸筋的作用下向后输送，当果穗遇到摘穗辊或摘穗板时，由于果穗直径大于摘穗辊间隙（摘穗板间隙）而被摘落。摘落的果穗由摘辊滑向第一果穗升运器，由其将果穗送往果穗剥皮装置。若果穗中含有被拉断的茎秆，则由上方的除茎器排出机外；剥皮装置的剥皮辊回转时将果穗的苞叶撕开并咬住，从两辊间的缝隙中拉下。苞叶经下方的输送螺旋推向一侧，排出机外；在此过程，苞叶中夹带的少许籽粒，在苞叶输送过程从螺旋底壳

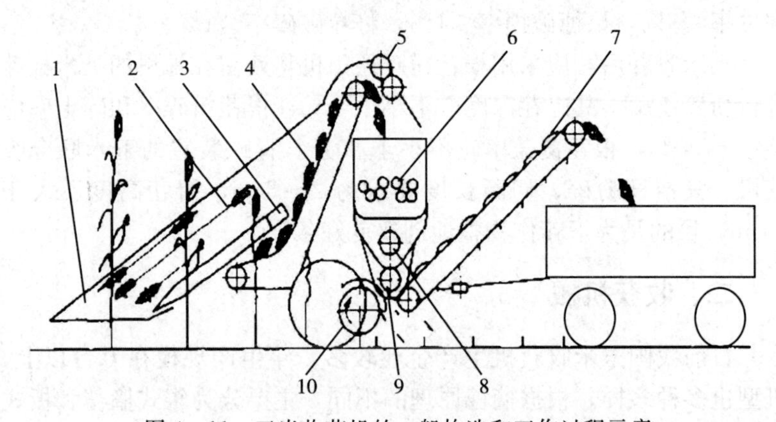

图 4-11　玉米收获机的一般构造和工作过程示意

1. 分禾器　2. 输送装置　3. 摘穗装置　4. 果穗输送器　5. 除茎器　6. 剥皮装置　7. 果穗第二输送器　8. 苞叶输送器　9. 籽粒回收装置　10. 茎秆切碎装置

（筛状）的孔隙漏下，经下方的籽粒回收螺旋送往果穗第二升起器。已剥去苞叶的果穗沿剥皮辊向下滑落，最后进入第二升运器与回收籽粒一起被输送往后方的集果箱。经过摘辊碾压后的茎秆，其上部多被撕碎或折断，随摘穗辊或除茎器排出机外；植株基部有 1m 长左右仍站立田间，由机器后下方（后方）的横置卧式切碎装置实现秸秆切碎还田或收集。

玉米收获机根据摘穗装置的配置方式不同，可分为纵卧辊式和立辊式玉米收获机。

（1）纵卧辊式玉米收获机。纵卧辊式玉米联合收获机采用站秆摘穗方式进行工作，早期的纵卧辊式玉米联合收获机常见机型为悬挂式玉米收获机，如图 4-12（a）所示。纵卧辊式玉米联合收获机主要由分禾器、夹持链、纵卧式摘穗辊、果穗第一升运器、螺旋输送搅龙、果穗第二升运器、果穗箱等组成，如图 4-12（b）所示。

其工作过程为玉米茎秆从根部经分禾器扶正并引向夹持链，在夹持链作用和引导下，茎秆被送入纵卧式摘穗器。摘穗器由一对与水平线成 25°～40°纵向斜置相对向内回转的摘辊组成，摘穗辊前端为带螺旋凸起的锥体，起导禾作用；中部为带相向螺纹凸棱的圆柱

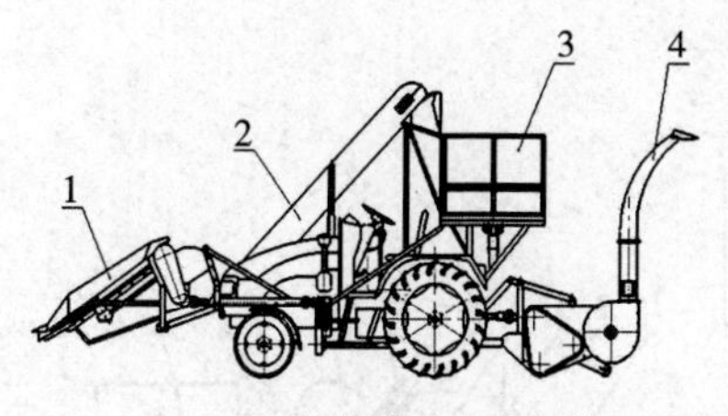

（a）悬挂式玉米收获机

1.纵卧式摘穗机构　2.输送装置　3.果穗箱　4.秸秆粉碎装置

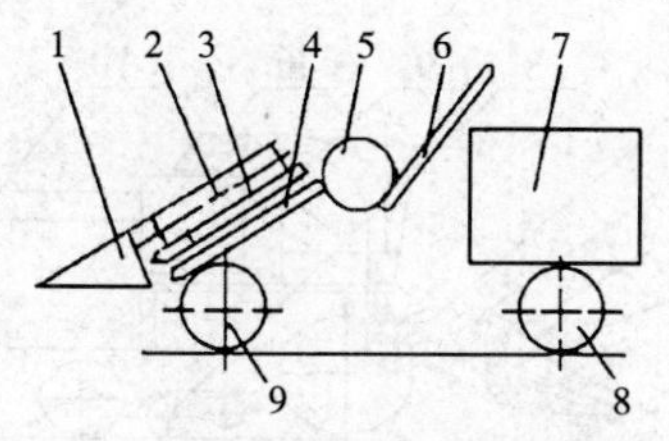

（b）纵卧辊式玉米收获机

1.分禾器　2.夹持链　3.纵卧式摘穗辊　4.果穗第一升运器　5.螺旋输送搅龙　6.果穗第二升运器　7.果穗箱　8.后轮　9.前轮

图 4－12　纵卧辊式玉米收获机

体，且在螺纹上相隔 180°，设有摘穗钩起摘穗作用；后段为深槽状圆柱体，起到强拉茎秆的作用，完成将上部剩余茎秆或拉断的茎秆继续下拉或咬断，以防阻塞。工作时，随着机器的前进，两摘穗辊相对向内旋转，茎秆进入摘穗间隙并被快速向下拉引，当果穗随着茎秆的移动接触到摘穗辊时，由于果穗直径较大而两摘穗辊之间的间隙很小不能使其通过而被挡在摘穗辊前时，茎秆则在摘穗辊的夹持强拉下继续向下移动，由于茎秆的强拉力大于果穗穗柄的连接力，果穗穗柄被拉断，摘下的果穗进入第一升运器；并由其将果穗送入螺旋输送搅龙，随着螺旋输送搅龙的旋转果穗被推向一端送入第二升运器，最后由第二升运器将果穗送入果穗箱，完成摘穗、输送、集箱整个收获过程。玉米茎秆则由秸秆切碎还田机切碎还田。

（2）立辊式玉米收获机。立辊式玉米收获机采用先切割茎秆再摘穗方式，多用于自走式穗茎兼收型玉米收获机，如图 4－13（a）所示。立辊式玉米联合收获机主要由分禾器、夹持链、切割器、夹持输送链、挡禾板、立式摘穗辊、拉茎辊、螺旋输送搅龙、升运器、果穗箱等组成，如图 4－13（b）所示。

其工作过程为玉米茎秆从根部被分禾器扶正并引向夹持链，在夹持链夹持瞬间茎秆被切割器切断。切下的茎秆在夹持链和夹持输送链的共同作用下，不断上移并向立式摘穗辊输送；由于挡禾板的

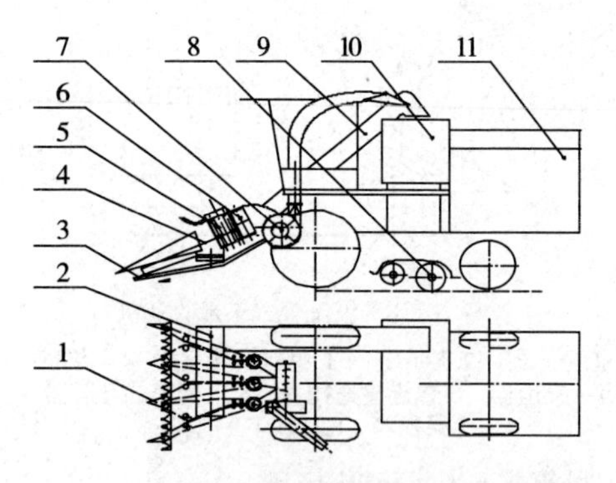

（a）自走式穗茎兼收型玉米联合收获机

1.分禾器　2.横输送器　3.往复式切割器　4.夹持链　5.摘穗辊　6.切碎滚刀　7.抛送器　8.根茬破碎装置　9.升运器　10.果穗箱　11.茎杆收集箱

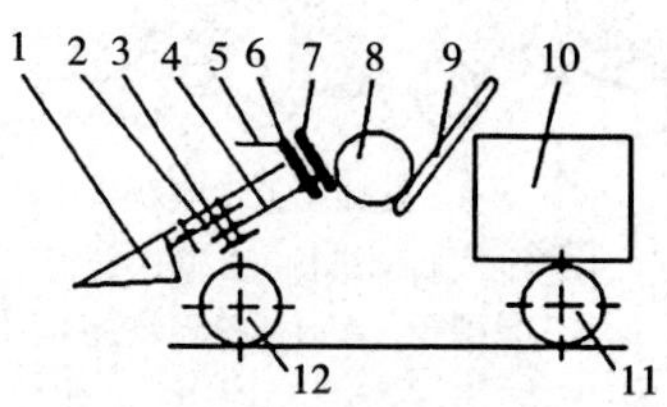

（b）立辊式玉米收获机

1.分禾器　2.夹持链　3.切割器　4.夹持输送链　5.挡禾板　6.立式摘穗辊　7.拉茎辊　8.螺旋输送搅龙　9.升运器　10.果穗箱　11.后轮　12.前轮

图 4-13　立辊式玉米收获机

作用，使茎秆以一定的角度进入摘穗器。这种摘穗器由两对相互平行且与铅垂线成 25°倾角的摘辊组成。前辊呈螺旋凸棱形表面，主要起摘穗作用，故也称摘穗辊；后辊呈多棱形表面，主要起拉引茎秆作用，称为拉茎辊。茎秆在摘穗辊和拉茎辊的共同碾拉下不断向后方移动。由于果穗直径较大，不能通过摘穗辊间隙而被摘下。已摘下的果穗进入螺旋输送搅龙并进一步由其送往升运器，升运器将其送往果穗箱，完成果穗的收摘、输送、集箱的全过程。沿前进方向稍微向前倾斜的立式摘辊，使摘下的果穗在重力作用下能迅速离开摘辊，减少了果穗与摘辊的接触时间，降低了收获过程的籽粒损失率和摘辊对果穗的啃咬损伤。由于立辊式玉米收获机采用先切割茎秆再摘穗的过程，提高了对茎秆夹持输送装置的要求，因此整机结构复杂、质量大、故障率略高。

（3）玉米割台与专用玉米籽粒联合收获机。玉米专用割台用于跟谷物联合收获机收割台的互换，实现了谷物联合收获机向玉米联合收获机的转变。这样可以大大简化玉米收获机的结构，提高谷物联合收获机的利用率，提高用户的经济效益。换装玉米割台的联合收获机，可一次完成摘穗、脱粒和清粮等作业。

谷物联合收获机换装玉米割台收获玉米时，需依据玉米的尺寸、湿度等物理特性对脱粒、分离和清选装置作相应的调整。常见的装玉米割台的联合收获机的配置如图 4－14（a）所示。

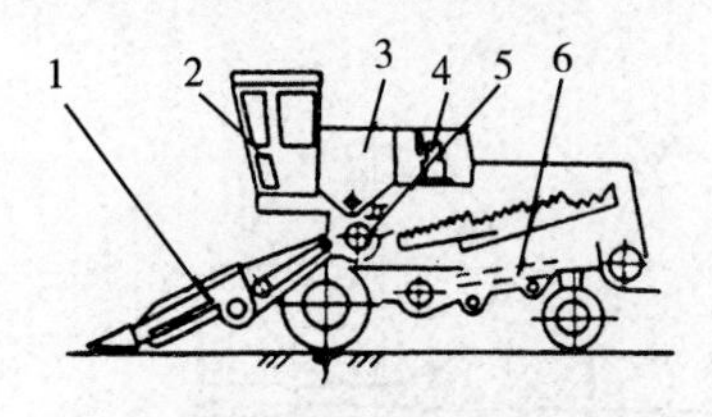

（a）装玉米割台的联合收获机

1.摘穗台　2.驾驶室　3.粮仓　4.发动机
5.脱粒装置　6.清选装置

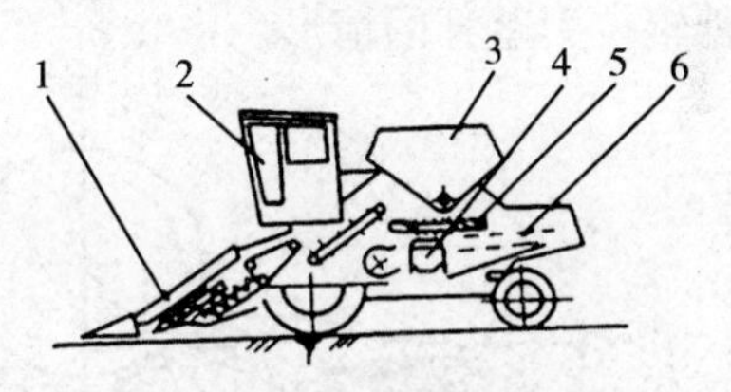

（b）专用玉米籽粒联合收获机

1.摘穗台　2.驾驶室　3.粮仓　4.发动机
5.脱粒装置　6.清选装置

图 4－14　装玉米割台联合收获机与专用玉米籽粒联合收获机

另外还有专用玉米籽粒联合收获机（摘穗剥籽机），其割台与谷物联收机配套的玉米割台相同（少数也用纵卧辊摘穗）。总体结构和部件配置也基本一样，只在某些结构细节上有差别，如图 4－14（b）所示。

专用玉米联合收获机的剥籽装置（脱粒装置）纵向配置（即为轴流式）。一般两组果穗脱粒机构并列安装，每一组脱粒机构由滚筒和凹板组成。凹板是由一个固定骨架和一个用圆钢条做成凹板套构成；滚筒为钉齿式或纹杆式。滚筒在凹板内转动，果穗从滚筒与凹板的间隙中通过并被脱粒。此种结构使脱粒过程柔和，脱净率高，籽粒破碎少。

2. 关键工作部件结构及工作原理

（1）摘穗辊的工作原理。摘穗辊是玉米收获机的关键部件，其摘果质量对玉米收获机的可靠性有很大的影响，摘穗辊表面形状对摘穗辊的抓取能力有很大影响，但摘穗辊的花纹凸起不应过低，否则易被茎秆碎屑所堵塞，反而因摩擦系数的降低而减小抓取力；花纹凸起也不宜过高，以免降低摘穗质量。

摘穗辊抓取茎秆以后便开始碾压强拉茎秆，当果穗和摘穗辊相遇时，由于果穗大端直径比茎秆直径大得多，不能从摘穗辊间隙中通过被摘取下来。摘穗时，穗柄断裂部位与其强度和变形的特性有关。就整个穗柄来说，则以穗柄和果穗联结处强度最弱，因此摘穗时在此处断裂的概率也比较大。图 4－15 表示一对以等速旋转的摘穗辊拉引茎秆的情形。

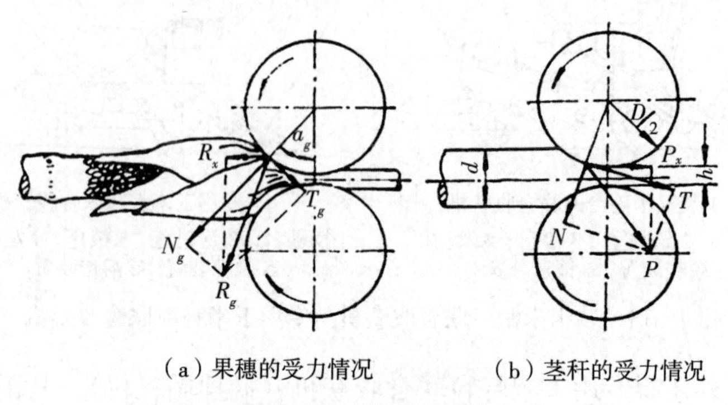

（a）果穗的受力情况　　（b）茎秆的受力情况

图 4－15　摘穗时受力

（2）玉米剥皮装置。多数自走式玉米联合收获机设有剥皮装置，用于剥下玉米果穗的苞叶。剥皮装置主要由剥皮辊、压送器及传动系统等部分组成；剥皮滚的组合类型主要有铸铁辊-铸铁辊、铸铁辊-橡胶辊、橡胶辊-橡胶辊，如图 4－16 所示。剥皮装置利用一对相对转动的剥皮辊间的摩擦力抓取和剥除玉米果穗苞叶，为了使苞叶剥净，在果穗沿剥皮辊下滑的同时，上方设有压送器，使果穗与剥皮辊稳定接触而不出现跳动。

（3）剥皮辊。剥皮辊是剥皮装置的主要工作部件，每对剥皮辊的轴心高度不等，呈 V 形或槽形配置，如图 4－17 所示。V 形配置的结构较简单，但果穗容易向一侧流动（因上层剥皮辊的回转方向相同），一般多用于辊数较少的小型机上；槽形配置的果穗横向分布较均匀，性能较好，目前应用较为普遍。在剥皮辊的下端设有深槽形的强制段，可将滑到剥皮辊末端的散落苞叶和杂草等从该间隙中拉出以防堵塞。

（4）压送器。剥皮辊的上方设有压送器，压送果穗有序、平顺

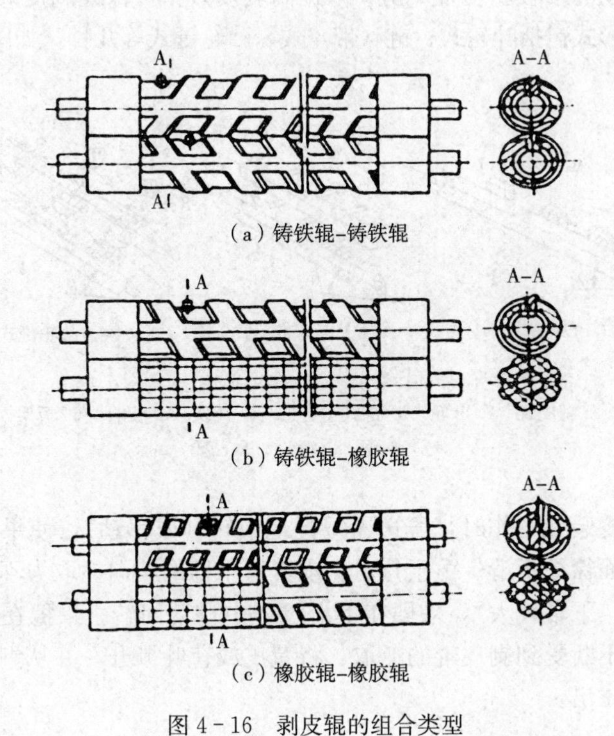

（a）铸铁辊-铸铁辊

（b）铸铁辊-橡胶辊

（c）橡胶辊-橡胶辊

图 4-16　剥皮辊的组合类型

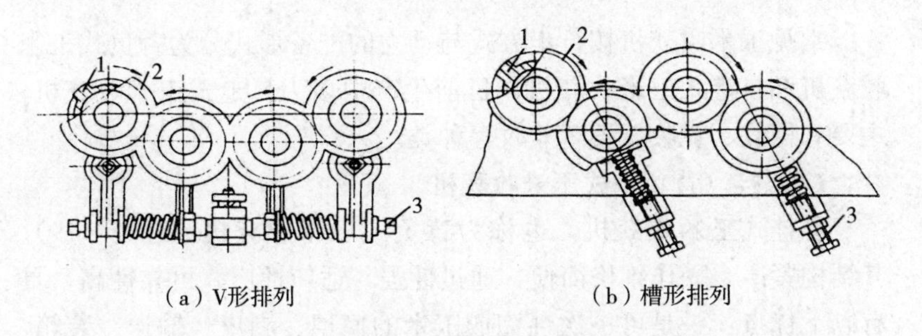

（a）V形排列　　（b）槽形排列

图 4-17　剥皮辊的配置

1. 剥皮辊　2. 剥皮辊轴承罩盖　3. 剥皮辊间隙调节螺

而无跳动的接触剥皮辊下滑，以提高剥皮效率，保证剥皮效果。压送器的形式包括叶轮式、链（带）式、凸轮键式等几种，如图 4-18 所示。

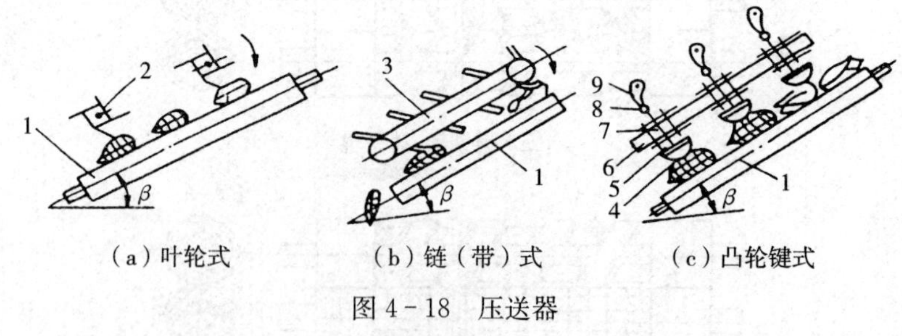

图 4-18　压送器

1. 剥皮辊　2. 叶轮　3. 链式输送带　4. 压块　5. 挺杆　6. 板架　7. 弹簧　8. 滚轮　9. 凸轮

剥皮装置工作时，压送器缓慢地回转（或移动），使果穗沿剥皮辊表面徐徐下滑。由于每对剥皮辊对果穗的切向抓取力不同（上辊较小，下辊较大），果穗在下滑过程中自动回转。果穗在旋转和滑行中不断受到剥皮辊的抓取，将苞皮或苞叶撕开，并从剥皮辊的间隙中拉出。

（二）常见玉米收获机种类与特点

常见玉米收获机按行走方式与动力的配备形式分为背负式玉米收获机和自走式玉米收获机，目前生产中多为自走式玉米收获机，主要有穗收、粒收、穗茎兼收等种类。

1. 悬挂（背负）式玉米收获机

悬挂式玉米收获机，也称为背负式玉米收获机（图 4-19）。其结构紧凑，操作维修简便，通过性强，适应性广，可靠性高，具有以下优点：一是可一次性完成玉米的摘穗、剥皮、输送、装箱、秸秆还田等生产过程作业，工作效率较高；二是可实现自行开道，对不同行距、不同品种的玉米具有较好的适应性，采用新型的拨禾结构、先进的摘穗机构，摘穗快而省力，对果穗损伤小，籽粒损失少；三是秸秆还田机采用动刀和定刀组成的螺旋切碎装置，具有秸秆切断短、作物留茬低等优点。

图 4-19　国丰悬挂式玉米收获机

2. 穗收式玉米收获机

穗收式玉米收获机（图 4-20）采用无链式玉米分禾、摘穗与茎秆切碎装置，主要工作原理是采用摘穗板、拉茎辊结构和立轴式甩刀，先切割后摘穗，提高玉米收获机的行距适应性。该机组有较好的强度和较高的使用可靠性，果穗损失率低于 2%，破损率低于 0.5%，剥净率大于 90%，极大地节约了收割时间和收获成本。

图 4-20　穗收式玉米收获机

3. 穗茎兼收玉米收获机

穗茎兼收玉米收获机（图 4-21）可一次性完成摘穗、剥除苞叶、果穗收集并装车、秸秆切碎回收等作业。割台位于机器的前方，用以摘穗、输送玉米果穗和粉碎玉米秸秆，采用玉米植株先行切碎再摘穗的方式，可实现不对行收获。前置秸秆切碎，摘穗后秸秆直接进入切碎滚筒切碎，切碎均匀。180°旋转秸秆抛送桶，可方便地将切碎秸秆抛入伴随车辆。配有自备高位侧翻秸秆箱、果穗箱，作业方便、高效。结构设计紧凑、运转灵活、操作方便。

图 4－21　穗茎兼收玉米收获机

4. 穗茎兼收打捆型玉米收获机

穗茎兼收打捆型玉米收获机（图 4－22）首创了独立可调的双层割台结构，上层割台收获果穗，下层割台收获茎秆；设计的宽口拨轮与拨禾链组合式喂入机构，大大提高了对我国玉米种植模式的适应性，增强了喂入能力，基本实现了玉米的不对行收获；采用了新型低损摘穗机构，降低了前期断茎和籽粒损失，提高了摘穗质量；首次将加强往复式切割器和茎秆搅龙组合式喂入机构用于高秆

图 4－22　穗茎兼收打捆型玉米收获机

作物收获，优化设计后实现了青贮茎秆的流畅喂入和均匀切碎；整机采用模块化设计，并将机电液一体化技术综合应用于割台升降、卸粮和抛掷器状态调整等方面，提高了产品的自动化和标准化程度；底盘部分采用小麦联合收获机上的部件，降低了成本，缩短了制造时间；整机结构紧凑，功能完善，成本低，达到了设计与农艺的有效结合。

5. 籽粒型玉米收获机

自走式玉米籽粒收获机（图 4－23）可一次性完成玉米的摘穗、输送、脱粒、分离、清选、集箱、秸秆还田等作业，整机配置为自走式，具有结构紧凑、操作方便灵活、视野开阔等优点。摘穗方式多为拉茎板式。

图 4－23　自走式玉米籽粒收获机

收获玉米适应行距 530～630mm，植株倒伏率低于 5%，最低结穗高度大于 350mm，籽粒含水率≤25%。

（1）收获玉米适用的环境。具有玉米收获机通行的道路，地里不得有树桩、水沟、石块等障碍物，土地应有足够的承载能力，玉米田地平整。

（2）收获玉米不适用的范围。籽粒含水率超过 35%的乳熟期玉米，籽粒含水率低于 20%且籽粒易脱落、果穗头易掉落的枯熟期玉米，不同品种混合种植及收获期不一致的青黄混杂玉米。如遇到上述情况时收割机达不到良好的收割效果。

（三）玉米收获机械选择

1. 按用途选择

用于果穗收获的有摘穗、摘穗剥皮、摘穗剥皮秸秆粉碎还田型玉米收获机；籽粒收获的有小麦玉米两用联合收获机和玉米籽粒专用型收获机；玉米青贮收获机主要有秸秆收获机和穗茎兼收型玉米收获机等，用户可根据用途自行选择。

2. 按照经济效益及区域种植模式选择

玉米收获机分为背负式、自走式、穗茎兼收式、籽粒直接收获式等多种类型。悬挂（背负）式可利用现有的拖拉机，一次投资相对较少，作业效益和机动性较好，但与拖拉机挂接复杂，适应丘陵地区及黄淮海平原小地块。自走式机型大、效率高、可靠性好、价格稍高、效益好，适应东北、西北及黄淮海地区的大地块。穗茎兼收式玉米收获机适宜于畜牧养殖区，玉米秸秆作为一种饲料，需求量也在不断增加，不少地区的农户要求，在收获玉米果穗的同时将茎干切碎收集，用于养殖业，提高秸秆的综合利用率。随着烘干设备的发展和适宜籽粒直收的玉米品种的推广种植，玉米籽粒直接收获的需求变迫切。从种植地块、经济水平和玉米收获机技术水平等因素考虑，目前黄淮海地区宜选择自走式玉米收获机。

3. 按产品质量与售后服务及信誉选择

玉米收获机发展快，新产品更新换代也快，选购时一定要注意产品是否通过省级以上农业机械鉴定部门鉴定及农机主管部门颁发的《农机推广许可证》。从产品质量方面，应该选购技术成熟、已经定型的产品。从售后服务和信誉方面，选购收获机时，要考察销售、生产单位是否具有产品“三包”能力，能否及时供应零配件。在购买时，要看“三证”（产品合格证、三包凭证、使用说明书）是否齐全及发动机排放是否符合环保要求。

（四）玉米收获技术要点与注意事项

1. 玉米收获技术要点

为保证玉米果穗的收获质量和秸秆处理的效果，减少果穗及籽粒破损率，提高秸秆还田的合格率、根茬的合格率和秸秆切段青贮的要求，玉米收获应满足以下要求：

（1）适时收获。玉米完熟期收获，一般在 9 月中下旬。

（2）选择机械。选择与玉米种植行距相适应的机型。

（3）作业条件。收获时玉米结穗高度≥35cm，玉米倒伏程度＜5%，果穗下垂率＜15%。

（4）技术要求。籽粒损失率≤2%，果穗损失率≤3%，籽粒破碎率≤1%，割茬高度≤8cm，秸秆切碎长度≤5cm，秸秆抛撒不均匀率≤20%。

（5）割茬高度一致，秸秆抛撒均匀。

2. 玉米收获的注意事项

（1）收获前注意事项

①收获前 10～15d，应对玉米的倒伏程度、种植密度和行距、果穗的下垂度、最低结穗高度等情况，做好田间调查，并提前制定作业计划。

②提前 3～5d，对田块中的沟渠、垄台予以平整，并将水井、电杆拉线等不明显障碍安装标志，以利安全作业。

③作业前应进行试收获，调整机具，达到农艺要求后，方可投入正式作业。

④作业前，适当调整摘相辊（或搞穗板）间隙，以减少籽粒破碎；作业中，注意果穗升运过程中的流畅性，以免卡住、堵塞；随时观察果穗箱的充满程度，及时倾卸果穗，以免溢出或卸粮时发生卡堵现象。

⑤正确调整秸秆还田机的作业高度，以保证留茬高度小于10cm，以免还田刀具打土、损坏。

⑥如安装除茬机时，应确保除茬刀具的入土深度，保持除茬深

浅一致，以保证作业质量。

（2）收获机使用注意事项

①使用前的保养和调试。使用前首先要按照说明书的要求检查各润滑部位润滑油的储存状态，刹车油、液压油、燃油、冷却水的存储状态，蓄电池电解液的储存状态和电量的盈亏情况并及时加注、更换或补充。特别是发动机必须严格执行发动机使用保养说明书的规定，防止造成发动机的不正常损坏。检查机器各部位是否有松动异常现象，若有应及时调整，确定各部位无故障后把安全防护罩安装好。

②玉米收获机必须牌照齐全、有效。玉米收获机驾驶人员必须按规定持证驾驶，在道路上行驶时，必须严格遵守道路交通法规；在作业过程中必须遵守相关农业机械安全监督管理办法。玉米收获机驾驶人员必须认真阅读出厂说明书，掌握机械性能。玉米收获机驾驶室不准超员乘坐。通过村镇、桥梁或繁华地段时应有人护行。

③每班工作完毕及时清除黏附在机壳内的杂草、土块。班后加足润滑油，检查各紧固件、连接件、传动件是否松动、脱落、损坏，各部件间隙、距离、松紧是否符合要求。班后检查各焊接件有无变形、开裂，各易损件如锤爪、皮带、链条、齿轮等磨损是否严重，有无损坏，并及时排除故障隐患。

④玉米收获机的传动等危险部位应有安全防护装置，并有明显的安全警示标识。保养、清除杂物和排除故障等，必须在发动机停止运转后进行。玉米收获机在道路行驶或转移时，应将左、右制动板锁住，收割台提升到最高位置并予以锁定。

⑤玉米收获机不准牵引其他机械。

三、玉米机械化收获发展趋势及建议

玉米机械化收获技术是玉米产业转变发展方式、提质增效、增强国际市场竞争力的重要途径，对整个玉米的产量和质量的提升具有很大的影响，是整个玉米生产过程中最重要的一个环节之一，也是玉米全程机械化的研究重点和难点。当前我国玉米收获正处于由机械化摘穗收获方式向籽粒直收转变、收获装备转型升级的关键阶段。

1. 发展趋势

（1）机械化摘穗收获向籽粒直收转变。在生产方式上由机械化摘穗收获方式向籽粒直收方式发生转变。目前，机械化收获以果穗收获为主，主要采用摘穗、剥皮、集箱、运输、晾晒、脱粒的分段式收获模式，作业环节多，成本高，而高效优质低成本的籽粒直收占比不足5%，这已成为玉米生产全程机械化进一步提升的制约因素。经过多年的试验验证，一大批籽粒收获技术与装备日臻成熟，培育了多种适用于籽粒收获的玉米品种，具备了籽粒直收技术大面积推广的条件，机械化摘穗收获向籽粒机械化收获发展正当其时。玉米籽粒直收是我国玉米生产的发展方向，对于提高生产效率、减轻劳动强度、降低收获损失和确保丰收具有非常重要的现实意义。同时，针对籽粒直收方式的转变，大力发展烘干设备等配套设施，满足玉米籽粒收获后的烘干生产需求，保障粮食安全、提高生产效率。

（2）收获机械性能突出“三高两低”。目前玉米联合收获机向着高速、高效、高质量和低损失、低损伤的“三高两低”方向发展。高速代表玉米收获机的作业速度正在加快，主要包括不断加大作业幅宽和加快机器作业时的前进速度。高效代表了玉米收获机功能的集成度越来越高，实现了玉米摘穗、剥皮、脱粒、清选、收集等作业，同时在收获过程中实现了秸秆的切碎、抛撒或者抛撒收集等功能。高质量代表玉米收获机的作业效果越来越好，主要包括籽粒含杂率越来越低、秸秆切碎长度得到严格控制、抛撒质量越来越均匀等。低损失代表玉米收获机作业过程的果穗损失率、籽粒损失率越来越低。低损伤主要考虑玉米由于籽粒较大、淀粉含量高且收获期含水率高于小麦、水稻等，收获过程容易出现籽粒破损，破损籽粒会严重影响籽粒的收获品质和发芽率，随着纵轴流脱粒技术的不断成熟，玉米收获过程的籽粒破碎率越来越少。

（3）收获机械向智能化方向发展。随着计算机技术、自动控制技术、新型传感技术以及机电液技术的快速发展，自动引导对行技术、静液压驱动技术、以作业负荷为控制手段的自适应控制技术、收获过程的玉米籽粒水分检测技术、收获损失智能检测技术、自动磨刀技术以及故障报警技术等应用到玉米收获机的开发之中，玉米收获技术与装备向智能化方向发展。某些国外机型以计算机控制为手段，实现作业过程的指掌式操控，大大简化了玉米收获机的操控方式。采用诸多智能化控制技术，实现操作过程轻便化、作业控制智能化和作业效果精准化。

2. 发展建议

（1）加快推进农机与农艺相结合的步伐。农机农艺有机结合是发展玉米收获机械化的重要保证。农机农艺不配套，成为影响玉米收获机械化发展的一个重要制约因素，农机与农艺需要相互促进、相互结合、相互适应。我国玉米的种植模式多样，同一台收获机难以适应如此复杂的耕种情况，限制了玉米收获机的推广应用。为提高玉米收获机械的生产力和适应性，促进农村经济更快更好发展，就必须走农机与农艺相结合的路线。农机与农艺看似独立却相互依存，既相互联系又相互制约。任何玉米收获机型都是在满足玉米收获农艺要求的前提下设计的，而任何玉米种植农艺的出现都必须有相应的玉米收获机械为之服务。只有相互结合、相互适应，充分发挥农艺的优质高产和农机的高效功能，才能全面促进我国玉米收获机械的发展。

（2）加快推进技术装备的创新。技术创新是玉米收获机械化不断发展的不竭动力。玉米收获机械化的发展，需要有质量可靠、性能完备的技术和装备支撑。我国玉米收获机经过多年的试验示范和推广应用，取得了一定的成效，但多数企业规模较小、研发能力较弱、生产工艺落后、产品质量不够稳定，如籽粒破损率、损失率以及含杂率比较高，仍然会影响玉米收获机械化尤其是籽粒直收的快速发展。因此，要兼顾特殊收获需求，组织科研技术力量，全方位开展技术研究、试验示范，建立低损低破碎高效收获综合辅助决策系统，提高收获技术水平与质量，研制高性能、高效率、高可靠性农机装备，为我国玉米机械化收获提供技术和装备支撑。

（3）加快推进机械化与信息化融合。发达国家的玉米收获机可以自动驾驶，智能化的玉米收获机可以在收获过程中直接测出该地块的实时产量，部分比较先进的机型还可以根据玉米产量和土壤状况，绘制地块的土壤肥力图，以便于后期施肥管理。要加快推进机械化与信息化融合，联合收获朝着高效率、高质量方向发展，以智能化控制技术为重点，突破关键工况参数及作业质量参数采集传感器的研究与开发，精准采集机具作业信息（工况参数、作物水分、喂入量等）与收获质量指标（籽粒破碎率、脱净率、收获损失率、产量等），显示收获装置实时工作状态以及维修保养提示，及时向企业、驾驶员及农户等反映真实作业情况，结合 GPS、GIS、RS 等技术，生成实时产量、水分分布图，实现数据等远程传输与监测，为生产部门决策等提供准确信息。

（4）适当延迟收获时间。玉米籽粒收获机械经过试验示范正在大面积推广应用，是未来玉米机械化收获的主要生产方式。适当晚收，降低籽粒含水量，促进玉米增产。按照玉米生产目的，确定收获时期，一般在玉米成熟期即籽粒乳线基本消失、基部黑层出现时进行籽粒收获。黄淮海地区玉米达到生理成熟时籽粒水分约为 30%，而籽粒最佳收获质量水分区间应为 23%～25%，不得高于 28%，籽粒每天的脱水率为 0.4%～0.8%，因此，玉米生理成熟后仍需在田间晾晒 10d 左右，才能达到适合籽粒直收的水平。

（5）选用适宜籽粒机收的玉米品种。玉米品种要求是生长周期短、收获时含水率低、收获时籽粒硬、易脱粒的玉米品种；玉米播期应按照“玉米早播”的要求，要做到“小麦随收、玉米随播”；按照玉米品种和籽粒收获作业的要求确定播种密度和种植行距等作业指标。经过试验验证，登海 3737、登海 518、先玉 335、先玉 047 等玉米品种适宜进行籽粒直收，也适宜开展大面积推广种植。收获玉米籽粒后及时烘干。玉米籽粒直收需要配套粮食烘干设备，籽粒直收后立即进行烘干，达到储存的标准水分 13%左右后入仓存放，烘干不及时，玉米籽粒容易发生霉变。

第五章
玉米产后机械加工

目前，我国玉米收获时由于受到品种、种植模式、地域条件、果穗含水率等多种因素的影响，2018 年机械化收获率达70%左右，但籽粒收获率仍较低。因此，在相当一部分地区收获玉米果穗后还需要进行剥皮、脱粒、干燥等作业，方便后续玉米深加工作业。

第一节　产后加工基本知识

一、剥皮作业质量要求

玉米剥皮是指通过人工或机械的方式将包裹果穗的层层苞叶剥离掉的过程，是脱粒之前的一道必备工序。人工剥皮的效果好，但速度慢，容易影响后续的脱粒、晾晒和干燥程序，且劳动力成本较高。随着规模化生产逐步推进和劳动力日益紧缺，采用玉米剥皮机代替人工进行机械剥皮，可有效提高作业效率，降低劳动强度，节省生产成本。

玉米剥皮作业质量的基本要求是苞叶剥净率较高，籽粒破碎率和果穗损失率较低，安全性能较好。一般要求剥净率达到 85%以上，破碎率低于 1%，损失率低于 2%。机械剥皮相比人工剥皮，容易出现剥不净、破碎率和损失率高的问题。如果剥净率低于80%，破碎率高于 1%，损失率高于 2%，就会影响到农民使用剥皮机的积极性。玉米剥皮机剥净率、破碎率和损失率的高低受限于多种因素：一是品种类型，玉米成熟的时候苞叶较厚并且包裹果穗较紧，就增加了机械剥离的难度。二是收获时间，在黄淮海冬小麦夏玉米连作区域，如玉米品种生育期过长或遇到连续低温阴雨天气的影响，常存在没达到完全成熟就采收的现象，导致苞叶干松程度不足，增加了苞叶剥离难度和籽粒破损率。三是果穗大小，因品种或生产条件在不同地块之间存在差异，需要适当调整弹簧螺丝的松紧或上盖内部的压板高低，达到适宜的剥皮效果。四是剥皮机自身因素，如电机功率太低或者皮带太松，都会出现剥皮不净的现象，而电机功率过大或者皮带过紧，则容易损伤果穗或籽粒。因此，通过种植中早熟的宜机收品种，适期收获或适当晚收，选择产品性能较好的剥皮机，以及及时调整剥皮机的部位零件等，可有效提升机械剥皮的作业质量。

国内玉米剥皮机作为一种新型农机具尚需逐步改进完善，产品的相关标准和技术规范体系还不完善，产品制造水平参差不齐，或者操作不规范，所以玉米剥皮机的应用给农民提供便利的同时，也存在着安全隐患。因此，需要提高剥皮机的安全制造和安全操作意识。

二、脱粒作业质量要求

玉米脱粒是指通过人工或机械的方式将籽粒从穗轴上脱离的过程。机械脱粒是玉米全程机械化的关键环节之一。玉米脱粒机的广泛应用，结束了玉米脱粒依靠小家坊手工作业的落后方式，解放了大量农村劳动力，为后续的晾晒或烘干节省出大量时间。

玉米机械脱粒作业的基本质量要求包括未脱净率、飞溅损失率、总损失率、破损率、含杂率等性能指标，需达到 JB/T 10749—2007 的要求，见表 5-1。

表 5-1　玉米机械脱粒机作业性能指标要求

项　目	机　型	指　标
未脱净率（%）	无分离、清选	≤1.0
	有分离、清选	
飞溅损失率（%）	无分离、清选	≤0.5
总损失率（%）	有分离、清选	≤2.0

（续）

项目			机型		指标
破损率（%）	含水率	25%～30%	无分离、清选		≤3.0
			有分离、清选		≤3.5
		14%～20%	无分离、清选		≤1.0
			有分离、清选		≤1.5
含杂率（%）			无分离、清选		—
			有分离、清选		≤1.0
千瓦小时生产率［kg/（kW·h）］			无分离、清选	非机械上料、装袋功率>3kW/功率≤3kW	≥900/≥500
				机械上料、袋装	≥800
			有分离、清选	非机械上料/袋装	≥700
				机械上料/袋装	≥600
生产率（kg/h）			有分离、清选/无分离、清选		达到说明书的要求

三、烘干作业质量要求

玉米烘干是指采用烘干塔和干燥机等设施设备快速降低籽粒水分，达到安全贮藏要求的过程。与自然晾晒相比，机械烘干方法可以有效节省玉米籽粒干燥时间，易于规模化作业，不受天气和场地制约，因此对提高商品玉米流通效率起到了很大作用，但同时容易出现玉米品质下降、营养成分被破坏等问题。

玉米烘干作业质量的基本要求是通过对水分和温度的控制，使水分达到预期指标，减少对玉米质量的影响。受品种、收获时期、地域和天气等多种因素的影响，新收获玉米的水分一般较高，且不均匀。水分过高易导致籽粒发热霉变，破坏营养品质，不利于储存。粮食安全贮藏所需的水分指标一般为13%～15%。玉米烘干常用两种方式，一是直接烘干至14.5%左右，入库后在存放过程中使水分逐渐散失到14%以下；二是先晾干到20%左右，然后再烘干。水分差异较大的玉米籽粒混在一起，容易导致烘干不均匀，水分差异在2%以内的玉米籽粒混装烘干的效果较好。烘干温度过高时，玉米籽粒中淀粉和蛋白质等会发生糊化和变性，玉米脂肪酸升高，内在活力下降，使品质下降，缩短了储存时间。因此，倡导采用低温大风量的干燥工艺，加热最高温度控制在50℃以下，介质最高温度控制为140℃。

第二节　机械剥皮

一、常见玉米剥皮机种类与特点

受玉米收获机械化程度的制约，近半数地区特别是山区丘陵地区都是手工收获果穗，收完后需要进行剥皮处理。其他实现机械化收获的地区，由于受品种、种植模式等因素制约，收获时含水率较高，还不能直接收获籽粒。因此，需要在玉米收获机上配备剥皮机实现果穗收获。虽然因为品种、收获时机等因素，苞叶包紧程度不同，但剥皮原理基本相同，都是采用两个材质和结构不同、倾斜布置的剥皮辊相对转动，果穗沿剥皮辊下滑的过程中，果穗沿穗轴自转，苞叶不断被剥皮辊上的凸钉或者花纹抓取，被剥皮辊滚夹持并向下抽拉剥去。虽然，剥皮机形式各异用在不同场合，但其工作基本原理类似，其组成结构相似。

玉米剥皮机主要由剥皮辊、压送器、果穗喂入斗、传动系统、驱动系统组成，如图5－1所示。剥皮机工作时，首先将果穗抛入喂入斗内，随着剥皮辊的转动，果穗沿剥皮辊斜下方滑动。果穗能够绕自身穗轴不断转动。苞叶被剥皮辊向下拉取排出机外。在此过程中为了避免果穗剥皮过程中出现跳动而离开剥皮辊，一般都在剥皮辊上方安装一组果穗压送器，将果穗压紧在剥皮辊上，对多组剥皮辊的剥皮机还可促使果穗均匀分布，提高剥皮效率和作业质量。

玉米果穗剥皮机分为场地作业用和玉米收获机用两大类，其基本工作原理相同。只是场地用剥皮机一般都本配备电动机作为动力，而玉米收获机用的动力来源于玉米收获机的传动系统。

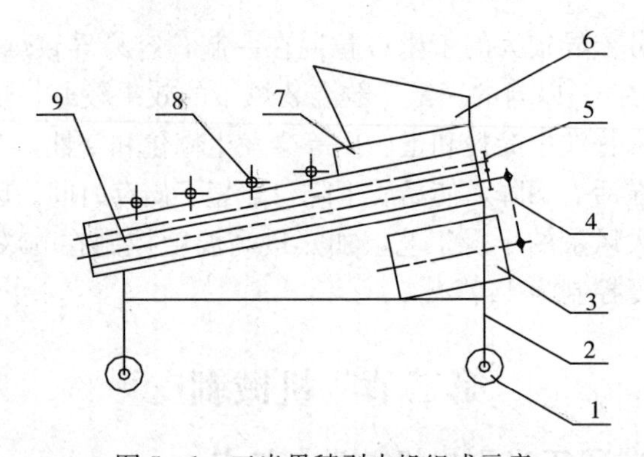

图 5-1　玉米果穗剥皮机组成示意

1. 脚轮　2. 机架　3. 电动机　4. 动力输入系统　5. 剥皮传动系统
6. 喂料斗　7. 防护罩　8. 压送器　9. 剥皮辊

(一) 场地用玉米剥皮机

场地作业用的剥皮机又分为固定式和移动式两种，其中固定式适宜家庭自用进行果穗剥皮作业，而移动式方便多家、多场地移动作业。图 5-2 为移动式玉米剥皮机，其结构特点如下：

图 5-2　移动式玉米剥皮机

(1) 结构小巧，便于移动。该种机型装有便于移动的脚轮，方便用户移动转场作业。

(2) 拆装更换剥皮辊方便。适于不同玉米品种的果穗剥皮，根据玉米苞叶松紧程度不同，换装不同结构和材质的剥皮辊组完成剥皮作业。

(3) 剥皮辊组倾角可调。压送器多由橡胶材料制成，可以实现对果穗剥皮时间的调整，降低剥皮过程中的籽粒损伤率。

(4) 该机工作效率高，动力消耗少，可大大减轻丘陵山区农民的劳动强度。

（5）该机动力配备灵活。既可以采用电机驱动，也可以由发动机带动适合不同环境下使用。

（二）玉米收获机用剥皮机

玉米剥皮机是玉米联合收获机的关键部件之一，其工作性能的好坏直接影响整机的作业效率、苞叶剥净率、籽粒损失率等收获性能指标。玉米收获机用剥皮机主要是与玉米收获机配套使用，其通过机架固定在收获机上，动力来源于收获机传动系统，依据收获机收获行数配置不同组数的剥皮辊组和压送器完成玉米剥皮作业。玉米收获机用剥皮机常见结构如图 5-3 所示。

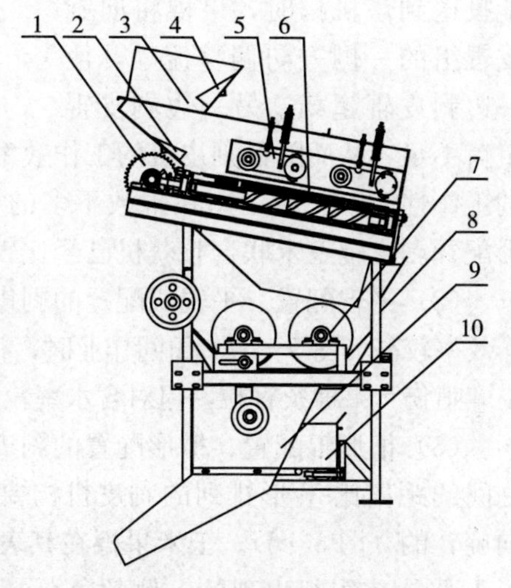

图 5-3　玉米收获机用剥皮机

1. 动力输入端　2. 下分流板　3. 防护罩　4. 上分流板　5. 压送器总成　6. 剥皮辊组　7. 苞叶排出装置　8. 机架　9. 苞叶粉碎装置（选装）　10. 籽粒回收箱

1. 剥皮辊组

剥皮辊组是玉米联合收获机用剥皮机最主要的工作部件，其结构形式对提高玉米果穗剥皮质量和剥皮机的生产效率具有极其重要的作用。剥皮辊组在推送果穗至果穗箱的过程中，将玉米果穗的苞叶剥下，并将苞叶、茎叶混合物等杂物排出剥皮装置。因此，剥皮辊的配置形式、表面形状、材料、直径、长度、安装倾角以及转速等因素将直接影响剥皮机的剥皮效果。剥皮辊组的配置形式主要有以下 3 种，各有特点：

（1）V 形辊配置。V 形配置剥皮辊的剥皮装置，结构较简单（图 5-4）。但 V 形排列的辊组只有一条沟槽，两个上辊之间的距离并不大，果穗必须严格按一定方向送入；若果穗横在剥皮辊上，上辊同向旋转，在摩擦力和重力的作用下，果穗将向剥皮辊组的左下（或右下）方抛离而剥不掉苞叶。在输送装置将果穗无次序地投送到该机构时，果穗将向剥皮辊组的一侧方向偏移流动，使一边剥皮辊超载，另一边剥皮辊负荷不足，从而降低剥皮机的工作效率和剥皮质量，甚至影响整机的工作性能。一般多用在辊数不多的小型机器上，现在市场上V形配置剥皮辊玉米联合收获机已经比较少见了。

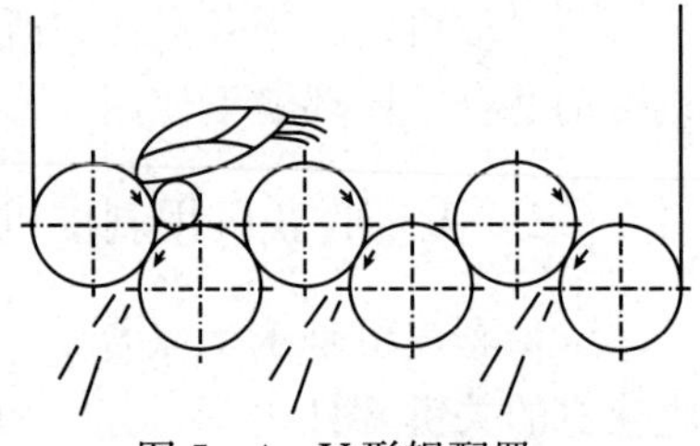
图5-4　V形辊配置

（2）平辊配置。平辊式配置的剥皮辊组结构简单、成本低、工作效率较高（图5-5）。田间作业时，籽粒损失率及破碎率较低，不易“啃伤”果穗及籽粒，但对含水率较高的玉米果穗剥净率不高。

（3）槽形辊配置。槽形配置的剥皮辊组有两条沟槽，上剥皮辊之间的距离比V形排列的剥皮机构要大1倍，而且两个上辊是相向旋转的（图5-6）。玉米果穗在其表面的横向分布较均匀，消除了V形剥皮辊组出现的一侧超负荷、另一侧负荷不足的现象。同时，如果两个上辊工作表面由不同材料制成、形状也不同，会对横在上面的果穗产生相对旋转的力矩，使果穗在辊上相对转动并置于剥皮机的沟槽里，保证果穗沿沟槽按一定方向移动，有利于提高剥皮机的工作效率和作业质量。而且槽形布置的剥皮辊组在剥皮辊的下端设有深槽形的强制段，可将滑到末端的散落苞叶和杂草强制排出，防止堵塞。田间试验表明，槽形配置剥皮辊的剥皮机，在作业过程中可以获得较高的剥净率；但经常出现啃伤籽粒的现象，导致籽粒损失率和破碎率较高。

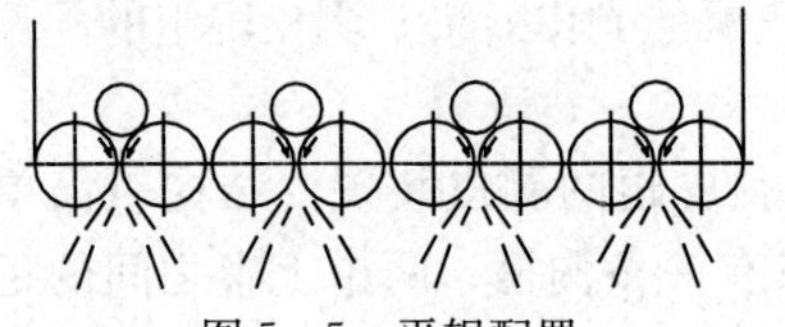
图5-5　平辊配置

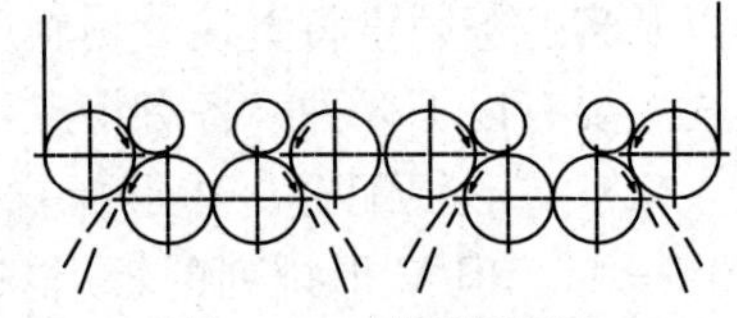
图5-6　槽形辊配置

2. 压送装置

压送装置对改善玉米果穗剥皮质量、提高剥皮机生产效率具有非常重要的作用。它能把果穗压向剥皮辊，增大剥皮辊与果穗苞叶间的摩擦力；还能剖开果穗苞叶，促使苞叶蓬松，使剥皮辊更好地抓取苞叶；防止在剥皮的过程中果穗端部翘起来，避免果穗端部掉粒；不断地放松、压紧果穗，使其能绕自身的轴线转动，提高苞叶的剥净率，同时促使果穗以合适的速度沿剥皮辊组的沟槽移动，确保剥皮机构较高的工作效率。

根据结构的不同，压送装置分为星轮式和拨板式，分别如图5-7、图5-8所示。一般将星轮式压送器与平辊配置的剥皮辊组、拨板式压送器与槽型配置的剥皮辊组相配套使用。目前，拨板式压送器应用最广泛，它由两个或多个带有多片压穗叶片的叶轮组成。轮轴横向剥皮辊，置于带有弹簧悬架的摆动杠杆上，当果穗从拨板下面通过时能抬起一定高度。其周期性地将果穗压向剥皮辊，可以保证玉米果穗能顺利地移动和旋转，并可提高剥皮质量和工作效率。

图5-7　星轮式压送器

图5-8　拨板式压送器

二、剥皮机选择

（一）剥皮机的参数选择

1. 剥皮辊的直径

根据剥皮辊不能抓取果穗的条件确定。现有机器剥皮辊的直径为 68～103mm。

2. 剥皮辊轴心高度差

剥皮辊轴心高度差根据果穗在量剥皮辊中的稳定性确定（图 5-9），即 $\alpha+\gamma<90°$。

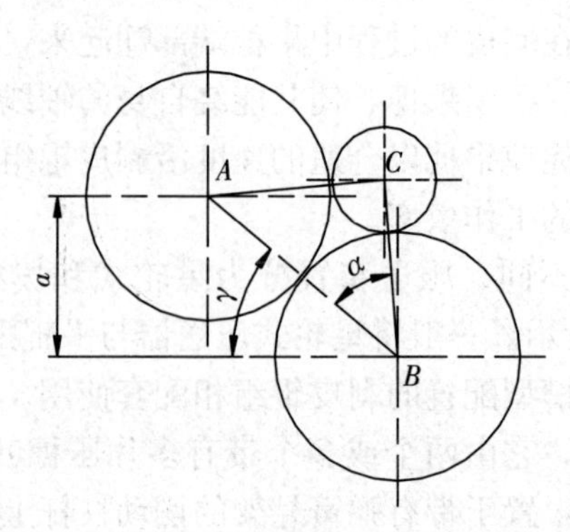

图 5-9 剥皮辊轴心高度差

式中，α——果穗轴心到下辊中心连线 CB 与上下辊中心连线 AB 的夹角；

γ——AB 与水平线的夹角。

在现有剥皮辊直径为 70～100mm，果穗直径为 40～50mm 的情况下，一般取 $a\leqslant40$mm。

3. 剥皮辊的转速

传统经验认为，剥皮辊转速范围为 200～400r/min 较适宜。转速过高，将影响苞叶剥净率，过低则生产效率降低。据最近几年玉米剥皮机实际使用情况反映，剥皮辊转速应在 350～500r/min 比较适宜。特别是玉米收获机用剥皮机，受整机布置时空间结构限制同时兼顾剥皮效率，有的机型将剥皮机的转速提高到了 600r/min 左右，但剥皮质量受到较大影响。

4. 剥皮辊长度

依据试验资料，剥皮辊以 1m 左右较为适宜，目前市场上使用的剥皮机基本上为 0.8～1.1m。过长时，剥净率无明显增加，但由于果穗与剥皮辊接触时间过长破碎率增大；过短时，则剥净率明显降低。

5. 剥皮辊的生产率

每对剥皮辊的生产率，根据对剥净率的要求不同，差别较大。国标要求剥净率在85%以上时，生产率为400～700kg/h，即0.11～0.2kg/s。在玉米联合收获机上，摘穗辊对数与剥皮辊对数之比一般为1∶3～1∶2。

6. 功率耗用

根据试验资料，玉米联合收获机的每行摘穗器所需功率为2.6～3.0kW，剥皮机构所需功率为1.8～2.0kW。

（二）剥皮机类型的选择

玉米剥皮机的选择应依据使用场合不同选用。对于丘陵山区地块较小，收获玉米一般靠人工摘穗后运回场地晾晒、剥皮，适宜选用场地作业自带动力的场地作业剥皮机，其转场方便，操作灵活，效率较高。对于地块较大连片种植的地区，宜选用带有剥皮机的玉米收获机进行作业，可节省劳动力，提高作业效率。

另外，选购玉米剥皮机时一定要依据自身需求，选择正规厂家生产的，通过推广鉴定的设备，不能只图便宜，从而对生产及人身造成不必要的损失。选择剥皮机时一定要检查传动系统、剥皮装置、果穗排出口、苞叶排出口等危险部位是否装有牢固可靠的防护装置。

三、机械化剥皮操作注意事项

（一）作业前

作业前一定要仔细阅读使用说明书，掌握安全操作规定，了解危险部位及安全标志所提示的内容。按产品说明书的规定进行调整和保养，各紧固件和连接件不得有松动现象。检查喂料斗和剥皮机构，确认无硬物，以免运转时损坏工作部件；检查调整传动系统、剥皮辊压紧度、压送器松紧度；检查传动系统、剥皮机构、果穗排出口等部位的防护装置是否可靠固定。对于场地作业用剥皮机，要在确保安全的情况下将玉米剥皮机放置在坚实平整的场地空转5min，待运转平稳后再进行正常作业。对于玉米收获机用剥皮机，在玉米收获作业前也应进行空运转，然后进行正常作业。

（二）作业中

玉米剥皮机工作时，操作者要穿好紧身衣服，不允许戴手套；严禁老人、儿童操作，严禁酒后和过度疲劳者操作；送入喂料斗的玉米果穗内严禁混入硬物，严禁用手、木棍强行喂入；严禁在机器运转时用手推拉夹在剥皮辊中的玉米果穗和苞叶，果穗排出口禁止站人；剥皮机运转时禁止打开安全防护罩进行清理维修作业；剥皮机发生堵塞和故障等异常情况时，应停机检查排除故障，然后重新装好防护罩再继续作业。

（三）作业结束

作业结束时应先停止喂入，待剥皮机内的玉米果穗全部排除后再切断动力，而后将机器内部残留物清理干净。

第三节　机械脱粒

一、常见玉米脱粒机种类与特点

玉米脱粒机种类繁多，按脱粒方式分，可分为烂芯玉米脱粒机和不烂芯玉米脱粒机。烂芯玉米脱粒机在脱粒时要将玉米芯棒粉碎，然后经过风选等程序，将玉米粒分离出来。不烂芯玉米脱粒机的工作原理是通过转子高速旋转与滚筒撞击而脱粒，是目前较广泛采用的经济型脱粒设备，具有体积小、重量轻，安装、操作、维修简便，生产效率高等诸多优点。

按动力分，可分为手动玉米脱粒机、电动玉米脱粒机、机械动力（如柴油机）玉米脱粒机。手动玉米脱粒机是一种简单的玉米脱粒设备，人工操作；电动玉米脱粒机利用电动机作为动力，家用的220V电源即可操作，使用方便，节能环保；机械动力玉米脱粒机适合在没有电源供应的地方使用。

按照脱粒原理分为钉齿式、纹杆式、弓齿式、锤片式等多种形式。钉齿式脱粒靠钉齿打击玉米果穗，使玉米籽粒产生振动和惯性力而破坏它与穗轴间的连接；在钉齿滚筒的转动下，齿侧面间和钉齿顶部与凹板弧面上的搓擦作用使玉米穗与穗间、穗与凹板间产生搓擦，从而实现脱粒。钉齿式脱粒机主要由钉齿滚筒和凹板组成。钉齿滚筒上的钉齿通常按螺旋线排列，以单头居多数，成排地固定在滚筒上，齿排数有 3 排、4 排、6 排、8 排、10 排等五种，以 4 排、6 排的居多。钉齿形状有方形齿，边长 22mm；圆柱形倾斜齿，直径为 12～24mm；还有球顶方根齿等几种。脱光穗玉米的是长度为 15～30mm 的钉齿，脱带皮玉米穗的为长度大于 30mm 的长钉齿。滚筒外缘线的速度一般为 6～10m/s，滚筒直径一般为 200～500mm。凹板有冲孔式和栅格式两种，凹板包角一般为 120°～180°，通常凹板上装有导向板。

按照喂入方式不同可分为手动喂入和全自动喂入。全自动喂入脱粒机结构如图 5-10 所示。该机主要由果穗手机装置、果穗升运器、脱离滚筒、分离凹版、风机、籽粒提升斜螺旋等组成。工作时，将拖拉机动力输出轴的动力通过万向节连接轴传递给中间动力轴，由其驱动果穗收集螺旋、果穗升运器、脱离滚筒、风机、籽粒横向输送螺旋以及籽粒提升斜螺旋等，这样机器随着拖拉机的牵引，将晾晒与晒场的果穗通过果穗收集螺旋进行收集并横向输送。当果穗收起并输送到机器左侧时，果穗在果穗升运器的作用下实现果穗的纵向输送，并均匀送入脱离滚筒。在滚筒脱离元件反复冲击、揉搓下实现籽粒与穗轴的分离；脱下籽粒与断碎的苞叶、穗轴穿过凹版上的筛孔而落下。在此下落过程中，在旋转风机气流的作用下，夹杂在籽粒中的断碎苞叶、穗轴等杂物被吹出机外；而干净的籽粒落入籽粒横向输送器，并由其运向机器一侧。当籽粒输送到右侧时，由籽粒提升斜螺旋将其输送到一定高度，即可实现籽粒的装袋或者装车作业；而穗轴在完成脱粒后，在螺旋布置冲击元件的作用下，沿着凹版向机器的右侧运动，最终由穗轴出口排出机外。

二、脱粒机选择

（1）必须选购具有国家有关技术鉴定部门颁发的“农业机械推广许可证”“生产许可证”和“3C（中国强制性产品认证）标志”的产品。已获证产品的安全性还是有保证的，可放心购买，切不可购买无生产许可证的脱粒机产品。

（2）安全防护装置必须完整可靠，脱粒机的所有高速运动部件都应当有平稳可靠的防护罩或防护板，一般以脱粒机工作状态下人的手脚不易进入到高速旋转部件为准。

（3）安全警示标识必须完整且规范，一般在脱粒机的喂入口、出料口、风机口、输送带和夹持链等危险部位都应当有永久性的安全警示标识，提醒操作者注意安全。

（4）在选购时，要查验随机的使用说明书、三包凭证（保修卡）、产品合格证是否齐备。要仔细查看脱粒机的三包规定，尽可能选购三包期长、易损件供应有保障的脱粒机。最后要货比三家，确定购置品牌，注意索要税务部门统一监制的发票，以便维权。

（5）在选购时，要仔细阅读脱粒机说明书中的技术参数和作业性能数据表，综合考虑脱粒机的适用范围、配套动力、作业效率、能耗、脱净率、损失率、含杂率等技术指标，经过认真比较后选购经济适用的机型，切不可片面追求机型较大和标称效率较高的机型。

三、机械化脱粒操作注意事项

任何的机器在使用后都是需要进行维护的，以保证其良好的工作状况和机器性能。应用于农业中的各种机器更是需要精心呵护，这是因为它的工作环境灰尘特别大，工作强度也非常大，而且经常需要在烈日下暴晒很长时间。因此，在恶劣的工作环境中工作就更需要仔细维护。

（一）工作前

由于脱粒机工作环境恶劣，事先应对参加作业的人员进行安全操作培训，使其明白操作规程和安全常识，如衣袖要扎紧，应戴口罩和防护眼镜。

工作前，首先要对机器进行一下简单的检查工作。检查所有紧固螺栓是否拧紧；传动带松紧度应合乎规定；检查各部件通道是否畅通，确保机内无杂物；检查各转动部件是否灵活无碰撞，调节机构是否正常，进行空车试运转和试脱粒工作。玉米脱粒机在进行工作之前，需要对机器进行全方位的检查，以保证该机器在工作期间不会因出现意外状况导致工作不能正常进行，从而在人力、物力和时间方面造成严重损失。

另外，开机前应清理作业场地，不得放与脱粒无关的杂物，禁止儿童在场地边玩耍，以免发生事故。

（二）工作中

玉米脱粒机这类农业机器的工作强度大，工作环境差，所以在工作期间进行相应的维护可以保证其工作效率和工作状况。这时的维护工作主要有：应经常注意机器的温度等指标是否正常，并且还要定期检查各配合部位的配合状况。喂料要连续、均匀，作业结束时不能立即停机，要让机器内部的玉米果穗全部排空后再停机。不要忽略机器在工作中的故障发生概率，在工作期间发生故障不仅会降低工作效率，还有可能给劳动者带来危险。发生故障时，要停机处理，不能存有侥幸心理。严禁在机器转动时摘挂皮带或将任何物体接触传动部件。

另外，作业时要确保配套动力与脱粒机之间的传动比符合要求，以免因脱粒机转速过高，剧烈震动，使零部件损坏或紧固件松动引发人身事故。连续作业时间不能过长，一般工作 8h 左右要停机检查、调整和润滑，以防止摩擦严重导致磨损、发热或变形。用柴油机做动力的，应在排气管上戴防火罩，防止火灾。作业过程中应经常注意机器的工作状态，发现问题应立即停机检修，不得带病作业。

（三）工作结束后

在工作完成后，还要对玉米脱粒机进行最后一步的维护工作，并将其妥善安置。工作结束后的维护主要是为了保证下一次使用时能正常运转，保证机器处于一个良好的休养状况，防止给下次的工作带来不必要的麻烦，耽误农忙时的进度。这些工作主要有：将机器内外尘土、污垢和茎秆、颖壳等杂物清理干净；将传动皮带轮、脱粒机滚筒等未涂漆的金属零件表面涂上防锈油；卸下重要部件如传动皮带等，并连同其他附件一起妥善保管；将机器放置在干燥的库房或厂棚，有条件时最好用枕木垫起，并盖上油布，以免机器受潮、被暴晒和淋雨。

第四节　籽粒干燥

由于我国黄淮海地区玉米收获时果穗含水率都为25%以上，有些地区受农时限制，果穗含水率更高，有的籽粒含水率甚至超过35%。特别是近几年随着籽粒收获需求日益迫切，玉米收获后远不能达到安全贮藏标准要求的13%以下。因此，为了防止玉米籽粒贮藏过程中发生霉变、虫蚀等灾害，必须适时对其进行干燥。

一、常见玉米籽粒干燥机种类与特点

（一）玉米籽粒干燥设备的形式

按干燥介质温度的高低分为高温快速干燥机和低温慢速干燥机，一般以45℃为界限，我国目前使用的干燥介质温度一般偏高，低温干燥一般用于种子烘干，高温干燥用于商品粮烘干。

按热空气与粮食的相对运动分为：顺流式干燥机，气流运动方向与粮食流动方向相同；逆流式干燥机，气流运动方向与粮食运动

方向相反；横流式干燥机，气流方向与粮食流动方向垂直，如5HZ－3.2型干燥机；混流式干燥机，逆流与顺流兼有的粮食干燥机械，如西伯利亚型干燥机。

按干燥介质的性质是加热空气，还是炉气与空气混合可分为：直接加热干燥机，即将烟道气与空气混合后，直接送入干燥机使粮食进行干燥；间接加热干燥机，采用热交换器将新鲜空气加热，然后送入烘干机使粮食干燥，优点是不污染粮食，但热效率较低。

按结构形式分为滚筒式干燥机，属于高温快速干燥设备；塔式干燥机，处理量大，降水多，适用于玉米和小麦的干燥；流化床干燥机，结构简单，属于高温快速干燥。

按热量传给谷物的方式分为3种：接触传导干燥，谷物与加热的金属板或其他物料接触，从中吸收热量，升高温度，促使其内部水分向表面转移并汽化，达到干燥的目的，例如利用钢球和沙子干燥粮食的固体介质干燥机。对流干燥，利用加热气体以对流方式将热量传给谷物，以达到干燥的目的，大多数干燥机属于此类。辐射干燥，利用辐射线照射谷物，使谷粒内部分子的运动加剧，迅速发热升温，使水分散发而干燥的方法，如远红外干燥机。

以上的各种干燥机械都离不开能源，干燥机的能源可以是煤、煤气、液化石油气、蒸气、电、太阳能、柴油等。

（二）干燥机械的一般构造及特点

1. 仓式干燥机

（1）干燥贮存仓。干燥贮存仓是比较简单的干燥设备，粮食的干燥、降温、通风、贮存都在同一谷仓内进行。其结构如图5－10所示，风机将干燥空气鼓入带孔底板下面的空气室，并迫使空气以0.07～0.1m/s的速度穿过底板和粮食，废气从仓顶溢出，使粮食干燥，干燥后的粮食立即就仓贮存。在气候干燥的时候，可以用自然空气；在气候潮湿的时候，可使用燃烧炉使空气适当升温，将空气相对湿度降低。但升温过多使空气相对湿度降低过度是不适宜的，因为这样当上层粮食达到安全水分时下层粮食会过度干燥。其仓内玉米量受干燥设备生产率和湿玉米含水率影响，每一批玉米的干燥时间范围为12～24h。

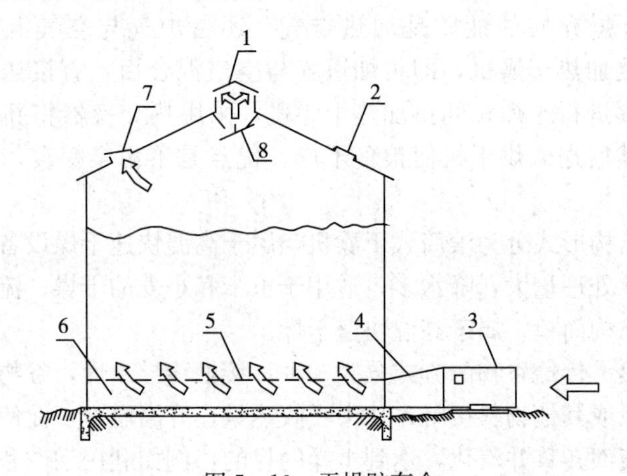

图5-10　干燥贮存仓

1. 顶盖　2. 天窗（人孔）　3. 风机　4. 风道　5. 孔板　6. 空气室　7. 透气孔　8. 撒布器

目前美国厂家生产的干燥贮存仓的容量从200t到1万t不等。使整个粮食干燥一般需要10～15d。由于干燥时间太长，为了避免上部粮食在干燥前霉烂，一般采用分层多次装入的办法。近年有人试验将少量氨气脉动地加入干燥介质中，可以使高水分粮食在干燥期间不腐烂变质，从而免去多次装入湿粮的麻烦。利用干燥贮存仓干燥粮食的技术，早在20年代和30年代就发展起来了，虽然有干燥需时太长和多次分层装入湿粮的缺点，但由于能耗少和免除了因干燥而采取的粮食搬运作业等，其干燥成本较低廉，至今各工业发达国家的农场中仍然广泛使用。

（2）流动式干燥仓。如图5-11为流动式干燥仓，其结构与上图类似，但是配置不同，仓体为金属波纹结构，直径4～12m，大的可达16m或以上。湿玉米籽粒从进料斗进入，经提升器、上输送搅龙后，由均布器均匀撒抛到透风板面上，直到所要求的谷物层厚度为止；然后开动风机，把经过加热的空气压入热风室，热风从下而上穿过谷层，由排气窗排出室外。干燥过程中需要翻动谷物时，开动扫仓搅龙、下输送搅龙、提升器、上输送搅龙、均布器，下层的谷物由扫仓搅龙送到下输送搅龙，经提升器、上输送搅龙到均布器，均匀撒抛在上层谷物表面，依次不断间隙翻动，使上下层谷物调换位置，达到均匀干燥的目的。此种干燥机的机械化程度高，但投资较大。

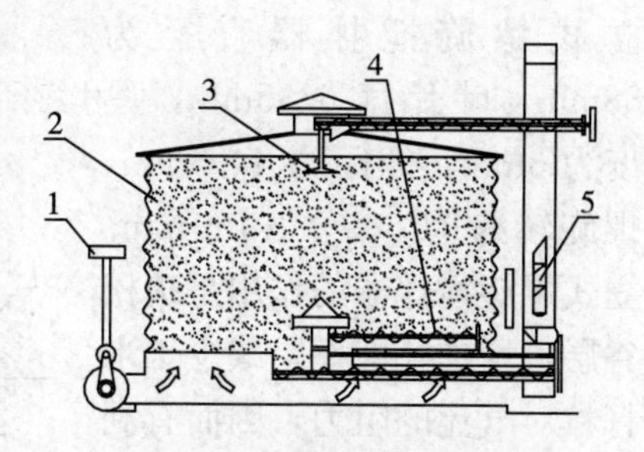

图 5-11　流动式干燥仓

1. 风机　2. 粮食　3. 均布器　4. 扫仓搅龙　5. 提升器

（3）仓顶式干燥仓。仓顶式干燥仓是在顶部下方 1m 处安装锥形透风板，加热器和风机装在板下方，如图 5-12 所示。当湿玉米被烘干后，利用绳索拉动活门，可使玉米落至下面的多孔底板上，在底部设有通用风机用于冷却撒落的热玉米，与此同时顶部又装入待烘干的湿玉米，进行干燥。此批烘干后又落到已冷却的干粮上，如此重复进行，直到仓内粮食面达到加热器平面为止。此种干燥仓的优点是干燥冷却同时进行，卸粮不影响干燥，此外，粮食从顶部下落时对粮食有混合作用，可改善干燥的均匀性。

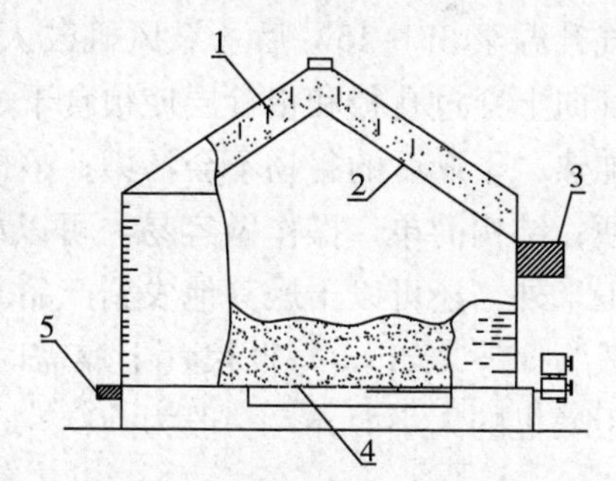

图 5-12　仓顶式干燥仓

1. 湿粮　2. 透风板　3. 风机和热源　4. 透风板　5. 冷风板

（4）立式螺旋搅拌干燥仓。为了增加谷床厚度和保证干燥后玉米水分均匀，可在圆仓顶式干燥仓的基础上，内部加装立式螺旋，对玉米进行搅拌，如图 5-13 所示。搅拌螺旋用电机驱动，螺旋除自转外还可绕圆仓中心公转，同时可沿半径方向移动。美国 Sukup

立式螺旋搅拌器直径为38mm，叶片宽6.35mm，厚度为6mm，螺距为44.5mm，螺旋转速为500～540r/min。立式螺旋搅拌器的作用是疏松谷层，增加孔隙率，减少玉米籽粒对气流的阻力，因而有利于风量的增大；使上下层的玉米混合，减少干燥不均匀性；提高干燥速率，减少干燥时间。

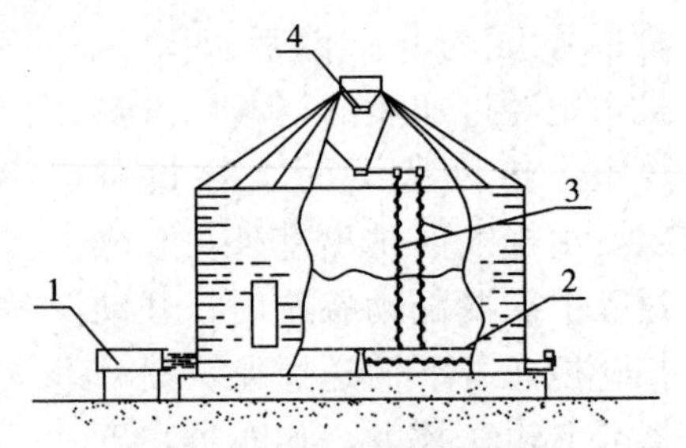

图5-13 立式螺旋搅拌干燥仓
1. 风机和热源 2. 透风板
3. 搅拌螺旋 4. 抛撒器

2. 平床干燥机

这是一种最简单的干燥设备，如图5-14所示。利用炉灶将空气升温至35～45℃后，靠风机鼓入孔板下面的热风室，并迫使空气向上穿过孔板和粮食层使粮食干燥。该机有以下特点：采用间接加热、干燥后的谷物不会污染；整机以砖木结构为主，取材制造方便；结构简单，操作做容易，可以综合利用，除干燥稻谷、小麦、玉米外，还可以干燥其他农副产品。此类型干燥机的粮层厚度，一般为30～45cm，每批粮食干燥需时12～18h，干燥粮食的批量视干燥机的大小而异，一般为500～1 500kg。

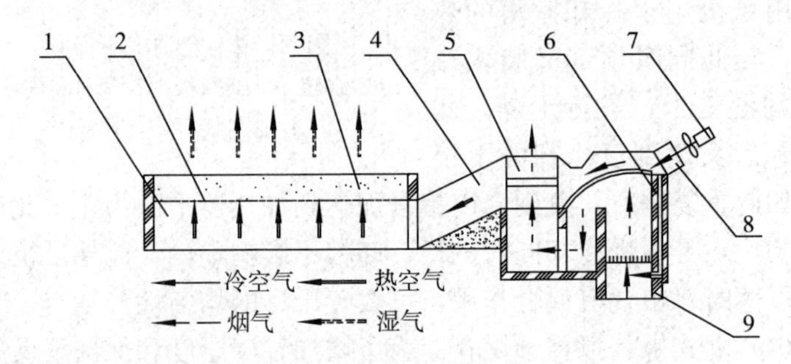

图5-14 平床干燥机
1. 热风室 2. 孔板 3. 谷物 4. 风道 5. 加热器
6. 散热板 7. 风机 8. 进风筒 9. 炉灶

这种干燥机的主要缺点是干燥不均匀，干燥完毕后，上下层粮食的水分差异达 4%～5%，下层往往因过度干燥而损害粮食品质。但因设备价格低廉，且能干燥多种农副产品，深受农户欢迎。为了克服平床干燥机干燥不均匀的缺点，最近有人对平床干燥机结构进行了改进，即在平床干燥机与风机之间，增加一个气流换向装置如图 5-15。上下两个阀门用连杆相连，当阀门处于实线位置时，热空气按实线箭头向上穿过粮层；当阀门处于虚线位置时，热空气改为按虚线箭头向下闯过粮层，每隔一定时间换向一次，可以得到满意的干燥均匀度。

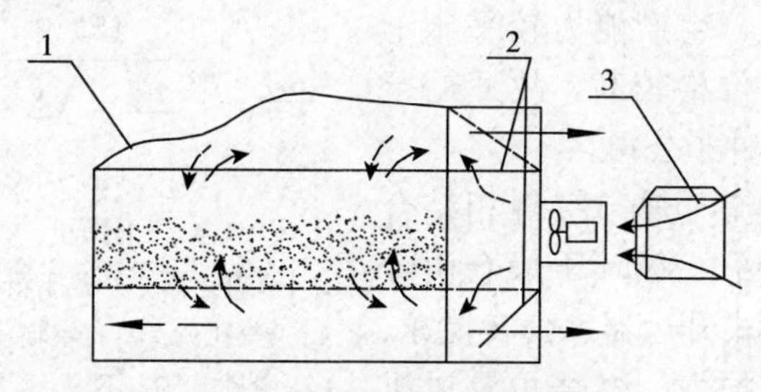

图 5-15　换向气流平床干燥机

1. 塑料膜　2. 阀门　3. 油炉

3. 循环干燥机

循环干燥机是使被干燥的粮食反复地进行干燥与缓苏的设备。所有的谷物大体上都能获得同样的干燥条件，谷物干燥均匀，干燥质量好。循环干燥机有多种多样，不过大体上可以如下两种典型结构作为代表。

（1）横流式干燥与缓舒结合的循环干燥机。如 5HZ-3.2 型循环式谷物干燥机，见图 5-16。干燥机由加热炉、烘干箱、定时排粮辊、上搅龙、斗式升运器、下搅龙、吸风扇和传动机构组成。

在干燥段内，由八张平行排列的孔板将干燥段分为两个热风室、四个粮食通道和三个废气室。干燥段热风室内的热风（一般为 50～60℃）横向吹过向下流动的粮食，粮食通过横流干燥段的时间为 5～6min，通过干燥段的粮食在排粮辊（间歇运动）的控制下，以一定的速率排出。再由排粮搅龙、升运器以及上搅龙送入缓苏段。粮食在缓苏段停留70～80min后，再次进入干燥段。粮食经过多次循环被干燥到规定水分后，改吹冷风，使粮食冷却，然后排出机外。

这种循环干燥机的容量一般为3～10t，并能在8～10h内完成干燥全过程，生产能力较平床干燥机大；但价格较高，故适用于中小农场或种子公司。

（2）逆流干燥与缓舒相结合的循环干燥仓。循环干燥仓由金属圆仓、斗式升运器、公转搅龙、上搅龙、下搅龙、燃烧炉及风机组成，如图5－17所示。

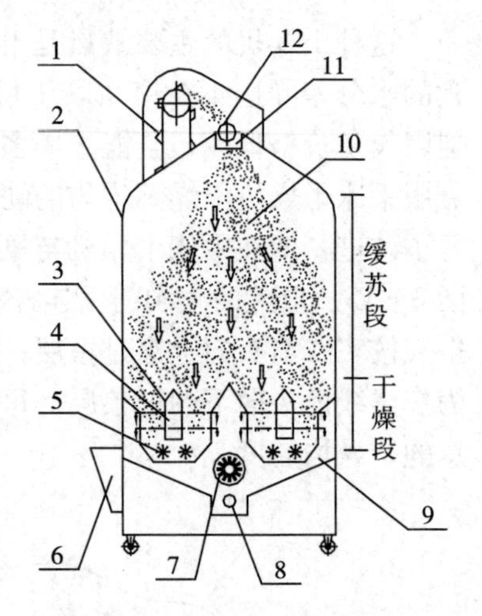

图5－16　5HZ－3.2型循环干燥机

1. 斗式升运器　2. 烘干箱　3. 热风室　4. 透气孔板　5. 排粮辊　6. 喂入斗　7. 吸风扇　8. 下搅龙　9. 废气室　10. 粮食　11. 均分器　12. 上搅龙

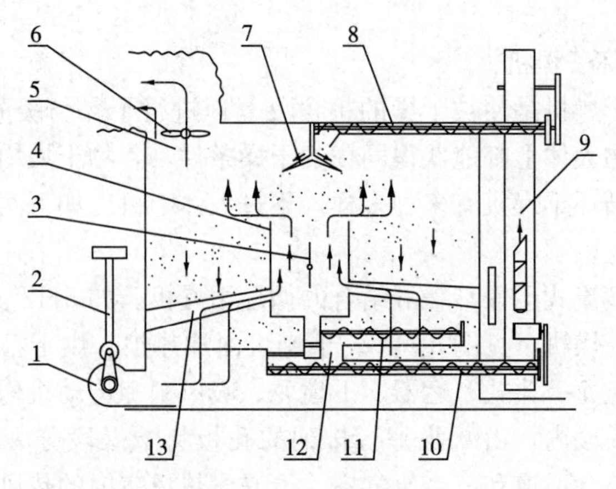

图5－17　循环干燥仓

1. 风机　2. 燃烧炉　3. 排气阀门　4. 排气筒　5. 排气口　6. 排湿风扇　7. 均分器　8. 上搅龙　9. 斗式升运器　10. 下搅龙　11. 公转搅龙　12. 排粮口　13. 角状排气道

湿粮由斗式升运器提升到上输送搅龙，再输送到均分器然后落到仓田，热空气由风机送到孔板下的热风室，通过气孔进入粮层，打开中央排气阀门，热空气即可沿角状排气道进入排气筒，再从仓顶排气口排出。公转搅龙在孔板上做圆周运动，经过初步加热而降低一些水分的底层粮食，被公转搅龙送到圆仓中心的排粮口，再由下搅龙送至斗式升运器，经过均分器被均匀地分布到粮堆表层进行缓舒。这样干燥与缓舒交替进行，直至粮食被干燥到规定水分为止，如将中央排气筒阀门关闭，则热空气将通过整层粮食而使全仓粮食进行干燥。

4. 连续干燥机

以上干燥设备都是用于粮食的分批干燥，在装进湿粮及卸出干粮时，要停止干燥机作业，故干燥设备利用率低。连续干燥机的设备利用率高，生产能力较大，因此大农场及粮食集中企业一般采用它。连续干燥机的基本类型，可根据谷物流动与空气流动的相互关系分为横流式、逆流式和顺流式三类。

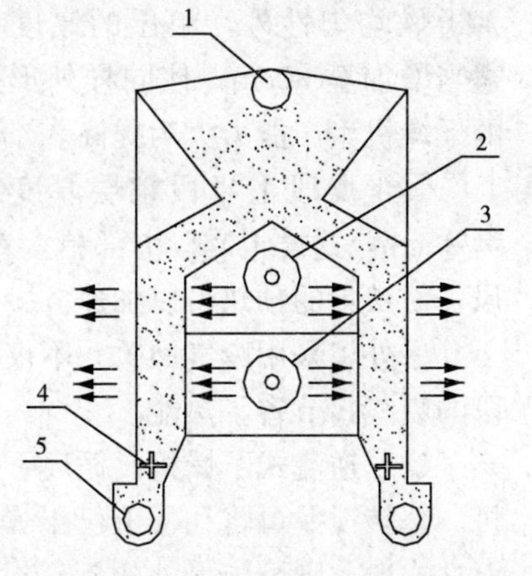

图 5－18　横流式干燥机

1. 喂入搅龙　2. 热风机及加热器　3. 冷风机　4. 卸粮搅龙　5. 排粮辊

（1）横流式干燥机。横流式干燥机是目前应用较为广泛地一种粮食干燥机，传统的典型横流干燥机如图 5－18 所示。在这种干燥机中，被干燥的粮食在两层孔板或金属网之间，以薄层粮柱的形式向下流动，流动速度受排粮辊的控制。粮食首先经过干燥段，被干燥到规定水分，然后经过冷却段，被排粮辊和卸粮搅龙排出机外。

这种干燥机的主要缺点为：粮食在粮柱汇总流动的位置不变，处于热气进入面或排气面的粮食所售的热空气温度不同，所以干燥不均匀，干燥质量欠佳。为了减轻干燥不均匀情况，干燥机的粮柱不得不设计的较薄，一般不超过 15cm。最近美国贝立克公司对传统的横流干燥机做了较大改进。主要改进有三方面，如图 5－19 所示。

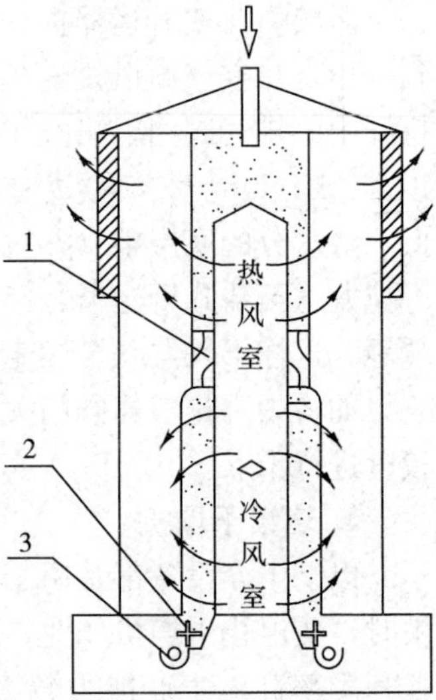

①在干燥机干燥段的中间增设一个粮食翻动装置。该装置可使原来处于进气面的粮食与排气面的粮食互换位置，使粮食的干燥均匀性得到改善。

②由于粮食可以翻动，除可改善干燥均匀性外，粮层的厚度可以适当增加至 30cm，使同样外形尺寸的干燥机生产能力大为提高。

图 5－19　贝立克谷物干燥机

1. 粮食翻动装置　2. 排粮辊
3. 排粮搅龙

③干燥段上半段粮层厚度减少为 25cm，这样干燥段上部粮食对空气阻力较小，容许通过较多热风，使粮食的预热得以加速。

另外，采用废气回收，不仅回收了冷却废气，还回收部分干燥段的废气，节省了热能。

（2）逆流式干燥机。循环干燥仓，可以改为连续式的逆流干燥机。公转搅龙可将孔板上已干燥的底层粮食，喂给中央立式搅龙，而立式搅龙则可与另外的倾斜搅龙联合将干燥粮食送走，如图 5－20。也可以由公转搅龙将已干燥粮食送入中心卸粮口，由孔板下面的搅龙送出机外。送出的已干燥热粮，应送入通风仓内通风冷却，并就仓贮存。

在逆流干燥机中，粮食流动方向与热空气流相反，粮食的温度可能达到接近热空气的温度，故热气温度不可过高。此外，高温气流首先与最干的粮食相遇，故干燥效率较高。这种干燥机的干燥区在粮食的下部，干燥区下部的粮食到达一定水分后，即被公转搅龙

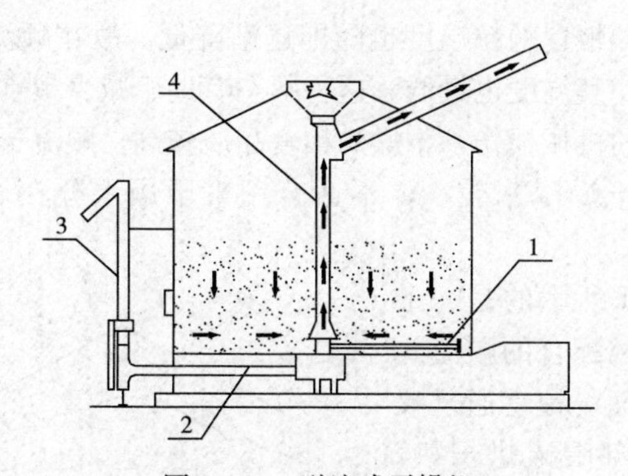

图 5-20　逆流式干燥机

1. 公转搅龙　2. 下搅龙　3. 升运器　4. 中央立式搅龙

送出，故不会出现过度干燥的情况。温暖而接近饱和的向上气流离开干燥区后，进入温度低的新入机粮食时，其中部分能量传给冷粮，使其预热，如果粮层较深，粮食初始温度又比较低时，会使得在冷的入机粮上凝结水分，使粮食增湿。

这种干燥机，作为连续式干燥机使用，其生产能力受公转搅龙的限制。改变风量、风温等也只能改变干燥降水的多少和干燥质量，而不能改变机器的生产率。此外，在干燥过程中，粮食的尘土逐渐向中间集中，堵塞孔板，故每开机一定时间后，要停机清理。

(3) 顺流式干燥机。在顺流式干燥机中，热空气流动方向与粮食流动方向一致，故称顺流干燥。在这种干燥机中，最热的空气首先遇到的是最潮湿的粮食，由于粮食的吸热和水分迅速蒸发，热空气的温度迅速下降。美国内布拉斯加大学汤普森教授曾观察到：在顺流式干燥机中引入 149℃的热空气，经过水分为 25%的玉米层 50～75mm 后，空气温度就降至 80℃左右。当顺流干燥开始时，粮食暴露在最热的空气时间不长，故热风温度虽然高，粮食受热的最高温度仍远低于热空气温度。一般采用 150～250℃的热空气，并不会导致高水分粮食的过热。

粮食颗粒在最高温度热空气接触一个短时间后，粮温升至最高。随着粮粒向下运动，所接触到的空气温度大大降低，由于水分的继续蒸发，粮食颗粒温度也随即逐渐降低。故在顺流干燥机中，最干的粮食，其温度也最低。这种状态有助于减少粮食产生裂纹和以后输送中的机械损伤，干燥的粮食品质较高。顺流干燥机的主要缺点是一次干燥降水较少，不适合用来干燥水分在 20%以下的粮食。

图 5-21 所示的是一个与逆流冷却相配合的顺流式干燥机的断面。粮食通过喂入搅龙从顶部喂入烘干机，在粮食向下流动的过程汇总，热空气被压入热风室，然后向下穿过两层从排气管排出。当粮食留到排气管下方时与向上的冷空气相遇，粮食被冷却同时继续蒸发一部分水分，最后由卸粮搅龙排出。这种干燥机可采用较高的风温，热耗量较横流式低，干燥均匀，粮食质量就好。

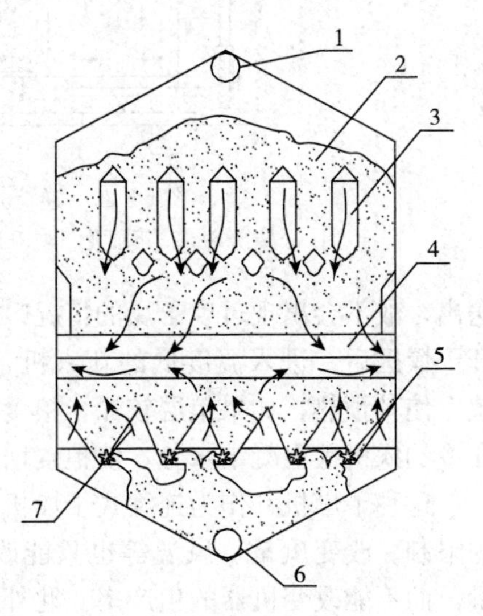

图 5-21 顺流式干燥机

1. 喂入搅龙 2. 湿粮 3. 热风室 4. 排气管 5. 排粮控制器 6. 卸粮搅龙 7. 冷风室

在顺流式与逆流式干燥机内，所有粮食都处在同样干燥条件下，因此粮食在离开干燥机时，谷粒之间的水分是没有差异的。而在离开横流式干燥机时，单个谷粒的水分则有很大差异。在横流式干燥机内，最干燥的粮食温度最高，而顺流式干燥机的粮温则不会达到进气口的温度。

5. 流化床干燥机

流化床干燥机是一种对流传热快速连续干燥设备。流化床干燥机工作原理如图 5-22 所示。风机将燃烧炉的高温炉压入流化床干燥机倾斜孔板，使粮食达到流态化程度，由于孔板具有 3°～5°的倾斜，粮食在沸腾状态下借重力作用向出口流动，因此一般称它为流化干燥。流化干燥具有风速高、对流传热快的特点，是一种快速连续干燥设备，但由于谷物通过流化倾斜操的时间只有 40～50s，经过一次干燥粮食的降水率只有 1%～5%，出口粮温达到 50～60℃，因此必须配备专门的通风冷却仓或缓苏设备进行缓苏降温，在缓苏降温过程中的粮食水分还可减少 1%～5%。流化干燥机所用热空气的温度，一般不超过 180℃，粮层厚度 12～15cm。

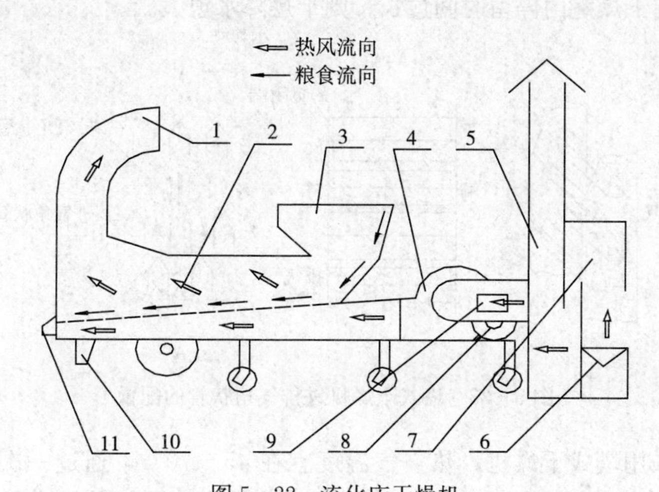

图 5-22 流化床干燥机

1. 排气口 2. 烘干室 3. 喂料口 4. 风机 5. 烟囱 6. 炉条
7. 炉膛 8. 电机 9. 冷风门 10. 集尘器 11. 排粮口

6. 塔式干燥机

塔式干燥机广泛应用于烘干小麦、玉米等多种粮食。它的塔体部分由贮粮柜、干燥室、冷却室和排粮机构组成。粮食在塔体内靠本身重力作用向下移动，塔内装有许多互相错开配置的角状管，其中包括进气角状管和排气角状管，热空气从一层角状管进去，通过角状管间的粮层，再从上下两层排气管排出，见图 5-23。由于上下相邻的两层角状管是交错排列的，粮食自上而下的降落过程中能够受到翻动混合，这就提高了粮食干燥的均匀性。实际上由于角状管很多，在制造和安装上不够准确，粮食汇总的杂质分布也不可能均匀，因而影响到粮食的流动速度也不是到处都一致，因此仍然存在干燥不够均匀的现象。角状管的尺寸：一般宽度为 100mm，长度为 800～1 000mm，垂直边高度为 60～75mm，顶部斜面夹角 53°～55°，高度 60～75mm，两顶间水平距离 200～250mm，两层角状管之间的垂直距离为 170～250mm，角状管通常由 1～2mm 薄钢板制成。粮食向下流动速度由排粮机构控制，粮食向下流动速度愈慢，在干燥室内停留时间愈长，则干燥降水愈大。

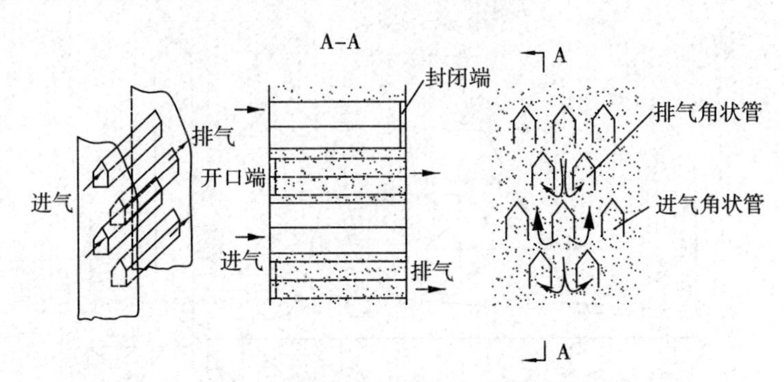

图 5 - 23　塔式干燥机进排气角状管的配置

采用塔式干燥机，热空气温度宜在 45～70℃，通过一次的降水率一般不超过 5%～6%，干燥高水分粮食时最好使粮食通过干燥室 2～3 遍。

二、籽粒干燥机选择

籽粒干燥机又称籽粒烘干机，其选择要根据每天烘干谷物的规模总量来确定烘干机的规格型号及设备数量。玉米烘干机的使用成本大体上由以下几个部分构成，即燃料成本，电费、人工费用、维修保养费用和设备摊销费用等判断玉米烘干机产品的服务保障能力。玉米烘干机是农业机械化的重要组成部分。近年来，我国农业机械化的推广工作虽然取得了一定的成就，但距玉米烘干机全面普及还有一段距离，尤其是我国的粮食干燥方法十分落后，大多数仍在采用晾晒方法干燥粮食，需要投资修建永久性硬化晒场，浪费宝贵的土地资源；另外，用传统的晾晒方法干燥粮食需要几天的时间才能把粮食的水分降至安全线。使用玉米烘干机干燥可有效减少土地资源的浪费以及土建投资费用，而且使用玉米烘干机干燥粮食仅需 2～3 人，可大大减少劳动力成本支出以及相关费用；使用玉米烘干设备仅需几个小时便能使玉米达到安全水分，处理效率高。选择玉米烘干机时必须结合当地具体情况进行。

玉米主产区，可选择多级顺流高温快速烘干机。不同的粮食有不同的干燥工艺和不同的烘干温度，根据烘干期粮食数量的多少，也可选择不同型式的烘干工艺和烘干机。如粮食品种多，数量少或粮食分散存放，应选用小型分批（循环）式烘干机或小型移动式烘干机。如品种单一，数量大，烘干期短，应选用大型连续式烘干机为宜。

烘干机型号大小的配置，可根据对烘干机的生产率和降水幅度这两个重要指标的要求来综合分析确定。如要求是 3 000t 含水率为 26%的玉米，环境温度平均为－5℃时，玉米可存放 15d 左右，每天工作 20h，30d 烘完降至 14%的安全水分，可选用处理量为 5t/h 的小型、干燥能力较大的烘干机（折算到每小时降低 5%的含水量时，其干燥能力为 12t/h）。若粮食集中的产区，烘干季节内粮食处理量大，就可根据实际情况选择大型高温、高效、快速烘干机。

烘干机的配备宜大不宜小，因为多数情况下在收获季节遇上雨季时，才需要发挥烘干机的作用，烘干量大，生产率小不能解决问题。国家及地方的储备库，粮食集中的产区应建大、中型烘干机。固定式烘干机的服务半径宜小不宜大，以减少运输距离，降低成本，提高效益。移动式烘干机可用于农村产粮不集中地区和南方小产粮区，生产率一般为 2～5t/h 为宜，过小，不受用户欢迎，最好一机多用，不但适用于粮与粮种，还适用于一些经济作物，服务半径应大些，才能发挥移动式烘干机的作用。

选择烘干机时必须考虑当地的能源资源，以做到合理利用，降低成本。如有煤矿的粮食产区，热源以用煤、无烟煤或焦炭为宜，其价格经济，但燃煤热风炉一次性投资大。有油田和天然气的粮食产区，可用轻柴油、重油或天然气及丙烷等作为热风炉燃料，这类燃料使用成本高，但热风炉一次性投资小。

由于各种作物的收获季节不同，以及南北方烘干时的温度差异等因素，必须考虑烘干效果和作业成本。如沿海地区尽可能避免在低温潮湿的天气里烘干谷物，否则脱水效果差、生产率低、烘干成本高。北方地区有近一半的时间是在0℃以下烘干作业，外界温度越低，所需的单位热耗相对较大，成本较高。因此在北方0℃以下作业的烘干机外壁及热风管道应加保温层，以减少热量损失。

另外，烘干机要完成好烘干作业，必需配备一些附属设备。连续式烘干机在储粮段应设上下料位器（或溢流管等），流程中的暂存仓应设满仓料位器，提升机应有自动停机及堵塞报警装置等。电机应设有过载保护装置，并能实现手动和自动连锁控制。排粮机构应能实现调速或无级变速。温控仪表应能显示热风温度及各段粮温，并能高温报警。为测试粮食的含水率，应配备快速水分测试仪。

三、籽粒干燥机操作注意事项

玉米烘干机是由塔体、进料口、出料口、电机、扬板、炉体、输送带等几大部分联合组成的。正确的操作玉米烘干机，不但决定了设备的烘干进度，同时对设备的使用寿命有较大的影响。以5HNS型粮食干燥机烘干机（燃煤热风炉）为例说明操作注意事项。

（一）使用前的准备和检查

（1）将所需的配套设备（如清粮机、皮带输送机、提升机等）调试好以保证连续作业。

（2）要求干燥谷物的含杂率不大于2%，含水率不均匀度不得大于2%，否则烘干不均，容易堵塔。

（3）检查各零部件之间连接是否完好，有无松动、缺件等现象。传动部件是否运转灵活，各润滑处是否润滑良好，发现问题应及时处理。

（4）检查电控柜内元件是否有松动、脱线等现象，检查保护元件是否起作用。

（5）将高、低温热风机的风量/风温调节装置中风道阀门关闭。

（6）闭合电源总开关，检查三相电源是否有缺相现象，检查温控仪工作是否正常，温度显示是否准确，有故障予以排除。

（7）检查调速电机工作是否正常，调速仪表指针反应是否灵敏、准确，有故障予以排除。

（8）启动提升机，开始向机内进粮，进粮同时检查有无偏塔现象，如有此现象及时调整，保证塔两侧进粮一致，粮满电控柜内上料位指示灯亮时，停止进粮。

（9）启动燃煤热风炉，进行炉膛升温的准备工作，预热过程中，烟道气不经过换热器而直接排入烟囱中（原则上长时间不用的热风炉，需要进行烘炉 2～3d 后使用）。

（二）启动及运行过程中的操作程序、方法、注意事项

1. 启动的操作程序

（1）启动热风机，待风机工作平稳（约需 50s）后，开启热风管道阀门到适当位置（以干燥机角盒中无谷物吹出为宜）。

（2）转换热风炉烟气阀门，使换热器处于工作状态。

2. 运行过程中的操作程序、方法

（1）当炉温度到 100℃（干燥玉米）时或点炉 20min 后，启动排粮电机，开始排粮，调速电机已进入工作状态。第一次烘干作业时，要采用自循环烘干方式：即将排出的谷物再提升回到烘干机内循环干燥。

（2）观察高温风道风温指示，当风温达到指定温度时（玉米 130～150℃），应通知司炉工保持炉中火势；此时低温热风温度可能会高于指定温度，把炉温设定在自动控制状态。

（3）当出塔谷物含水率达到要求时，即可排粮，同时向塔内加

入新原粮；在此后 3～5h 内，每 30min 测试一次出塔谷物水分，常常会出现谷物干燥过干现象，但不要人为地强行加快排粮速度或降低温度，此为自循环过程后的波动现象。待 5～6h 过后就会达到稳定状态。排粮装置将谷物排出后，通过输送设备将谷物送出，在烘干作业时，要时刻注意各运转部件的运转情况，经常观测，检查介质温度和电机温度，干燥玉米等谷物时温度波动范围要小于±7℃。

（4）当干燥机进入连续干燥，即进、排粮稳定，排出的谷物水分符合要求，炉温在允许范围内，热风温度保持稳定波动时，干燥机由手动转到全自动控制。

（5）注意烘干热敏感强的谷物时，当外界环境温度高于 0℃时，在一个循环结束前半小时，开启冷风机，冷却谷物，如果外界环境温度在 0℃以下时，不易过大开启冷风机。

3. 注意事项

（1）启动前必须检查排粮轮转动情况，严防异物卡死。

（2）热风机启动时，必须先关闭风量调节阀门后，再启动电机。

（3）任何时候提升机不得在粮斗内有粮情况下进行启动。

（4）连续作业时，要求电压波动范围在（380±5）V 范围内为宜。

（5）上料位灯不亮，即谷物不满。干燥作业时，要确保粮层处于上、下料位之间，否则会出现热风泄露现象。因漏风会产生热源损失和干燥能力明显下降的结果，甚至会使表层过干而着火，所以作业时，要确保满塔作业。

（6）经常检查角盒上是否挂有麻绳、草棍纤维类长形物，如有，可从储粮箱上打开可拆卸活动角盒，进入干燥段内进行清理。

（7）每干燥作业一段时间（一般烘干 5 000t 粮食）以后，要将干燥机主塔内及两侧塔中间风道室隔板上的粮食排尽，否则将影响干燥的均匀性。

（8）进入干燥机待干燥的谷物，必须进行预清理，除去大部分杂质，尤其是要除去直径 13mm 以上大颗粒杂质，否则极易造成排粮机构的损坏。

（9）风机轴承定期加注耐高温润滑油（约工作 140h 时）。

（10）随时观察风机轴承润滑箱内油面及箱上面两个温度指示表，表温一般不超过 80℃。

（11）高水分谷物不能在烘干机内长期贮存，也不能一次入机谷物数量不够时，存放在烘干机内，如遇上述情况，均要采用自循环方式进行循环，否则会出现塔内下半部分粮食排空，上半部分坨粮现象而造成烘干机倒塔。

（12）冬季烘干玉米应注意，由于玉米水分大易坨粮，烘干时要经常检查，严防坨塔，如发现坨塔应急时处理，防止玉米烘干时间过长而着火。特别注意：开始烘干时应边上粮边烘干边排粮，如因停电或故障而停机，开机时应多烘干一段时间，再开始排粮。

（三）停机的操作程序、方法及注意事项

（1）在干燥作业结束前 1.0～1.5h，应先停止向热风炉供入燃料，炉膛开始降温，在炉膛降温过程中，应随温度变化，逐渐降低排粮转速。

（2）炉膛温度已明显下降，热风温度小于 40℃时，停止排粮，关闭冷却风机。停止排粮 10～15min 后，关闭炉底鼓风机，打开炉底冷风门，将排烟道阀门改换到直接排入烟囱（不通过换热器）。

（3）关闭炉底风机约 5min 后，关闭干燥机上两个热风机。

（4）关闭总电源，清扫场地。

参考文献

陈华，吴文福，息裕博，2016. 谷物干燥机研究现状及发展趋势 [J]. 农业与技术，36（11）：61-62.

陈立东，马淑英，石磊，等，2009. 小型揉搓式玉米脱粒机的设计 [J]. 农机化研究（1）：154-156.

陈巧敏，2016. 中国农业机械化年鉴 [M]. 北京：中国农业科学技术出版社.

陈庆文，陈志，韩增德，等，2014. 我国玉米收获机剥皮装置的现状分析及展望 [J]. 农机化研究（10）：257-260.

陈素英，张喜英，胡春胜，2009. 黄淮海地区现代农业机械化现状及发展趋势 [C] //现代农业发展与国家粮食安全暨黄淮海现代农业发展战略高峰论坛论文集. 北京：科学时报社.

成军虎，周显青，张玉荣，等，2010. 干燥玉米品质特性与淀粉得率相关性分析 [J]. 河南工业大学学报（自然科学版），31（4）：37-42.

崔振岭，陈新平，张福锁，等，2008. 华北平原小麦施肥现状及影响小麦产量的因素分析 [J]. 华北农学报，23：224-229.

代杰瑞，庞绪贵，刘华峰，等，2012. 山东省东部地区农业生态地球化学调查及生态问题浅析 [J]. 岩矿测试，31（1）：189-197.

邸志峰，刘继元，李青龙，等，2015. 4YZP-3 型自走式玉米收获机的研制 [J]. 农机化研究（2）：128-131.

邸志峰，张华，王小瑜，等，2011. 4YQW-3 穗茎兼收背负式玉米联合收获机的设计与研究 [J]. 农业装备与车辆工程（10）：10-12.

杜春莲，2004. 强筋小麦在不同土壤类型上的钾肥效应研究 [J]. 中国农学通报，6（3）：146-148.

封伟，2014. 玉米剥皮机的选购和安全使用 [J]. 农业机械（4）：47.

付兴利，2011. 我国谷物干燥机的发展现状及趋势 [J]. 农业装备技术，37（4）：4-5.

耿端阳，张道林，王相友，等，2011. 新编农业机械学 [M]. 北京：国防工业出版社.

龚振平，2009. 土壤学与农作学 [M]. 北京：中国水利水电出版社.

参考文献

龚振平，马春梅，2013. 耕作学 [M]. 北京：中国水利水电出版社.

顾也萍，1985. 安徽省淮北平原土壤资源评价 [J]. 安徽师大学报 (2)：45-52.

郭海昆，谭福春，彭广森，等，2008. 玉米脱粒机质量问题分析与对策 [J]. 农业科技与装备，176 (2)：105-106.

韩伟，赵长星，2011. 山东省小麦玉米两熟农田高产可持续性探析 [J]. 中国农学通报，27 (3)：195-199.

何晓鹏，刘春和，2003. 挤搓式玉米脱粒机的研制 [J]. 农业工程学报，19 (2)：105-108.

孔庆波，白由路，杨莉苹，等，2009. 黄淮海平原农田土壤磷素空间分布特征及影响因素研究 [J]. 中国土壤与肥料 (5)：10-14.

赖辉比，傅积平，李淑秋，1999. 黄淮海平原潮土钾素状况及评价 [J]. 土壤 (5)：274-277.

李宝筏，2009. 农业机械学 [M]. 北京：中国农业出版社.

李潮海，李胜利，王群，等，2004. 不同质地土壤对玉米根系生长动态的影响 [J]. 中国农业科学，37 (9)：134.

李潮海，李有田，荆棘，等，1993. 不同质地土壤高产夏玉米氮肥追施技术研究 [J]. 玉米科学，1 (4)：53-56.

李潮海，卢道文，荆棘，等，1996. 不同质地土壤的水热状况及其对冬小麦产量形成的影响 [J]. 应用生态学报，7 (Z1)：33-38.

李红莉，张卫峰，张福锁，等，2010. 中国主要粮食作物化肥施用量与效率变化分析 [J]. 植物营养与肥料学报，16 (5)：1136-1143.

李军，2013. 冀北地区典型土壤发生特性及系统分类 [D]. 郑州：河南农业大学.

李玲，2000. 豫南典型土壤的系统分类 [D]. 郑州：河南农业大学.

李廷芳，1992. 影响北京土壤元素背景值的成土因素 [J]. 北京师范学院学报 (自然科学版)，13 (1)：78-83.

李学敏，翟玉柱，李雅静，等，2005. 土体构型与土壤肥力关系的研究 [J]. 土壤通报，36 (6)：975-977.

刘福臣，方静，黄怀峰，2008. 鲁中南低山丘陵区水土流失原因及治理措施 [J]. 水土保持通报，28 (4)：170-171，197.

刘宏元，张爱平，杨世琦，等，2019. 山东省冬小麦-夏玉米轮作体系土壤氮素盈余指标体系的构建与评价：以德州市为例 [J]. 农业环境科学学报，38 (6)：1321-1329.

吕思光，马根众，何明，2006. 联合收获保护性耕作机械化实用技术培训教材［M］. 北京：人民武警出版社.
马翠萍，郭翔宇，2008. 我国粮食主产区农业机械化水平灰聚类评估［J］. 农机化研究（8）：46-48.
马根众，鞠正春，王法宏，2012. 山东农机农艺融合的障碍因素与对策建议［J］. 山东农业科学（9）：137-140.
马骞，于兴修，刘前进，2011. 横坡耕作径流溶解态氮磷流失特征及其富营养化风险：以鲁中南山地丘陵区为例［J］. 农业环境科学学报，30（3）：492-499.
马啸，陈明传，刘庆国，2015. 玉米剥皮机的现状分析与对策思考［J］. 农机质量与监督（10）：184-185.
任思洋，张青松，李婷玉，等，2019. 华北平原五省冬小麦产量和氮素管理的时空变异［J］. 中国农业科学，52（24）：4527-4539.
宋海燕，2007. 山东省粮食生产与养分状况研究［D］. 泰安：山东农业大学.
宋岩，夏雨清，王仁坤，等，2014. 如何科学选择玉米优良品种［J］. 吉林农业，4：45.
苏怀光，2010. 山东省农业机械化发展中的问题与对策［D］. 济南：山东大学.
孙淑娟，于文敏，2012. 玉米脱粒机的使用、维护与保养［J］. 农业开发与装备（5）：64.
田冕，杨秉臻，金涛，等，2018. 江苏省农田氮素平衡的时空变化特征分析［J］. 中国农业资源与区划，39（12）：146-151.
汪世民，丁亚琳，2011. 谷物干燥机的现状与发展趋势［J］. 江苏农机化（5）：30-31.
王广东，杨德宝，李亮，等，2013. 不同质地土壤对高产小麦生长发育及其产量的影响［J］. 山东农业科学，45（11）：84-86，90.
王桂云，2015. 烘干玉米质量变化的探究［J］. 现代农业（7）：109-110.
王晶，2007. 我国玉米剥皮机械化机具的概况与发展方向探讨［J］. 农业与技术，27（6）：101-104.
王庆成，柴兰高，李宗新，等，2006. 山东省玉米的生产现状与发展策略［J］. 玉米科学，14（5）：159-162.
王荣海，孙明海，2004. 如何选择优良玉米品种［J］. 吉林农业（11）：9.
吴多峰，许峰，袁长胜，2006. 板齿式与钉齿式玉米脱粒机的性能比较［J］. 农机化研究（10）：78-80.

辛德惠，1995. 盐渍化改造区农业综合持续发展［M］. 北京：中国农业科技出版社.

徐丽明，王应彪，张东兴，等，2011. 玉米通用剥皮机构设计与试验［J］. 农业机械学报，42（11）：14-20.

许峰鹤，2015. 谈玉米脱粒机的使用与维护［J］. 农村实用科技信息（12）：50.

许前欣，孟兆芳，于彩虹，1999. 天津市不同土壤类型小麦施用微生物肥料效应的研究［J］. 天津农林科技，8（4）：7-9.

阎鹏，徐世良，曲克健，1994. 山东土壤［M］. 北京：中国农业出版社.

杨莹，牟国良，张学军，等，2013. 国内谷物干燥设备的现状与发展趋势［J］. 新疆农机化（4）：23-25.

杨振明，周文佐，鲍士旦，等，1999. 我国主要土壤供钾能力的综合评价［J］. 土壤学报，36（3）：378-385.

于光金，2009. 山东省主要土壤类型重金属环境容量研究［D］. 济南：山东师范大学.

张东兴，2014. 玉米全程机械化生产技术与装备［M］. 北京：中国农业大学出版社.

张俊效，曹建明，2017. 黄淮海夏播区如何选择玉米品种［J］. 农业技术与装备（10）：56-57，59.

张世熔，黄元仿，李保国，等，2003. 黄淮海冲积平原区土壤速效磷、钾的时空变异特征［J］. 植物营养与肥料学报，9（1）：3-8.

张威，2013. 如何评价和选择玉米品种［J］. 现代农业（5）：64.

张英鹏，李彦，于仁起，等，2008. 山东省主要耕地土壤的养分含量及空间变异分析［J］. 华北农学报，23（Z1）：310-314.

张智慧，2012. 如何选择玉米品种［J］. 现代农业（8）：37.

赵淑章，季书勤，王绍中，等，2004. 不同类型土壤与强筋小麦品质和产量的关系［J］. 河南农业科学（7）：52-53.

赵武云，吴劲锋，张锋，等，2009. 玉米轴流脱粒机研究现状分析［J］. 机械研究与应用（5）：9-13.

赵霞，黄瑞冬，唐保军，等，2013. 潮土区不同土体构型对夏玉米生长与产量的影响［J］. 土壤通报，44（3）：538-542.

钟茜，巨晓棠，张福锁，2006. 华北平原冬小麦-夏玉米轮作体系对氮素环境承受力分析［J］. 植物营养与肥料学报，12（3）：285-293.

周纪磊，荐世春，魏国建，等，2016. 五因素玉米剥皮试验装置与试验设计研究［J］. 农机化研究（3）：167－173.

周进宝，杨国航，孙世贤，等，2008. 黄淮海夏播玉米区玉米生产现状和发展趋势［J］. 作物杂志（2）：4－7.

ZHANG C，JU X T，POWLSON D，et al.，2019. Nitrogen Surplus Benchmarks for Controlling N Pollution in the Main Cropping Systems of China［J］. Environmental Science & Technology，53（12）：6678－6687.

附录1　黄淮平原区小麦秸秆机械化直接还田与配套技术规程（DB37/T 1427—2009）

（2010年1月1日实施）

1. 范围

1.1　本规程规定了黄淮平原区，小麦联合收获、秸秆切碎还田、接茬夏玉米免耕直播作业质量要求、机具配备、操作规程、检测方法，以及玉米田间管理措施和要求。

1.2　本技术规程适用于黄淮平原小麦玉米一年两作区。

1.3　小麦秸秆还田接茬夏玉米免耕直播作业流程。小麦联合收获→秸秆机械切碎还田→接茬夏玉米免耕直播→田间管理→适时收获。

2. 规范性引用文件

下列文件中的条款通过本规程引用而构成本规程条款。凡是注明日期的引用文件，其随后所有修改单（不包括勘误内容）或修订版均不适用于本标准，凡是不注明日期的引用文件，其最新版本适用于本规程。

DB37/T 285—2000　农业机械作业质量　谷物机械收获

DB37/T 315—2002　农业机械作业质量　秸秆机械还田

DB37/T 284—2000　农业机械作业质量　机械播种

GB/T 5262—2008　农业机械试验条件　测定方法的一般规定

GB 16151—2008　农业机械运行安全技术条件

GB 4404.1—2008　种子质量标准

3. 有关定义

本规程采用下列定义。

3.1 秸秆还田机械

将作物秸秆切碎，并均匀地抛撒到地面的作业机械。

3.2 割茬高度

还田作业后，留在地块中的禾茬顶端距地面的高度。垄作作物以垄顶为测量基准。

3.3 切碎长度合格率

切碎长度合格的秸秆量占还田秸秆总量的百分率。

3.4 漏切率

漏切秸秆量占还田秸秆总量的百分率。

3.5 播种量（或称播量）

单位播种面积或单位播行长度内播入种子的质量或数量。

3.6 行距

相邻两播行中心线间的距离。

3.7 穴距

播行内相邻两穴的中心在播行中心线上的投影距离。

3.8 理论粒（穴）距

播种机（使用说明书）中规定的粒（穴）距。

3.9 穴粒数

穴内种子数量。

3.10 播种深度

播种后种子上部覆盖土层的厚度。

3.11 田间出苗率

田间实测苗数占应出苗种子总粒数的百分率。

3.12 种子用价

也称种子利用率，指真正有利用价值的种子所占的百分率。其计算公式为：种子用价（%）＝净度×发芽率。

4. 小麦联合收获与秸秆切碎还田

4.1 作业要求与作业质量

4.1.1 采取小麦联合收获作业，一次完成小麦收获和秸秆切碎还田作业。割茬高度 100～150mm，高度一致；若采用高留茬覆盖，割茬高度不低于 250mm。无漏割、地头地边处理合理。

4.1.2　秸秆切碎质量要求，秸秆切碎长度≤150mm；切碎长度合格率≥90%；抛撒不均匀率≤20%；漏切率≤1.5%。

4.1.3　小麦联合收获的籽粒质量达到国家相关标准规定要求。

4.2　作业机具选择

作业机具选用带有秸秆切碎抛撒装置的小麦联合收获机。

4.3　机组人员配备

小麦联合收割机作业至少配备驾驶员 2 名，辅助人员 1～2 名。驾驶人员要掌握机具的工作原理，以及调整、使用和一般故障排除方法，技术熟练，并具有相应的驾驶证、操作证。

4.4　作业前准备

4.4.1　背负式小麦联合收割机要按照使用说明书要求与拖拉机进行挂接。

4.4.2　新购小麦联合收割机要严格按照使用说明书要求进行试运转和磨合。

4.4.3　认真检查各紧固件是否紧固、机械各部位运转是否正常，保证机械正常作业。认真检查机油、柴油、冷却水，及时进行补充。

4.4.4　地块准备：平整地头，勘察行走路线，在不明显障碍物处做好标记。

4.5　操作方法

4.5.1　开始作业时应平稳接合脱粒离合器，逐渐加大油门至作业所需要的最大油门，渐渐降低割台至收割位置，挂挡前进，进入正常作业。作业中无论行走快慢，都要选择大油门作业。

4.5.2　根据地面、小麦产量及干湿情况，选择合适前进速度，用 1 挡或 2 挡作业。当小麦产量很高或湿度很大时，采用不满幅作业。

4.5.3　随时观察割茬高度、秸秆抛撒情况，发现秸秆堆积、漏粮等异常情况要立即停机、熄火，检查、排除故障。

4.6 注意事项

4.6.1 按照使用说明书要求和小麦生长情况，相应调整收割机的风量、转速和间隙，使联合收割机达到最佳工作状态。

4.6.2 秸秆切碎器后严禁站人。切碎器未停止转动前，严禁维修调整。

4.6.3 作业中要注意麦田中的突出障碍物，如铁、木、石块及其他异物等。

4.6.4 按照使用说明书要求，及时进行收割机的班次保养。

4.7 作业质量检查

机械作业后，在检测区内采用5点法测定。从4个地角画对角线，在1/8～1/4对角线长的范围内，确定出4个检测点位置再加上一条对角线的中点。每点取长为1m、宽为1个实际作业幅宽作为1个小区，进行测定。

4.7.1 切碎长度合格率的测定

在小区内，拾起所有秸秆称其总质量。从中挑出切碎长度不合格的秸秆称其质量，按式（1）计算切碎长度合格率，并求出5个小区的平均值。

$$Q = \frac{W - W_C}{W} \times 100\% \tag{1}$$

式中：Q——切碎长度合格率，%；

W——小区内秸秆总质量，g；

W_C——小区内切碎长度不合格秸秆质量，g。

4.7.2 残茬高度测定

测量小区内的残茬高度，其平均值为该点处的残茬高度。并求出5个小区的平均值。

4.7.3 抛撒不均匀率测定

按4.7.1中规定称出秸秆总质量。按式（2）、（3）计算抛撒不均匀率。

$$W_p = \frac{W_0}{5} \tag{2}$$

$$F_b = \frac{W_{max} - W_{min}}{2.326W_p} \times 100\% \tag{3}$$

式中：W_p——5 个小区的秸秆平均总质量，g；

W_0——5 个小区的秸秆总质量，g；

F_b——抛撒不均匀率，%；

W_{max}——5 个小区中秸秆质量最大值，g；

W_{min}——5 个小区中秸秆质量最小值，g。

4.7.4　漏切率的测定

在小区位置以长为 2m、宽为 1 个实际作业幅宽，捡拾还田时，称漏切秸秆质量，换算成每小区的秸秆漏切量，按式（4）计算出漏切率，并求出 5 个小区的平均值。

$$L = \frac{W_1}{W} \times 100\% \tag{4}$$

式中：L——漏切率，%；

W_1——换算成每小区的秸秆漏切质量，g；

W——小区内秸秆总质量，g。

4.7.5　污染情况测定

作业后，查看有无因机组漏油对田间和作物造成污染。

5. 接茬夏玉米免耕直播

5.1　作业要求与质量

5.1.1　播种时间和墒情。播种时，田间相对含水率要为 70%左右。在墒情合适的情况下，玉米直播越早越好，提倡小麦收获当天播种玉米。若墒情不好，灌区可先播种后灌溉，尽可能避免先灌溉造墒，影响播种机组下地，耽误播种时间。

5.1.2　播种方法。用免耕播种机进行播种，播前要认真调整播种机播量和落粒均匀度，控制好开沟器播种深度，防止因排种装置堵塞而出现缺苗断垄现象。

5.1.3　种植密度和播种量。通过改种耐密型品种、缩小行距、精心播种保苗等措施，合理增加种植密度。耐密紧凑型玉米品种要达到每亩4 000～4 700株，大穗型品种要达到每亩3 200～3 700株。玉米种植密度要与品种要求相适应，大田可按照审定品种介绍公告中推荐适宜密度种植，机具行距在60～70cm之间可调，要尽量缩小行距，播种量为每亩2.5～3kg。

5.1.4　播种深度。根据土壤墒情而定，以3～5cm为宜。土壤干旱而且缺乏水浇条件时，可以采用深播浅盖加镇压的方法，使种子处在湿润的土层，确保种子萌发出苗。

5.1.5　播种质量。播种量误差≤±5%，播种深度合格率≥85%，空穴率≤2.0%，以农艺要求穴粒数n±1为合格（当n=1时，n与n+1为合格），穴粒数合格率≥85%。播行端直，行距一致，深浅一致，不漏播，不重播。地头整齐起落一致。

5.2　作业机具选择

玉米直播机械选择一次完成破茬开沟、分草防堵、深施化肥、覆土压实等项作业的播种机。种子质量高，选用气吸式玉米播种机；种子质量稍差，选用窝眼式、仓转式玉米播种机。

5.3　机组人员配备

播种机作业应配备驾驶人员1名，辅助人员1～2名。驾驶人员应掌握机具的工作原理，以及调整、使用和一般故障排除方法，技术熟练，并具有相应的驾驶证、操作证。

5.4　作业前准备

5.4.1　种子准备

5.4.1.1　选择优良品种。结合当地播种和收获时间，重点选择各区域夏玉米主导品种，种子质量符合标准GB 4404.1—2008。

5.4.1.2　搞好种子处理。播种前，通过晒种、浸种、包衣或药剂拌种等方法，增加种子活力，提高发芽率，减轻病虫危害，达到出苗早和苗齐、苗壮的目的。采用窝眼轮播种机，应避免玉米浸种，以防玉米磕芽、伤种。

5.4.2　机械准备

5.4.2.1　播种机检查与挂接。检查紧固部位、传动部位是否牢固、转动灵活；检查万向节十字架、刀轴轴承座、镇压轮轴承座、链传动等处润滑情况，加注相应润滑油；检查安全防护装置和警告标志是否完好。按照使用说明书要求对机具进行挂接。

5.4.2.2　播种机调整。调整镇压轮的上限位置，保证镇压效果；按照使用说明书，调整排种（肥）器的排量和一致性。

5.4.3　地块准备

5.4.3.1　播种前查看地表是否平整，障碍物是否清除，若不能清除，应做好标志。

5.4.3.2　根据地块情况划分作业小区，划出机组地头起落线，做出标志。小区宽度为播幅的整数倍，地头宽度为播种机工作幅宽的2～4倍。

5.5　操作方法及注意事项

5.5.1　操作方法

5.5.1.1　正常作业前，先进行试播一个行程。检查播种量、播种深度、施肥量、施肥深度、有无漏种漏肥现象，并检查镇压情况，必要时进行调整。

5.5.1.2　根据产品使用说明书要求确定作业速度，按照事先划分的作业小区和行走路线作业。

5.5.1.3　作业中应尽量避免停车，以防起步时造成漏播。如果必须停车，再次起步时要升起播种机，后退0.5～1.0m，重新播种。

5.5.1.4　玉米播种后，覆土要严密，沟中秸秆要少；镇压强度适宜，镇压轮不打滑。

5.5.2　注意事项

5.5.2.1　作业中应控制好作业速度，直线行驶作业。

5.5.2.2　注意检查种子、肥料数量，及时补充。

5.5.2.3　注意检查排种（肥）器、输种（肥）管的排种（肥）情况和播种质量，发现问题，及时解决。

5.5.2.4　机组在正常工作状态下不可倒退，地头转弯时应降低速度，且要在划好的地头线处及时起、落。

5.5.2.5　注意观察秸秆堵塞缠绕情况，发现异常，及时停机检修和调整。

5.6 作业质量检查

5.6.1 实际播种量测定

播种前称量种子总质量，播种后称量剩余种子质量，两者差为播入田间种子质量，测出播入该量种子地块面积，按式（5）计算出播种量。

$$G_1 = \frac{G}{F} \tag{5}$$

式中：G_1——每亩播种量，kg；
G——实际播入的种子质量，kg；
F——实际面积，亩。

5.6.2 空穴、穴粒数合格率与穴距偏差的测定

测区选择在往返各一个单程内交错抽取5个小区，小区长度为30个农艺规定株（穴）距，测定行数5行（少于5行的播种机全测）。在小区内，测定空穴、穴粒数，穴距情况，按式（6）、（7）、（8）计算各小区的空穴率、穴粒数合格率与穴距偏差率，并求出平均值。

$$K = \frac{q_0}{q} \times 100\% \tag{6}$$

式中：K——空穴率，%；
q_0——空穴数，个；
q——测定的总穴数，个。

$$V = \frac{q_h}{q} \times 100\% \tag{7}$$

式中：V——穴粒数合格率，%；
q_h——合格穴数，个；
q——测定的总穴数，个。

$$U = \frac{h_1 - h_0}{h_0} \times 100\% \tag{8}$$

式中：U——穴距偏差率，%；
h_0——理论穴距，cm；
h_1——在测区内测得的平均穴距，cm。

5.6.3　播种深度合格率的测定

在 5.6.2 规定的小区内进行，扒开土层，测种子上部覆盖土层的厚度，每个小区内每行测 5 点。

$$X=\frac{h_1}{h_2}\times 100\% \tag{9}$$

式中：X——播种深度合格率，%；

h_1——播种深度合格点数，个；

h_2——测定总点数，个。

5.6.4　播种后地表和地头状况

播种后地表和地头状况主要靠目测和尺量方法，由检测人员对其状况给出综合评价。在作业地块内，随机抽取 5 个播行，测定播行直线性偏差。在每一播行 50m（不足 50m，按实际长度计）的播行两端中心拉直线作为基准线，测定播行中心偏离基准线的最大距离，以 5 个播行中的最大值为播行直线性偏差。

5.6.5　田间出苗率的测定

在测定的地块上，按对角线取 5 个小区，每个小区宽度为 1 个工作幅宽，长度为 1m，测定 5 个小区苗数，按式（10）、（11）、（12）计算。

$$C=\frac{Q_s}{Q_c Y}\times 10^4 \tag{10}$$

$$Q_c=\frac{G_1}{q_k}\times 10^6 \tag{11}$$

$$Q_s=\frac{667\times q_c}{5\times F_k} \tag{12}$$

式中：C——田间出苗率，%；

Q_s——出苗数，株/亩；

Q_c——播种粒数，粒/亩；

Y——种子用价，%；

G_1——播种量，kg/亩；

q_k——种子千粒质量，g；

q_c——测定 5 个小区的苗数，株；

F_k——播种幅宽，m。

6. 田间管理

6.1 苗期管理（播种至拔节）

6.1.1 间苗定苗

6.1.1.1 间定苗时间。3片可见叶时间苗，5片可见叶时定苗。

6.1.1.2 间定苗原则。去弱苗，留壮苗；去过大和弱小苗，留大小一致苗；地块耐密紧凑型玉米品种为每亩4 000～4 700株，大穗型品种为每亩3 200～3 700株，高产田每亩可增加500株左右。间苗时多留计划密度的5%左右。

6.1.2 中耕除草

6.1.2.1 除草剂选用和用量。玉米播种后出苗前采用土壤封闭的方式进行化学除草，可选用乙草胺·阿特拉津水剂，每亩150mL，兑水30kg，均匀喷洒地表；如苗期出现杂草，可选用4%烟嘧磺隆悬浮剂，在玉米苗后3～5叶时，大多数杂草出齐，每亩用100mL，兑水30kg，均匀喷雾。

6.1.2.2 黏土地容易板结，要在墒情适宜时及时中耕。

6.1.3 浇水排涝和追施苗肥

6.1.3.1 浇水排涝。苗期玉米耐旱能力强，一般不需浇水。如玉米直播后干旱严重，影响出苗和生长时，要及时灌溉。如遇大雨要及时排涝。

6.1.3.2 追肥原则。在定苗后至拔节期。追肥选用速效氮磷钾肥或适合秸秆还田地块的玉米专用肥，也可补施腐熟的有机肥、微生物肥。追肥时，要把生长期所需磷钾肥全部施入，高产田氮肥占总量的30%左右；中产田占50%～60%；低产田占60%以上。

6.1.3.3 补施方法。采用沟施或穴施。化肥施用深度7～10cm，有机肥、微生物肥施用深度大于10cm；在距玉米植株10～15cm处开沟或挖穴。

6.1.4 病虫害防治

6.1.4.1 常见害虫。地老虎、黏虫、蚜虫、蓟马、金针虫、灰飞虱、棉铃虫等。

6.1.4.2 防治方法。播种时药剂拌种；出苗后用 2.5%的溴氰菊酯乳油 800～1 000 倍液，于傍晚时喷洒行间地面，或配成 0.05%的毒沙撒于苗侧，防治地老虎；用 10%吡虫啉可湿性粉剂1 000～1 500 倍液喷雾防治蚜虫、蓟马、灰飞虱；用 4.5%高效氯氰菊酯乳油1 000～1 500 倍液或 50%的辛硫磷乳油 1 500～2 000 倍液防治黏虫。每公顷用 48%毒死蜱乳油 6 000～7 500mL，随灌溉水施入，防治地下害虫。

6.1.4.3 常见病。苗期病毒感染，常见有粗缩病、矮花叶病，苗枯病。

6.1.4.4 防治方法。消灭田间和四周的灰飞虱、蚜虫，可以预防和减轻病害发生。拔除染病植株。用 96%噁霉灵粉剂 6 000 倍液喷雾防治苗枯病。

6.2 穗期管理（拔节至抽雄）

6.2.1 拔除弱株

为避免弱株耗肥耗水，改善通风透光环境，实现群体均衡，提高群体质量，要拔除田间小株和弱株，以及基部分蘖。

6.2.2 中耕培土

6.2.2.1 穗期中耕。穗期中耕 1～2 次，拔节期至小喇叭口期中耕要深，以促进根系发育，扩大根系吸收范围。小喇叭口期以后，中耕宜浅，以保根蓄墒。

6.2.2.2 穗期培土。培土时间在大喇叭口期，可结合追肥进行，高度不超过 10cm。促进气生根生长，提高根系活力，减轻草害，方便排水和灌溉。

6.2.3 重施穗肥

6.2.3.1 追肥时间和种类。穗期追肥时间以大喇叭口期为宜，地力差或土壤缺肥，供穗肥适当提前，并酌情增加追肥量；追肥以速效氮肥为主。

6.2.3.2 追肥量。高密度大群体地块追肥量适当增加。高产田穗肥占氮肥总用量的 50%～60%；中产田穗肥占氮肥总用量的

40%～50%；低产田穗肥占30%左右。

6.2.4 浇水排涝

6.2.4.1 浇水目的。避免干旱影响性器官的发育和开花授粉，降低空秆率和秃顶度。

6.2.4.2 浇水时间和浇水量。玉米穗期浇水两次，第一次在大喇叭口前后，第二次在抽雄前后，一般每亩灌水量40～60m^3。

6.2.4.3 排涝目的。多雨年份，积水地块，土壤水分过多，影响根系活力，造成大幅度减产，必须及时排涝。

6.2.4.4 排涝方法。山丘地挖堰下沟，涝洼地挖条田沟，做到沟渠相通，排水流畅。盐碱地整修台田，易涝地块要在穗期结合培土挖好地内排水沟。

6.2.5 病虫防治

6.2.5.1 常见病虫。穗期主要病虫害有大斑病、小斑病、红蜘蛛、穗蚜、穗虫（棉铃虫、玉米螟等），以及茎腐病、褐斑病等。

6.2.5.2 防治方法。用10%双效灵水剂200倍液，在拔节期及抽雄前后各喷1次，防治玉米茎腐病；在小喇叭口期和大喇叭口期，用3%的噻虫嗪颗粒剂或2.5%的辛硫磷颗粒剂撒于心叶丛中防治玉米螟，每株用量1～3g。用50%多菌灵可湿性粉剂或70%甲基硫菌灵可湿性粉剂500倍液防治大斑病、小斑病，用1.8%阿维菌素乳油1 500～3 000倍液加10%吡虫啉可湿性粉剂1 000～1 500倍液加2.5%高效氯氟氰菊酯乳油1 500倍液防治红蜘蛛、穗蚜、穗虫。

6.3 花粒期管理（从抽雄到完熟）

6.3.1 补施粒肥

6.3.1.1 追肥时间和种类。粒肥补施在雌穗开花期前后，以速效氮肥为主。

6.3.1.2 数量和方法。补施粒肥量约占总氮肥量的10%～20%，每亩施尿素4～6kg，随水施肥。

6.3.2 浇水排涝

6.3.2.1 灌水次数和时间。玉米花粒期要根据墒情灌好两次关键水。第一次在开花至籽粒形成期，是促粒数的关键水；第二次在乳熟期，是增加粒重的关键水。

6.3.2.2　浇水注意事项。浇水要因墒而异，灵活运用。沙壤土、轻壤土要增加浇水次数；黏土、壤土可适时适量浇水；群体大的要增加浇水次数及浇水量。

6.3.2.3　排涝。田间积水影响根系生长发育，要及时排涝。

6.3.3　防治虫害

6.3.3.1　常见虫害。花粒期常有玉米螟、黏虫、棉铃虫、蚜虫等危害。

6.3.3.2　防治方法。用 2.5%溴氰菊酯乳油 1 000 倍液喷洒雄穗防治玉米螟；叶面喷洒 48%毒死蜱乳油 1 200 倍液或 BT 可湿性粉剂 1 000 倍液或 25%灭幼脲悬浮剂 2 000～3 000 倍液等防治黏虫、棉铃虫；用 25%噻虫嗪水分散粒剂 10 000 倍液或 10%吡虫啉可湿性粉剂 1 000～1 500 倍液防治蚜虫。

7. 适时收获

晚收能够延长籽粒灌浆时间，提高玉米产量，以籽粒乳线消失为标准，黄淮区夏玉米收获一般在 9 月下旬。

附录 2　田间化学植保机械化作业规程

1. 范围

1.1　本规程规定了黄淮平原麦玉两熟区，田间植保机械化作业质量要求、标准，机具配备、操作规程、检测方法等。

1.2　本技术规程适用于农作物田间化学植保机械化作业。

2. 规范性引用文件

下列文件中条款通过本规程引用而构成本规程条款。凡是注日期的引用文件，其随后所有修改单（不包括勘误内容）或修订版均不适用于本规程；凡是不注日期的引用文件，其最新版本适用于本规程。

GB/T 5262　农业机械试验条件　测定方法的一般规定

NY/T 1276　农药安全使用规范总则

3. 有关定义

3.1　喷雾

施加压力的药液通过喷头，雾化成 100～300μm 的雾滴喷洒到农作物上。

3.2　喷粉

利用高速气流将药粉喷洒到农作物上。

3.3　弥雾

利用高速气流将粗雾滴破碎、吹散，雾化成 75～100μm 的雾滴，吹送到远方农作物上。

3.4　用药量

单位面积上施用农药制剂的体积或质量。

3.5　施药液量

单位面积上喷施药液的体积。

3.6　持效期

农药施用后，能够有效控制农作物病、虫、草和其他有害生物危害所持续的时间。

3.7　安全使用间隔期

最后一次施药至作物收获时安全允许间隔的天数。

3.8　伤苗率

单位面积内机组压苗、伤苗的概率。

4. 作业要求与作业质量

4.1　根据防治目的，采用相应的药液配制规程和正确的施药方法。

4.2　风力超过3级、露水大、雨前及气温高于30℃不宜作业。

4.3　药液要均匀地喷洒在作物茎秆和叶子的正反面。

4.4　同一地块同种作物应在3d内完成一遍作业。

4.5　用药量要符合当地农业技术要求。

4.6　在农药持效期和安全使用间隔期，一般不再使用农药。

4.7　作业中要无漏液、漏粉。喷洒不重、不漏，交接行重叠量不大于工作幅宽的3%。

4.8　机组作业采用梭式行走法作业。

5. 作业机具选择

5.1　根据农药制剂的不同及病虫害或杂草的特点，可选用喷雾机、喷粉机、弥雾机等相应的作业机具。

5.2　小面积喷洒农药宜选择手动喷雾器；较大面积喷洒农药宜选用机动背负式气力喷雾机；大面积规模化喷洒农药宜选用喷杆喷雾机。

6. 机组人员配备

机组人员配备要根据作业项目的不同而异，一般配备1～2人。

7. 作业前准备

7.1　按机具使用说明书的要求对机具进行检查调整，确保机具工作正常。

7.2 按配比要求进行药液配制并混合均匀。

7.3 喷杆式喷雾机田间作业前，要清除田间障碍物。

7.4 规划作业小区、行进路线与转弯地带。

7.5 贮备足够数量的清洁水。

8. 作业方法及注意事项

8.1 背负式机具

8.1.1 喷雾作业方法

8.1.1.1 机械要处于喷雾作业状态。

8.1.1.2 添加药水。加药前先用清水试喷一次，保证各联结处有无渗漏；加液时不要过急过满，避免从过滤网出气口溢进风机壳里；药液必须干净，以免喷嘴堵塞；加药后要盖紧药箱盖；加药液时可以不停车。但汽油机要处于低速运转状态。

8.1.1.3 喷洒。背起机具后，调整油门开关使汽油机稳定在额定转速左右，开启药液手把开关即可开始作业。

8.1.2 喷粉作业方法

8.1.2.1 整机处于喷粉作业状态。

8.1.2.2 添加粉剂。将粉门与风门关好后加粉，粉剂要干燥，不得含有杂草、杂物和结块。加粉后旋紧药箱盖，并把风门打开。

8.1.2.3 喷撒：启动发动机，使之处于怠速运转。背起机具后，将油门调整到汽油机额定转速。然后调整粉门操纵手柄进行喷撒。

8.1.3 注意事项

背负式机具作业过程中，必须注意防毒、防火、防机器事故发生，尤其重视防毒。因喷洒的药剂，浓度较手动喷雾器大，雾粒极细，田间作业时，机具周围形成一片雾云，很易吸进人体内引起中毒，必须引起重视，确保人身安全。作业时应注意：

8.1.3.1 单人背机时间不要过长，以 3～4 人组成一组，轮流背负，相互交替，避免背机人长期处于药雾中吸不到新鲜空气。

8.1.3.2 必须佩戴口罩，口罩要经常洗换。作业后即时洗脸、洗手、漱口、擦洗着药处。

8.1.3.3　工作时药液浓度大，喷洒雾粒细，喷洒必须均匀，避免产生药害。

8.1.3.4　严禁顶风作业，禁止喷管在作业者前方以八字形交叉方式喷洒，要采用侧向喷洒方式。

8.1.3.5　控制单位面积喷量，除用行进速度来调节外，转动药液开关转芯角度，改变通道截面积也可调节喷量大小。严禁停留在一处喷洒，以防对植物产生药害。

8.1.3.6　喷洒过程中左右摆动喷管、以增加喷幅。前进速度与摆动速度要适当配合，以防漏喷影响作业质量。

8.2　喷杆式喷雾机

8.2.1　作业方法

8.2.1.1　喷雾要在无风或微风天气进行；作业时逆风行进，喷药的方向一定要与风向一致或稍有夹角。

8.2.1.2　按照喷施药液量的要求，确定机组行进速度。

$$\text{机组行进速度}(\text{km/h})=\frac{\text{单位时间喷液量}(\text{L/min})\times 60\times 666.7\text{m}^2}{\text{每亩规定施药量}(\text{L})\times\text{喷幅}(\text{m})\times 1\,000}$$

8.2.1.3　喷药前可用清水试喷，检查各工作部件是否正常，有无漏水和堵塞的地方，喷雾质量是否良好。

8.2.1.4　作业路线正确，工作平稳、喷量一致；机组各部运行正常，无杂音，无异常震动或抖动。

8.2.1.5　机组保持直线行驶，无压苗、伤苗现象。

8.1.2.6　根据作物行距调整好喷头位置；喷头不要直接对准作物喷药，以免雾粒密度过大，造成喷雾不均匀，喷头要高于作物或地面0.5m；雾流与地面平行或稍微抬高一个角度，使雾粒自然飘移、沉降。

8.2.2　注意事项

8.2.2.1　作业时穿戴防护服装，禁止进食、饮水、吸烟；实行轮班作业。

8.2.2.2　工作中随时注意喷雾质量和压力变化。如喷雾质量恶化或压力不稳定，要及时检查、排除。排除故障要在停机后进行。

8.2.2.3　作业中严格按规定行走速度前进。

8.2.2.4　当风向、风速变化时，要定时检查喷药有效射程和雾粒覆盖密度是否合乎要求，以便及时发现问题，加以调整。

8.2.2.5　作业后，喷杆折叠、固定完毕方能行进。

9. 作业质量检查验收

9.1　作业质量符合1要求。

9.2　检验方法

9.2.1　检查验收机具试喷情况。

9.2.2　用药量测定

在第一行程或一桶药喷完时，根据喷洒面积及喷施药液量计算。

9.2.3　检查工作幅宽结合情况，查看拖拉机在田间的辙印，计算是否漏喷和重喷。

9.2.4　伤苗率的测定

检查拖拉机压苗情况，作业植株损伤率要小于10%。

作业地块内随机选3点，每点取作业幅宽长5m，并在测量的两端插上标记；检查记录作业点内的植株数和伤苗数，按下式计算伤苗率：

$$P = \frac{h_s}{h_d} \times 100\%$$

式中：P——伤苗率,%；

h_s——伤苗株数，株；

h_d——原有株数，株。

9.2.5　核对农药的调制比例及作业地块农药施用总量，目测有无农药泄漏印痕。

9.2.6　药效检查对比

作业前查清作物受害情况，作业后经过一定时间，检查单位面积害虫死亡情况或病害改变情况，检查作物受到的药害大小和作物生长恢复情况，进行前后对比和综合分析后，最终评定、验收植保作业的质量水平。

附录3　黄淮平原区玉米秸秆机械化直接还田与配套技术规程（DB37/T 1428—2009）

（2010年1月1日实施）

1. 范围

1.1　本规程规定了黄淮平原区，玉米收获、秸秆切碎还田、土壤机械耕作、小麦播种作业质量要求、机具配备、操作规程、检测方法，以及小麦田间管理措施和要求。

1.2　本技术规程适用于小麦玉米一年两作区。

1.3　玉米秸秆还田接茬小麦播种作业流程。玉米收获→秸秆机械粉碎还田→土壤机械耕作（或免耕）→小麦播种→田间管理→适时收获。

2. 规范性引用文件

下列文件中条款通过本规程引用而构成本规程条款。凡是注日期的引用文件，其随后所有修改单（不包括勘误内容）或修订版均不适用于本规程；凡是不注日期的引用文件，其最新版本适用于本规程。

DB37/T 285—2000　农业机械作业质量　谷物机械收获

DB37/T 315—2002　农业机械作业质量　秸秆机械还田

DB37/T 283—2000　农业机械作业质量　机械耕整地

NY/T 499—2002　旋耕机作业质量

DB37/T 284—2000　农业机械作业质量　机械播种

GB/T 5262—2008　农业机械试验条件　测定方法的一般规定

NJGF37/T02　玉米机械化收获作业技术规范

NJGF37/T05　保护性耕作机械化作业技术规范

NJGF37/T07　旱作节水农业机械化作业技术规范　深耕作业

NJGF37/T08　旱作节水农业机械化作业技术规范　深松作业

GB 20287—2006　农用微生物菌剂

GB 16151—2008　农业机械运行安全技术条件

3. 有关定义

本规范采用下列定义。

3.1　玉米联合收获

一次完成摘穗（或剥皮）、秸秆粉碎还田或切段收集等项作业。

3.2　玉米秸秆机械还田

用机械将玉米秸秆粉碎，并均匀地抛撒到地面的作业。

3.3　割茬高度

还田作业后，留在地块中的禾茬顶端距地面的高度。垄作作物以垄顶为测量基准。

3.4　还田秸秆粉碎合格率

粉碎长度合格秸秆量占还田秸秆总量的百分率。

3.5　污染

由于机具漏油等对籽粒、秸秆、土壤造成的污染。

3.6　有机物料腐熟剂

有机物料腐熟剂是一类能加速各种有机物料（包括农作物秸秆、畜禽粪便、生活垃圾及城市污泥等）分解、腐熟的微生物活体制剂。

3.7　深耕

超过常规耕层深度且能打破原有犁底层的耕地作业，一般深度大于 25cm。

3.8　耕（松、旋）深

作业前地表至作业层底部的垂直距离。

3.9　耕幅

耕作机械的实际作业宽度。

3.10　开垄、闭垄

相邻土垡各向外翻最后形成的垄沟为开垄；相邻土垡相对翻转所形成的垄脊为闭垄。

3.11　碎土率

取样后按土块不同粒径分级，计算各级粒径土块质量占相应耕层内土壤总质量的百分比。

3.12　深松

超过常规耕层深度且能打破原有犁底层，并保持上下土层基本不乱的松土作业。

3.13　深松作用宽度

深松作业时，深松部件作用于土壤，在地表形成松土带的宽度。

3.14　全面深松

利用全方位深松机在工作幅宽内对耕层进行松土且不翻土的作业。

3.15　局部深松

根据不同作物、不同土壤条件利用深松机杆齿、凿形铲进行松土与不松土相间隔的局部松土。

3.16　旋耕

使用各种旋耕机对耕层土壤进行的松碎作业。

3.17　旋耕深度合格率

旋耕层深度的测量合格点数占总测量点数的百分比。

3.18　旋耕后地表平整度

旋耕机作业后在地表会留下高低不平的痕迹。表述其特征的术语称旋耕后地表平整度。

3.19　旋耕后沟底不平度

旋耕机作业后去掉旋耕层松土，在沟底会留下高低不平的旋耕刀旋耕痕迹，它属于微观几何形状不平。表述其特征的术语称旋耕后沟底不平度。

3.20　小麦精少量播种

实现小麦精少量播种农艺要求，将种子均匀地按规定行距与播深播入种沟并覆土的作业。

3.21　小麦丛生苗率（疙瘩苗率）

播行内在5cm段内超过2倍理论株数的丛生苗段数占总测段数的百分比。

3.22　小麦断垄率

播行内两株（苗）间距大于10cm时为断垄，断垄数占总测定段数的百分比。

3.23　漏切率

漏切秸秆量占还田秸秆总量的百分比。

3.24　灭茬合格率

切碎长度符合规定尺寸的质量，占根茬总质量的百分比。

3.25　灭茬深度

垄顶到灭茬机作业层底部的垂直距离。

4. 玉米收获与秸秆机械化粉碎还田

4.1　作业要求与作业质量

4.1.1　一次完成玉米收获、秸秆粉碎还田作业，也可人工摘穗后采用秸秆还田机作业（若与犁耕配套，可选择还田灭茬机）。

4.1.2　作业条件。作业幅宽内，玉米根茬在同一平面内。采用玉米联合收获机作业，玉米行距要一致，为600～700mm。

4.1.3　秸秆还田作业质量。秸秆切碎长度≤100mm，秸秆切碎合格率≥90%，抛撒不均匀率≤20%，漏切率≤1.5%，残茬高度≤80mm。田间无污染情况。

4.1.4　灭茬作业质量。灭茬深度≥50mm，灭茬合格率≥95%。

4.1.5　玉米收获作业质量达到国家相关标准规定要求。

4.2　作业机具选择

根据当地玉米种植规格、具备的动力机械、收获要求等条件，选择悬挂式、自走式等适宜的玉米联合收获机和玉米秸秆粉碎还田机，为提高秸秆粉碎质量，秸秆还田机可选择L形弯刀或I形直刀式。对于进行犁耕作业的地块，可选择还田灭茬机，对玉米根茬进行破碎。

4.3　机组人员配备

玉米联合收获机组配备人员 2～3 名，其中驾驶员 1～2 名，秸秆还田机组配备驾驶员 1 名。驾驶人员要掌握机具的工作原理，以及调整、使用方法和一般故障排除方法，技术熟练，并具有相应的驾驶证、操作证。

4.4　作业前准备

4.4.1　机具准备。开始作业前要按使用说明书要求对机组进行全面保养、检查、调整，并紧固所有松动的螺栓、螺母，保证联合收获作业机组或还田机组状态良好。

4.4.2　地块准备。收获前，要对玉米倒伏程度、种植密度和行距、果穗下垂度、最低结穗高度等情况，做好田间调查。根据地块大小和种植行距及作业质量要求选择合适机具，制定具体作业路线。

4.5　操作方法

4.5.1　结合动力输出，使还田机达到规定转速，平稳起步，同时放下还田机行驶作业。

4.5.2　先试作业一段距离，停车检查作业质量，达到作业要求后方可进入正常作业。

4.5.3　驾驶员要根据地面情况及时调整液压手柄，使还田机适应地形要求。

4.5.4　作业到地头，继续保持还田机正常作业转速，以便使秸秆完全粉碎。

4.6　注意事项

4.6.1　禁止带负荷动力启动发动机；转弯时必须将还田机提起，升、降平稳。作业中禁止倒退。

4.6.2　作业时随时观察残茬高度，并及时调整。注意避开石块、树桩等障碍物，以免折损摘穗部件和还田刀具，严禁刀具残损作业。

4.6.3　作业时注意收获部件和还田机皮带松紧程度。收获部件异常，要立即停机检查，排除故障后继续作业。还田机皮带过松、过紧，要停机调整。

4.7　作业质量检查

机械作业后，在检测区内采用5点法测定。从4个地角画对角线，在1/8～1/4对角线范围内，确定4个检测点位置再加上一条对角线的中点。每点取长为1m，宽为1个实际作业幅宽，作为1个小区，在小区内进行测定。

4.7.1　切碎长度合格率的测定

在小区内，拾起所有秸秆称其总质量。从中挑出切碎长度不合格的秸秆称其质量，按式（1）计算切碎长度合格率，并求出5个小区的平均值。

$$Q=\frac{W-W_C}{W}\times 100\% \tag{1}$$

式中：Q——切碎长度合格率，%；

W——小区内秸秆总质量，g；

W_C——小区内切碎长度不合格秸秆质量，g。

4.7.2　残茬高度的测定

测量小区内的残茬高度，其平均值为该小区点的残茬高度。并求出5个小区的平均值。

4.7.3　抛撒不均匀率的测定

按4.7.1的规定称出秸秆总质量。按式（2）、（3）计算抛撒不均匀率。

$$W_p=\frac{W_0}{5} \tag{2}$$

$$F_b=\frac{W_{max}-W_{min}}{2.326W_p}\times 100\% \tag{3}$$

式中：W_p——5个小区的秸秆平均质量，g；

W_0——5个小区的秸秆总质量，g；

F_b——抛撒不均匀率，%；

W_{max}——5个小区中秸秆质量最大值，g；

W_{min}——5个小区中秸秆质量最小值，g。

4.7.4　漏切率的测定

在小区位置以长为2m、宽为1个实际作业幅宽，拾起还田时漏切秸秆，称其质量，换算成每小区的秸秆漏切量，按式（4）计算漏切率，并求出5个小区的平均值。

$$L = \frac{W_1}{W} \times 100\% \tag{4}$$

式中：L——漏切率，%；

W_1——换算成每小区的秸秆漏切质量，g；

W——小区内秸秆总质量，g。

4.7.5　污染情况的测定

作业后，查看有无因机组漏油对田间和作物造成污染。

4.7.6　灭茬深度的测定

在一个实际作业幅宽上测定左、中、右3点，以垄顶线为基准，用深度尺测定灭茬深度，其平均值为该小区的灭茬深度。并求出5个小区的平均值。

4.7.7　灭茬合格率的测定

在小区内，拾起所有根茬称其总质量。从中挑出切碎长度不符合规定尺寸的根茬称质量，参照式（1）计算该小区的灭茬合格率，并求出5个小区的平均值。

5. 土壤机械耕作

秸秆粉碎均匀覆盖地表后，可采用耕后播种和免耕播种。耕作方式有深耕、旋耕和深松，深耕每三年进行一次，其他年份可采用旋耕，对连续三年以上免耕播种的地块进行深松。

5.1　深耕翻压，耙平踏实

5.1.1　作业要求

根据土壤适耕性，确定耕作时间，以土壤相对持水量70%～75%时为宜；耕层浅的土地，要逐年加深耕层，切勿将大量生土翻入耕层；深耕时结合施用基肥；翻耕后秸秆覆盖要严密；耕后用旋耕机进行整平并进行压实作业。

5.1.2　作业质量

耕深≥25cm；开垄宽度≤35cm，闭垄高度≤1/3耕深；耕幅

≤1.05×理论幅宽；碎土率≥65%，立垡、回垡率≤3%。

5.1.3　作业机具选择

作业机具选用深耕犁。可根据所具备的拖拉机功率、土地面积等情况选择单铧或多铧犁。为减少开闭垄，有条件的地方可选用翻转犁。为提高合墒效果，深耕犁要装配合墒器。

5.1.4　机组人员配备

机组配备人员1～2名，熟悉犁的构造和调整，技术熟练，具有相应驾驶证。

5.1.5　作业前准备

5.1.5.1　检查犁各部件是否完整无损，各连接件的紧固螺栓的可靠性，各转动配合部分润滑是否良好，各调整、升降机构是否灵活。

5.1.5.2　按使用说明书依次调整耕深、横向水平、纵向水平。

5.1.5.3　耕幅调整。在正常耕幅范围内，为不产生漏耕和重耕，要根据实际情况调整。

5.1.5.4　犁铧、犁尖磨钝后，要及时修复或更换。

5.1.5.5　根据配套机具的要求，对拖拉机的挂接点、液压机构、动力输出机构和行走机构等进行必要的调整和试运转。检查拖拉机的安全装置、信号系统和监控仪表工作是否正常。

5.1.5.6　检查地表秸秆粉碎情况，整平垄沟、土堆等，在机井、暗石等处有明显标志。

5.1.6　操作方法

5.1.6.1　规划作业小区，确定耕作方向，沿地块长边进行。

5.1.6.2　作业前，在地块两端各横向耕出一条地头线，作为起、落犁标志，地头宽度根据机组长度确定。

5.1.6.3　作业时启动发动机，挂上工作挡，慢松离合器，加大油门，使犁铲逐渐入土，直至正常深度。

5.1.6.4　机组行走方法可采用闭垄（内翻）法或开垄（外翻）法等，作业速度要符合使用说明书要求，作业中要保持匀速直线行驶。

5.1.6.5　机组作业至地头时，减小油门，使机具逐渐出土，然后转弯。

5.1.6.6　根据实际情况确定地头耕作方法，尽量减少开、闭垄及未耕地。

5.1.7　田间作业质量检查

5.1.7.1　作业质量符合3.1要求。

5.1.7.2　检测区的选定

深耕作业检测区距离地头15m以上，检测区长度为40m；小拖配套深耕检测区长度为20m。沿前进和返回方向各测两个行程，测定耕深和耕幅。

5.1.7.3　耕深的测定

耕深是在深耕过程中，采用耕深尺或其他测量仪器测量沟底到原地表的距离，每行程测11点；如在耕后进行，则测量沟底至已耕地表面的距离，按0.8折算求得各点耕深。按式（5）计算平均耕深。

$$\bar{a} = \frac{\sum a_i}{n} \tag{5}$$

式中：$\bar{a}$——平均耕深，cm；

a_i——每测点耕深值，cm；

n——测点数。

5.1.7.4　耕幅的测定

在5.1.7.3耕深测点处，先从沟墙处向未耕地量出比犁的总耕宽稍大的宽度B，作一标记；待第二行程耕过后，量出新的沟墙到标记处的宽度C，两者之差B−C即为犁的实际耕幅，求其平均值。

5.1.7.5　开垄宽度的测定

在测区内开垄上等间距取10点，各点测量垄口和垄底宽度，二者平均。然后计算平均值。

5.1.7.6　闭垄高度的测定

在测区内闭垄上等间距取10点，通过各点最高处作一基准线，分别在闭垄两边一个耕幅1/2处测取到地表的距离。计算平均值。

5.1.7.7 碎土率的测定

在检测区对角线上取5点，每点在$b \times b$（b为犁体工作幅宽）面积耕层内，分别测定最大尺寸≤5cm的土块质量和土块总质量，按式（6）计算碎土率，求其平均值。

$$C = \frac{G_s}{G} \times 100\% \tag{6}$$

式中：C——碎土率，%；

G——土块总质量，kg；

G_s——最大尺寸≤5cm土块的质量，kg。

5.1.7.8 立垡率、回垡率的测定

在检测区沿前进和返回方向各测两个行程，每一行程内分别测量立垡及回垡的总长度，按式（7）、（8）计算立垡率、回垡率。

$$F_l = \frac{L_l}{L} \times 100\% \tag{7}$$

$$F_h = \frac{L_h}{L} \times 100\% \tag{8}$$

式中：F_l——立垡率，%；

L_l——立垡总长，m；

L——测区长，m；

F_h——回垡率，%；

L_h——回垡总长，m。

5.2 旋耕两遍，镇压踏实

5.2.1 作业要求

旋耕机作业地表要基本平整，旋耕前结合施基肥。旋耕深度要根据土壤墒情及当地农艺要求确定，以15cm以上为宜。旋耕后要进行镇压。

5.2.2 作业质量

耕深合格率≥85%。耕后秸秆掩埋率≥70%，耕后地表平整度≤5.0cm，碎土（最长边小于4cm土块）率：在适耕条件下，壤土碎土率≥60%，黏土碎土率≥50%，沙土碎土率≥80%。

5.2.3　作业机具选择

旋耕机可选择耕幅 1.8m 以上、中间传动单梁旋耕机，配套 44.1kW 以上拖拉机。为提高动力传动效率和作业质量，旋耕机可选用框架式、高变速箱旋耕机。

5.2.4　机组人员配备

每台机组配备熟练驾驶人员 1 名，协助工作人员 1 名。驾驶人员要掌握机具的工作原理，以及调整、使用和一般故障排除方法，技术熟练，并具有相应的驾驶证、操作证。

5.2.5　作业前准备

5.2.5.1　机具准备。按照使用说明书对旋耕机进行全面检查，调整左右水平、万向节前后夹角、最高提升位置，正确安装刀片；检查配套拖拉机的技术状态，液压系统要操作灵活可靠，调整自如，确定提升限高位置（刀具离地 10～20cm）。

5.2.5.2　进行试运转。检查各运动件是否灵活可靠，各工作间隙是否符合要求，紧固件是否有松动，整机工作状态是否良好，深耕是否达到要求，如有不当，及时调整。

5.2.5.3　地块准备。作业前，驾驶、协助工作人员必须做好田间调查，对影响作业的沟渠、垄台予以平整，在水井、暗坑等处设置醒目警示标志。对地表根茬高度大于 25cm，作业前要将秸秆进行粉碎，均匀抛撒于地表。

5.2.6　操作方法

5.2.6.1　确定作业路线。大田作业时，采用小区套耕法，小地块采用回耕法。

5.2.6.2　作业前，结合动力，让旋耕机空转转速达到预定转速后，正常作业。地头转弯时，提升旋耕机具，使刀具离地面 10～20cm，不必切断动力，以提高作业效率。

5.2.6.3　作业中，如刀轴有过多缠草，要及时停车，进行清理，以免增加负荷。

5.2.7　作业质量检查

5.2.7.1　旋耕层深度合格率

旋耕层深度测点按每 20m² 选一个测点，耕地面积较小，点数少于 10 个点时，选取 10 点；耕地面积较大，点数大于 20 点时，选取 20 点，监测点的位置要避开地头和地边随机选取，以耕后地表为基准，量至旋耕层底部即为旋耕层深度。旋耕层深度合格率按式（9）计算。

$$U=\frac{q}{s}\times 100\% \tag{9}$$

式中：U——旋耕层深度合格率，%；

q——旋耕层深度合格数量，个；

s——旋耕层深度总的测点数量，个。

5.2.7.2　秸秆覆盖率测定

秸秆覆盖率为掩埋土层内的秸秆占总秸秆的百分比。按对角线 5 点法确定 5 个检测点位置，检测点确定后，以该点为中心取面积为 1m²。耕前，在这个面积内附近再取 1m²，称其地表覆盖物（包括根茬）质量；耕后，在测点面积内，剪下紧贴地面露出地表植物秸秆（包括根茬），收集剪下浮在地表的植物，称其质量。秸秆覆盖率按照式（10）、（11），求五点平均值。

$$F_i=\frac{Z_i-Z_{li}}{Z_i}\times 100\% \tag{10}$$

式中：F_i——i 区植被覆盖率，%；

Z_{li}——i 区耕后地表秸秆质量，g；

Z_i——i 区耕前地表秸秆质量，g。

$$F=\frac{\sum F_i}{n}\times 100\% \tag{11}$$

式中：F——植被覆盖率，%；

F_i——i 区植被覆盖率，%；

n——表示测点个数；取 $n=5$。

5.2.7.3　碎土率

碎土率检测点与耕后地表植被残留量监测点对应，每个监测点面积取 0.5m×0.5m，在其全耕层内，以最小边小于 4cm 的土块质量占总质量的百分比为该点的碎土率，求五点平均值。碎土率按式

(12)、(13) 计算。

$$E_i = \frac{M_{li}}{M_i} \times 100\% \tag{12}$$

式中：E_i——i 区的碎土率,%；

M_{li}——i 区最小边长小于 4cm 的土块质量，g；

M_i——i 区内土块总质量，g。

$$E = \frac{\sum E_i}{n} \times 100\% \tag{13}$$

式中：E——碎土率,%；

E_i——i 区的碎土率,%；

n——表示测点个数，个；这里取 $n=5$。

5.2.7.4　耕后地表平整度

在查 5.2.7.2 检测点处耕后地表的最高点，以垂直机组前进方向的水平直线为基准线，在其适当位置取一定宽度（大于旋耕机宽幅），分成十等分，并在等分点上做垂线与地表线相交，分别量出耕后地表线上各交点至基准线的距离，以平均值表示该点的平整度。最后求出 5 点平均值即为耕后地表平整度。

5.3　连续三年以上免耕播种地块土壤深松

根据土壤条件和作业时间，深松方式可选用局部深松或全面深松。

5.3.1　作业要求

在小麦播种前秸秆粉碎后进行。作业中不重松、不漏松、不拖堆。

5.3.2　作业质量

深松作业深度大于犁底层，要求 25～30cm；局部深松时，深松作用宽度≥4/5 深松深度。

5.3.3　作业机具选择

作业机具主要有单柱式深松机和全方位深松机。局部深松选用单柱振动式深松机，全面深松选用全方位深松机。

5.3.4　机组人员配备

机组配备人员 1～2 名，作业机手必须经过技术培训，熟练掌握工作原理、调整使用方法和一般故障的排除技术等，并具有相应的驾驶证。

5.3.5　作业前准备

5.3.5.1　机具准备

检查各连接件、紧固螺栓的可靠性；检查限深轮、镇压轮及操纵机构的灵活性和可靠性；将机具降至工作状态，进行机架水平调整。

5.3.5.2　地块准备

作业前，驾驶人员、协助工作人员必须做好田间调查，对影响作业的沟渠、垄台予以平整，在水井、暗坑等处设置醒目警示标志。对地表根茬高度大于 25cm，作业前将秸秆进行粉碎，均匀抛撒于地表。

5.3.6　操作方法

5.3.6.1　正式作业前要进行深松试作业，认真检查机组各部件工作情况及作业质量，发现问题立即解决，直到符合作业要求。

5.3.6.2　作业时启动发动机，升起机具，挂上工作挡，慢慢松开离合器，同时操作液压升降，加大油门，使机具逐渐入土，直至正常深度。

5.3.6.3　机组作业速度要符合使用说明书要求，作业中应保持匀速直线行驶。

5.3.7　田间作业质量检查

5.3.7.1　检测区的选定

深松作业检测区距离地头 10m 以上，检测区长度为 20m；往返各测 2 个行程。

5.3.7.2　深松深度的测定

采用耕深尺或其他测量仪器测定，每行程等间距测 11 点。平作地以耕前原地表为准；垄作地以耕前垄顶线为准，测定深松深度，按式（14）计算平均深度、标准差。

$$\bar{a}=\frac{\sum a_i}{n} \tag{14}$$

（当 $n<30$ 时，式中分母取 $n-1$，当 $n\geqslant30$ 时，式中分母取 n。）

式中：$\bar{a}$——平均松深，cm；

a_i——每测点松深值，cm；

n——测点数，个。

5.3.7.3　深松作用宽度的测定

测点同 5.3.7.2，测取深松后地表松土带宽度，求其平均值。

6. 小麦播种

土壤深耕或旋耕后采用小麦精少量播种方式，按 6.1 规定；小麦免耕播种按 6.2 规定。

6.1　小麦精少量播种

6.1.1　作业要求

播种地块没有漏耕，土壤疏松细碎，耙透碾压沉实（或播后灌蒙头水踏实），地表平整，秸秆细碎，覆盖严密；种子精选分级，符合农艺要求；种肥适合播种机要求。小麦播种行距 15～30cm，播深 2～3cm，播种量为每亩 6～8kg（对千粒重大于 50g 的大粒型品种播种量可增加到每亩 9～10kg），播后镇压。种子分布均匀，播深一致。黄淮地区适宜播期在 10 月 1 日至 15 日为宜，适期早播者播种量取低值，适期晚播者取高值。

6.1.2　作业质量。播种量偏差为±5%，播深合格率≥75%，丛生苗率≤5%，断垄率≤3%，各行出苗一致性变异系数≤4%，行距和邻接行距合格率≥90%。

6.1.3　作业机具选择

在秸秆还田地块进行小麦精少量播种，播种机开沟器选择圆盘式，排种器选择锥盘式、螺线细槽外槽轮式、螺旋窝眼外槽轮式。

6.1.4　机组人员配备

每台机组配备熟练驾驶人员 1 名，协助工作人员 1 名。驾驶人员要掌握机具的工作原理，以及调整、使用方法和一般故障排除方法，技术熟练，并具有相应的驾驶证、操作证。

6.1.5　作业前准备

6.1.5.1　机具准备。按照使用说明书对播种机进行全面检查，调整机器左右水平、合垧器入土深度、排种量、筑垄大小和高度、播种深度和传动机构；检查配套拖拉机的技术状态，液压系统应操作灵活可靠，调整自如，确定提升限高位置。

6.1.5.2　进行试运转。检查各部件是否灵活可靠，各工作间隙是否符合要求，紧固件是否有松动，整机工作状态是否良好，播深、播量、镇压、筑垄是否达到要求，如有不当，及时调整。

6.1.5.3　地块准备。播种前最好镇压，镇压后地表以人单脚站立无明显下陷为宜（即 0.8～1.0kg/cm²）。作业前，驾驶、协助工作人员必须做好田间调查，在水井、暗坑等处设置醒目警示标志。

6.1.6　操作方法

6.1.6.1　确定作业方案。划出地头宽度，做好播种机起落标志，地头宽度不超过机组长度的两倍。为了便于播种，对所播地块进行简单的划区，然后确定行走方法。

6.1.6.2　为避免重播和破坏已播部分质量，机组最后要播完整播幅。

6.1.6.3　拌种和包衣后的种子必须晾干，禁止使用潮湿的种子，以免造成堵塞和破碎。

6.1.6.4　作业时，要边走边放，在地头线处进入作业状态，作业中保持平稳恒速前进，速度不可过快。

6.1.7　作业质量检查

6.1.7.1　播种量偏差的测定

播种前称量种子总质量，播种后称量剩余种子质量，两者差为播入田间种子质量，测出播入该质量种子地块面积，按式（15）、（16）计算播种量和播种量偏差。

$$Q=\frac{G}{F} \tag{15}$$

$$\eta=\frac{Q-Q_1}{Q_1} \tag{16}$$

式中：Q——每亩实际播种量，kg；

G——实际播入的种子质量，kg；

F——实际播种面积，亩；

η——播种量偏差；

Q_1——每亩理论（计划）播种量，kg。

6.1.7.2　播种深度合格率测定

在测区内按对角线取5个小区，测定宽度为6行，左中右各取2行（少于6行的全测），纵向长2m。测定时，每小区内每行随机测5点。扒开土层，测种子上部覆盖的土层厚度（或出苗后测定）。按式（17）计算各小区的播种深度合格率，后求出平均值。

$$H = \frac{h_1}{h_0} \times 100\% \tag{17}$$

式中：H——播种深度合格率，%；

h_1——播种深度合格点数，个；

h_0——测定总点数，个。

6.1.7.3　丛生苗率测定

在幼苗出齐后进行。在6.1.7.2规定的小区内进行，测定时，以5cm为一段，连续取20段，检查各行5cm段内，大于2倍理论株数的段数，按式（18）计算丛生苗率和空段率。

$$C = \frac{C_1}{C_0} \times 100\% \tag{18}$$

式中：C——丛生苗率，%；

C_1——5cm段内超过两倍理论株数的段数，段；

C_0——总测段数（20×行数），段。

6.1.7.4　断垄率测定

在6.1.7.2规定的小区内进行。

测定时，10cm段内无苗为1个断垄，连续20cm无苗为两个断垄，类推。按式（19）计算断垄率ε。

$$\varepsilon = \frac{C_2}{C_{01}} \times 100\% \tag{19}$$

式中：ε——断垄率，%；

C_2——10cm段内无苗的段数，段。

C_{01}——总测段数（20×行数），段。

6.1.7.5 各行出苗一致性变异系数的测定

与断垄率测定同时进行。测定时，以10cm为一段，数出各段苗数，最后按式（20）、（21）、（22）计算10cm段内平均数、标准差和变异系数。

$$\bar{X}=\frac{\sum X_i}{n} \tag{20}$$

$$S=\sqrt{\frac{\sum(X_i-\bar{X})^2}{n-1}} \tag{21}$$

（当$n<30$时，式中分母取$n-1$；当$n\geqslant 30$时，式中分母取n）

$$V=\frac{S}{\bar{X}}\times 100\% \tag{22}$$

式中：$\bar{X}$——各行总平均苗数，个；

X_i——每行各次平均苗数，个；

n——所测行数，行；

S——标准差，个；

V——变异系数，%。

6.1.7.6 田间出苗率的测定

与各行出苗一致性变异系数的测定同时进行。按式（23）、（24）计算。

$$C=\frac{Q_s}{Q_c\cdot y}\times 100\% \tag{23}$$

$$Q_c=\frac{Q}{q_k}\times 10^6 \tag{24}$$

式中：C——田间出苗率，%；

Q_s——测得实际出苗株数，株/亩；

Q_c——播种实际粒数，粒/亩；

y——种子用价，%；

Q——每亩实际播种量，kg；

q_k——种子千粒重，g。

6.1.7.7 行距和邻接行距合格率测定

行距一致性和邻接行距合格率在幼苗出齐后测定。在被检查的地块中，随机抽取不同位置，量取苗幅中心的行距，其行距所测数值不少于 50 个，邻接行距所测数值不少于 30 个，按式（25）、（26）计算。

$$H_g = \frac{n_g}{n_{0g}} \times 100\% \tag{25}$$

$$H_1 = \frac{n_1}{n_{01}} \times 100\% \tag{26}$$

式中：H_g——行距一致性合格率，%；

n_g——合格行距数，个；

n_{0g}——测定总行距数，个；

H_1——邻接行距合格率，%；

n_1——合格邻接行距数，个；

n_{01}——测定总邻接行距数，个。

6.2 小麦免耕播种

6.2.1 作业要求

在秸秆覆盖未耕地上作业，秸秆还田质量符合作业规范。土层深厚，地表平整。种子精选分级，符合农艺要求；种肥适合播种机要求。小麦播种行（幅）中心线距 10～40cm，播深 2～4cm，播种量为每亩 8～10kg，播后压实；采用宽幅播种，苗幅宽要在 10～12cm 之间；选用养分总含量大于 40%的小麦专用肥作种肥，施用量为每亩 35kg 左右，肥种间隔大于 3cm。种子分布均匀，播深一致，覆土一致，镇压连续。黄淮地区播期以 10 月 1 日至 15 日为宜。

6.2.2 作业质量

播种量误差±5%，播深合格率≥70%，各行出苗一致性变异系数≤4%，种肥间距合格率＞90%，行距和邻接行距合格率≥90%，田间出苗率≥95%，苗幅宽度合格率≥90%。

6.2.3 作业机具选择

小麦玉米两作区，小麦免耕播种机选用苗带旋耕播种机，灌区增配筑垄装置。产品质量必须经过省级以上推广鉴定合格产品。

6.2.4　机组人员配备

播种机作业要配备驾驶人员1名，辅助人员1～2名。驾驶人员要技术熟练，掌握机具的工作原理，以及调整、使用方法和一般故障排除方法，并具有相应的驾驶证、操作证。

6.2.5　作业前准备

6.2.5.1　机具准备。按照使用说明书对播种机进行全面检查，调整机器左右水平、排肥量排种量、播种深度、施肥深度、镇压强度和传动机构；检查配套拖拉机的技术状态，液压系统要操作灵活可靠，调整自如。

6.2.5.2　进行试运转。检查各部件是否灵活可靠，各工作间隙是否符合要求，紧固件是否有松动，工作部件是否有碰撞声，并进行及时检查。

6.2.5.3　试播。正常作业前，先进行试播。试播长度要大于15m，检查播种量、播种深度、施肥量、施肥深度、有无漏种漏肥现象，并检查镇压情况，必要时进行调整。

6.2.5.4　地块准备。作业前，驾驶、协助工作人员必须做好田间调查，在水井、暗坑等处设置醒目的警示标志。

6.2.6　操作方法

6.2.6.1　确定作业方案。划出地头宽度，做好播种机起落的标志，地头宽度不超过机组长度的两倍。为了便于播种，对所播地块进行简单的划区，然后确定行走方法，确保最后一趟是完整的播种幅宽。

6.2.6.2　拌种和包衣后的种子必须晾干，禁止使用潮湿的种子，以免造成堵塞和破碎。

6.2.6.3　作业时，要将播种机减低到接近地面位置，接通旋耕动力，边走边放，在地头线处进入作业状态，作业中保持平稳恒速前进，速度不可过快。

6.2.6.4　作业中要尽量避免停车，以防起步时造成漏播。如果必须停车，再次起步时要升起播种机，后退0.5m，重新播种。

6.2.7 作业质量检查

播种量、播种深度、各行间出苗变异系数、田间出苗率、行距和邻接行距合格率检查，同小麦精少量播种作业。

6.2.7.1 苗幅宽度合格率的测定

当采用宽苗幅播种时，按农艺要求的苗幅宽度为 b，$b\pm 0.5$cm 为合格。

在往返各一个单程内交错抽取 5 个小区，测定行数 6 行，选左、中、右各两行；少于 6 行的播种机要全测。每小区内不少于 30 个测点，统计出苗幅宽度合格点数，按式（27）计算各小区的苗幅宽度合格率，并求出平均值。

$$M_{\mathrm{m}} = \frac{N_{\mathrm{m}}}{n_0} \times 100\% \tag{27}$$

式中：M_{m}——苗幅宽度合格率，%；

N_{m}——苗幅宽度合格点数，个；

n_0——测定总数，个；

6.2.7.2 种肥间距合格率的测定

种肥间距大于 3cm 为合格。按照 7.6.1 小区要求，每个小区不少于 20 个测点，测量种肥间距合格的点，统计各区合格点数，计算合格率。

7. 田间管理

7.1 小麦苗期、越冬期

7.1.1 查苗补苗

由于漏种、欠墒、透气、地下害虫等原因，造成缺苗断垄的，要及时查苗补种。

7.1.2 分类管理

冬前管理以划锄镇压为主，增温保墒，促进小麦根系生长。对旺长麦田可进行多次镇压。当日平均气温下降到 3～5℃时，浇越冬水，浇水后适时划锄。

7.1.3 病虫草害防治

7.1.3.1 常见病虫草害。小麦苗期常见金针虫、麦蚜、地老虎等虫害，纹枯病、全蚀病、根腐病等病害，荠菜、播娘蒿、猪殃殃、婆婆纳、麦家公、王不留行等草害。

7.1.3.2 虫害防治。每亩用48%毒死蜱250mL拌成毒土，顺垄撒施，结合浇水进行防治或每亩用48%毒死蜱300mL兑水100kg，进行灌根防治。

7.1.3.3 病害防治。每亩用2%戊唑醇湿拌种剂，按种子量的0.1%～0.15%拌种，或20%三唑酮乳油按种子量的0.15%拌种可预防全蚀病、纹枯病、根腐病。

7.1.3.4 草害防治。在11月中下旬进行化学锄草。阔叶杂草根据情况选用5.8%双氟磺草胺·唑嘧磺草胺乳油每亩10mL或20%氟草定乳油每亩50～60mL防治，用3%甲基二磺隆乳油每公顷25～30mL防治禾本科杂草。阔叶杂草和禾本科杂草混合发生的用以上药剂混合使用或用3.6%甲基碘磺隆钠盐·甲基二磺隆水分散粒剂。

7.2 春季管理

7.2.1 返青期管理

7.2.1.1 镇压划锄。镇压划锄可以压碎坷垃，弥封缝隙，减少水分蒸发，使根系与土壤密接，提升地温，促进小麦根系生长发育；免耕播种小麦可不进行划锄。

7.2.1.2 灌水施肥。对未灌冬水的小麦，要及时灌返青水；对弱苗、小苗要随水补肥，每亩施用10kg尿素，促进小麦根系发育，增加春季分蘖。

7.2.1.3 防治草害。拔节前，防治麦田阔叶杂草。用甲基碘磺隆钠盐·酰嘧磺隆水分散粒剂、双氟磺草胺·唑嘧磺草胺悬浮剂、氟草定、苯磺隆等除草剂，用20%氟草定乳油每亩50～60mL，喷雾防治荠菜、播娘蒿等为主的麦田阔叶杂草。用6.9%精噁唑禾草灵水乳剂每亩60～75mL防治麦田单子叶杂草。

对于一些群体偏大、地力较好的旺长麦田在返青期喷施化控剂，以防止倒伏。药剂可以选择“壮丰安”“多效唑”等化学控制剂。注意不要重喷或漏喷。

7.2.2　起身到孕穗期管理

灌水施肥。在小麦拔节期灌水，每亩随水增施 15～20kg 尿素。

7.3　后期管理（从抽穗到成熟）

7.3.1　灌水补肥

对脱肥麦田，可结合浇灌浆水每亩补施尿素 5～7kg；对生长后期不缺肥的麦田不必增施氮素化肥。

7.3.2　病害防治

穗期发生的主要病害有条锈病、叶锈病、白粉病、赤霉病、叶枯病和颖枯病等。发现小麦条锈病要及时扑灭发病点和发病中心，发现发病点时，要周围防治 100 亩，发现发病中心时，要周围防治 300 亩。叶锈病和白粉病病叶率分别达 5%和 10%时，都要适时组织大田防治，均可用 20%三唑酮乳油每亩 40～50mL 或 25%三唑醇可湿性粉剂每亩 30g 喷雾防治。赤霉病、叶枯病和颖枯病可用 50%多菌灵可湿性粉剂每亩 50～75g 喷雾防治。若穗期遇连阴天气，在小麦扬花后要喷药预防小麦赤霉病和颖枯病。小麦纹枯病前期发病重的地块，而当后期气温偏低、降雨偏多有利于病害加重，要注意进一步防治，可用 5%井冈霉素水剂每亩 200～250mL 兑水 75～100kg 喷麦茎基部防治。

7.3.3　虫害防治

穗期发生的主要虫害有麦蚜和吸浆虫等，麦蚜防治指标为百穗 500 头，吸浆虫的防治指标为网扑 10 次 10～25 头成虫。防治麦蚜、吸浆虫的同时注意要有效地兼治灰飞虱，为预防玉米粗缩病打下基础，可每亩用 10%吡虫啉可湿性粉剂 10～15g 或 2.5%溴氰菊酯可湿性粉剂 2 000 倍液喷雾防治麦蚜和吸浆虫，要注意喷洒到全株，提高防治灰飞虱效果。

同时，要积极保护利用天敌控制麦蚜。当田间益害比达 1∶100～1∶80 或蚜茧蜂寄生率达 30%以上时，可不施药利用天敌控制蚜害，若益害比失调，也要选用对天敌杀害作用小的药剂防治麦蚜，如吡虫啉等灭害保益的药剂。麦田是多种天敌的繁殖基地，保护好麦田天敌不仅有利于控制小麦害虫，而且也有助于为后茬作物提供天敌来源，要注意保护利用。

7.3.4　预防干热风

每亩可用 0.2%～0.3%磷酸二氢钾水溶液 30kg 喷雾。

8. 适时收获

完熟期收获。有利于改善品质提高产量，同时减轻劳动强度。

附录4 黄淮海小麦玉米全程机械化栽培技术规程（DB37/T 3360—2018）

（2018年8月19日实施）

1. 范围

本标准规定了黄淮海小麦玉米全程机械化栽培基本要求、机械化栽培模式、小麦机械化栽培、玉米机械化栽培和作业机械一般要求。

本标准适用于黄淮海灌区小麦玉米接茬轮作起畦栽培。

2. 规范性引用文件

下列文件对于本文件的应用是必不可少的。凡是注日期的引用文件，仅所注日期的版本适用于本文件。凡是不注日期的引用文件，其最新版本（包括所有的修改单）适用于本文件。

GB/T 2979　农业轮胎规格、尺寸、气压与负荷

GB/T 14290　圆草捆打捆机

GB/T 15671　农作物薄膜包衣种子技术条件

GB/T 17997　农药喷雾机（器）田间操作规程及喷洒质量评定

GB/T 25423　方草捆打捆机

JB/T 8300　农业轮式拖拉机　轮距

NY/T 739　谷物播种机械　作业质量

NY/T 995　谷物（小麦）联合收获机械作业质量

NY/T 1276　农药安全使用规范　总则

NY/T 2914—2016　黄淮冬麦区小麦栽培技术规程

SL 207　节水灌溉技术规范

DB37/T 2284—2013　夏玉米机械化生产技术规程

3. 术语和定义

下列术语和定义适用于本文件。

3.1　畦宽

播种区两条相邻垄中心之间的距离。

3.2　苗带

小麦播种行种子出苗后形成的带状区域。宽苗带宽度 8～10cm，窄苗带宽度 3～4cm。

3.3　预留行

前茬作物播种时为后茬作物预留的播种行。

4　基本要求

4.1　生产环节

小麦玉米接茬轮作一年两熟种植，小麦应在玉米收获后 10 月上中旬播种，翌年 5 月底 6 月上中旬收获；玉米应在小麦收获后接茬播种，9 月底至 10 月初收获。具体农艺流程如图 1 所示。

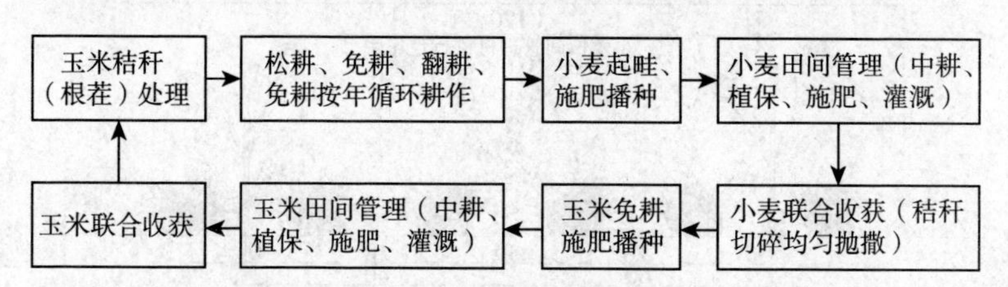

图 1　小麦玉米接茬轮作全程机械化农艺流程

4.2　播种行和机械行走通道

小麦机械化播种时应预留玉米播种行及小麦田间管理机械行走通道；小麦机械化收获后，在预留行内机械化播种玉米；中耕施肥与植保机械可在预留行走通道内实施田间管理作业。

4.3　种植规格

小麦玉米接茬轮作种植的畦宽、行距及其相对位置，以及田间管理机械行走通道的规划，应适合机械化作业，同时满足农艺要求。

5 机械化栽培模式

5.1 畦宽规格

小麦应起垄作畦播种。一般垄宽为30cm，垄高15～20cm；畦宽宜选用180cm、240cm、300cm、360cm四种规格。180cm、300cm规格适用于玉米奇数行种植，240cm、360cm规格适用于玉米偶数行种植。

5.2 畦宽180cm栽培模式

5.2.1 小麦宽苗带、玉米三行等行距栽培模式

小麦宽苗带播种6行，每两行为一幅，幅内行距28cm。两幅间及与相邻边行间预留30cm玉米播种行，两边预留行兼小麦田间管理机械行走通道。小麦田间管理机械轮距宜为120cm，轮胎宽度应不大于12cm。玉米60cm等行距播种在预留行内。栽培模式如图2所示。

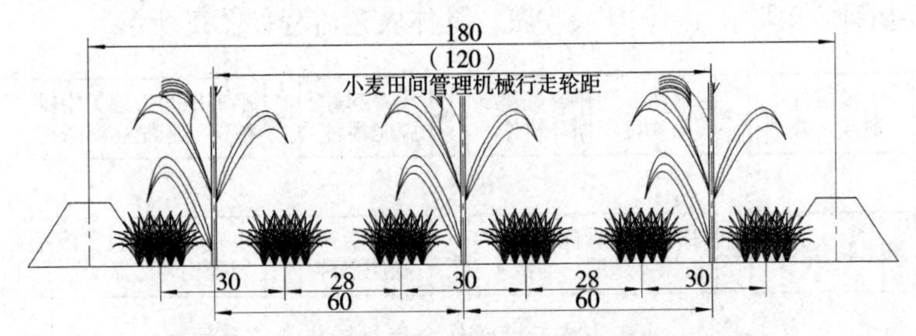

图2 小麦宽苗带、玉米三行等行距栽培模式

注：图中单位为cm，下同。

5.2.2 小麦窄苗带、玉米三行等行距栽培模式

小麦窄苗带播种8行，每三行为一幅，幅内行距15cm。两幅间及与相邻边行间预留30cm玉米播种行，两边预留行兼小麦田间管理机械行走通道。小麦田间管理机械轮距宜为120cm，轮胎宽度应不大于21cm。玉米60cm等行距播种在预留行内。栽培模式如图3所示。

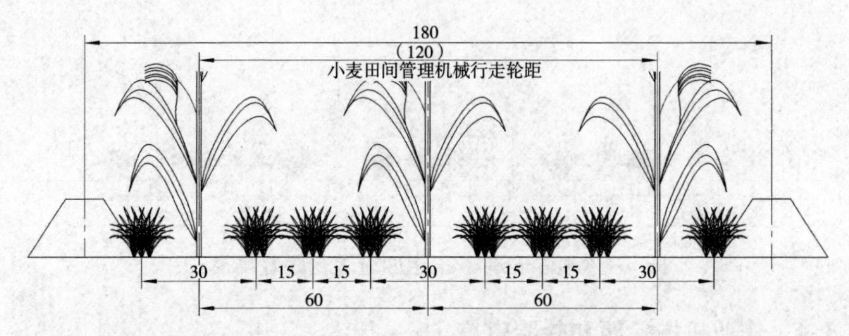

图 3　小麦窄苗带、玉米三行等行距栽培模式畦宽 240cm 栽培模式

5.2.3　小麦宽苗带、玉米四行等行距栽培模式

小麦宽苗带播种 8 行，行距 28cm，两边行内侧预留 33cm 玉米播种行兼小麦田间管理机械行走通道。小麦田间管理机械轮距宜为 180cm，轮胎宽度应不大于 12cm。玉米 60cm 等行距播种在小麦行间和预留行内。栽培模式如图 4 所示。

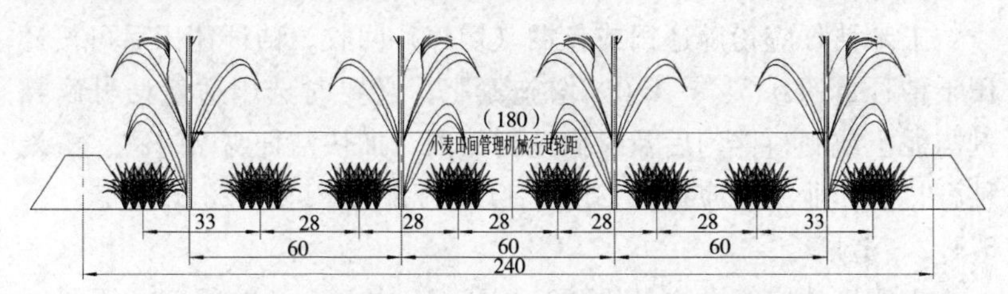

图 4　小麦宽苗带、玉米四行等行距栽培模式

5.2.4　小麦窄苗带、玉米四行等行距栽培模式

小麦窄苗带播种 11 行，每三行为一幅，幅内行距 15cm。两幅间及与相邻边行间预留 30cm 玉米播种行，两边预留行兼小麦田间管理机械行走道。小麦田间管理机械轮距宜为 180cm，轮胎宽度应不大于 21cm。玉米 60cm 等行距播种在预留行内。栽培模式如图 5 所示。

5.3　畦宽 300cm、360cm 的栽培模式

畦宽 300cm、360cm 的栽培模式可分别由 180cm、240cm 栽培模式增加两行玉米种植区域形成。

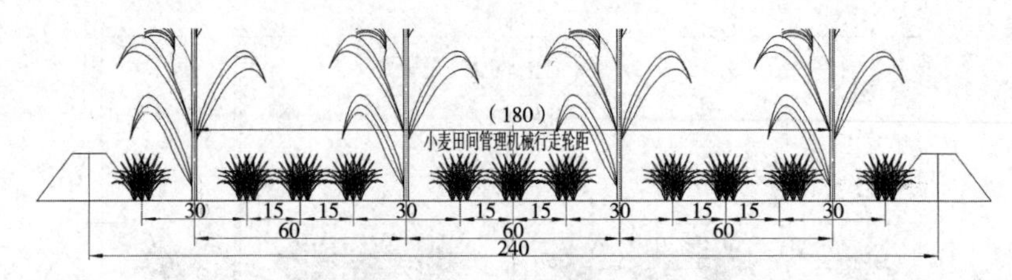

图5　小麦窄苗带、玉米四行等行距栽培模式

5.4　作业机械轮距和轮胎宽度

田间作业机械的轮距和轮胎宽度应根据各栽培模式要求参照JB/T 8300和GB/T 2979的规定选择。

6　小麦机械化栽培

6.1　耕整地

6.1.1　前茬处理

玉米秸秆应粉碎还田或打捆（切碎）回收。秸秆还田后可按还田干秸秆量的0.5%～1.0%增施氮肥，必要时选用适量秸秆腐熟剂与泥土或肥料拌匀后及时撒施到田内，加快秸秆腐熟进程。玉米秸秆打捆作业质量应符合GB/T 14290和GB/T 25423的规定。

6.1.2　造墒

土壤墒情应符合NY/T 2914—2016中5.2.2的规定，不足时应在小麦播种后浇蒙头水。

6.1.3　施基肥

耕整地前应施基肥，基肥施用量应符合NY/T 2914—2016中5.1.3的规定。提倡测土配方施肥和机械深施，免耕年可在播种时种肥同施。

6.1.4　耕整地要求

在松耕和翻耕前将玉米秸秆全部粉碎还田并进行灭茬处理，松耕和翻耕深度25～30cm。松耕或翻耕后应使用旋耕机、耙等精整地机具进行表土处理，要求地表平整、上松下实，并应及时播种。免耕年份，应将秸秆精细粉碎还田、灭茬或打捆（切碎）回收，及时免耕播种。

6.2　播种

6.2.1　播前准备

6.2.1.1　品种选择应符合 NY/T 2914—2016 中 4.1 的规定。

6.2.1.2　应根据当地病虫害发生情况选择高效低毒的种衣剂、拌种剂，用包衣机、拌种机进行种子机械包衣或拌种。种衣剂和拌种剂的使用应按照产品说明书进行。种子包衣应符合 GB/T 15671 的规定。

6.2.2　播种适期和播种量

播种适期、播种量应符合 NY/T 2914—2016 中 5.2.1 和 5.2.3 的规定。

6.2.3　播种要求

化肥、种子应分箱分施，播种深度 3～5cm，施肥深度 8～10cm。下种下肥应均匀，深浅一致，镇压密实。应选用与标准栽培模式相配套的播种机，并调整行距等参数，作业质量应符合 NY/T 739 的规定。

6.3　田间管理

6.3.1　植保

应根据麦田病虫草害发生情况及时进行防治。推荐使用吊杆式喷雾机，作业幅宽应为畦宽整倍数。植保机械作业应符合 GB/T 17997 和 NY/T 1276 的规定。最后一次施药到收获时的间隔天数应不少于 20d。

6.3.2　追肥

小麦起身至拔节期进行追肥，肥料条施入土，先施肥后浇水。生育后期可结合防治病虫害采用吊杆式喷雾机进行叶面追肥。

6.3.3　灌溉

推荐使用喷灌机械和滴灌设备，幅宽宜为畦宽整倍数，合理确定灌水时间和灌水量。灌溉可进行水肥一体化作业，作业前后应用清水清洁设备管道。灌溉应符合 SL 207 的规定。

6.3.4　其他要求

其他要求应符合 NY/T 2914—2016 的规定。

6.4 收获

小麦应在籽粒蜡熟末期到完熟期适时收获。联合收获机的割幅应与畦宽一致，收获作业质量应符合 NY/T 995 的规定。秸秆应切碎均匀抛撒还田或铺条后再收集运出。

7 玉米机械化栽培

7.1 播前准备

玉米的播前准备应符合 DB37/T 2284—2013 中第 4 章的规定。

7.2 播种

7.2.1 播种期、播种量和种肥

玉米的播种期、播种量和种肥施用应符合 DB37/T 2284—2013 中 5.1、5.2、5.4 的规定。

7.2.2 播种方式与作业质量

应选用与标准栽培模式相配套的精量单粒播种机，并调整行距等参数，作业质量应符合 DB37/T 2284—2013 中 5.3 的规定。

7.3 田间管理

灌溉与排涝、中耕追肥、病虫草害防治等田间管理应符合 DB37/T 2284—2013 中 6.1、6.2 和第 7 章的规定。机械作业幅宽宜为畦宽整倍数。

7.4 收获

7.4.1 收获时间

收获时间应符合 DB37/T 2284—2013 中 8.1 的规定。

7.4.2 作业要求

应选用割台行距与玉米种植行距相适应的收获机械。作业质量应符合 DB37/T 2284—2013 中 8.2 的规定。

8. 作业机械的一般要求

8.1 作业机械产品质量应符合相关标准要求。

8.2 作业机械应按照使用说明书要求在使用前进行全面检查和调整，使用后注意维护和保养。

附录5　夏玉米机械化生产技术规程 (DB37/T 2284—2013)

（2013年5月1日实施）

1. 范围

本标准规定了播前准备、播种、田间管理、病虫草害防治和收获等夏玉米机械化生产技术措施要求。

本标准主要适用于山东省小麦-玉米一年两熟地区，其他相似区域亦可参考。

2　规范性引用文件

下列文件中的条款通过本标准的引用而成为本标准的条款。凡是注日期的引用文件，其随后所有的修改单（不包括勘误的内容）或修订版均不适用于本标准，然而，鼓励根据本标准达成协议的各方探讨是否可使用这些文件的最新版本。凡是不注日期的引用文件，其最新版本适用于本标准。

GB 4404.1　粮食作物种子　禾谷类

GB 4285　农药安全使用标准

GB 5084　农田灌溉水质标准

GB/T 5668　旋耕机

GB/T 10395.6　农林拖拉机和机械　安全技术要求　第6部分：植物保护机械

GB 15671　农作物薄膜包衣种子　技术条件

GB 16151.12　农业机械运行安全　技术条件

GB/T 17997　农药喷雾机（器）田间操作规程及喷洒质量评定

GB/T 24675.4　保护性耕作机械　圆盘耙

GB/T 27609　农田节水灌溉设备　评价方法
GB/T 50288　灌溉与排水工程设计规范
NY/T 496　肥料合理使用准则　通则
NY/T 500　秸秆还田作业质量
NY/T 503　中耕作物单粒（精密）播种机作业质量
NY/T 740　田间开沟机械　作业质量
NY/T 1229　旋耕施肥播种联合作业机　作业质量
NY/T 1355　玉米收获机作业质量
NY/T 1409　旱地玉米机械化保护性耕作技术规范
NY/T 1628　玉米免耕播种机作业质量
JB/T 7730　种子包衣机
JB/T 8576　旱田中耕追肥机　技术条件
JB/T 10293　单粒（精密）播种机技术条件
SL 207　节水灌溉技术规范
SL/T 4　农田排水工程技术规范

3. 术语和定义

下列术语和定义适用于本标准。

秸秆切碎（粉碎）合格率：作物机械收获时，符合作业要求的作物秸秆切碎（粉碎）量占总秸秆量的百分比。

残茬（秸秆）覆盖率：地表上作物残茬（秸秆）覆盖面积与地表面积的百分比。

免耕播种：在不翻耕土壤、有一定量作物残茬覆盖地表的条件下，一次完成开沟、播种、覆土和镇压等作业的播种方式。

4. 播前准备

4.1　品种选择

选择高产、优质、生育期适宜、抗倒性强的优良玉米杂交种，符合机械化生产的要求。种子质量符合 GB 4404.1 的规定。种子纯度≥98％，发芽率≥95％，净度≥98％，含水量≤13％。

4.2　种子处理

选用经过包衣处理的商品种。若种子没有包衣处理，可选用种子包衣机进行种子包衣处理。所选用种子包衣机符合JB/T 7730的要求。选择高效低毒无公害的玉米种衣剂或拌种剂。可选择5.4%吡虫啉、戊唑醇等高效低毒无公害的玉米种衣剂包衣，控制苗期灰飞虱、蚜虫、丝黑穗病和纹枯病等；用辛硫磷、毒死蜱等药剂拌种，防治地老虎、金针虫、蝼蛄、蛴螬等地下害虫。禁止使用含有克百威、甲拌磷等种衣剂。种衣剂及拌种剂的使用应按照产品说明书进行，并符合GB 15671的要求。

4.3　麦茬处理

麦茬处理有两类方式。一类是免耕残茬覆盖，小麦收获时，采用带秸秆切碎（粉碎）的联合收获机，留茬高度≤15cm，秸秆切碎（粉碎）长度≤10cm，秸秆切碎（粉碎）合格率≥90%，并均匀抛撒，残茬覆盖率≥85%，田间作业符合NY/T 500的要求。另一类是灭茬作业，当地表紧实或明草较旺时，可利用圆盘耙、旋耕机等机具实施耙地或旋耕，表土处理不低于8cm，将小麦残茬和杂草切碎，并与土壤混合均匀，田间作业符合GB/T 24675.4或GB/T 5668的规定。

4.4　施肥量

根据地力条件和产量水平确定施肥量，施肥总量按每生产100kg籽粒需施纯氮（N）2.4～3.0kg、磷（P_2O_5）1.0～1.5kg、钾（K_2O）2.0～2.5kg计算，一般每公顷施纯氮（N）240～300kg、磷（P_2O_5）120～150kg、钾（K_2O）200～250kg、硫酸锌（$ZnSO_4$）15～30kg。推荐选用玉米专用缓控释肥料。肥料选择与施用方法均符合NY/T 496的规定。

5. 播种

5.1　播种期

小麦收获后，及时抢茬播种。6月5日至15日为黄淮海地区最佳播种时间。玉米粗缩病严重的地区，播种时间可推迟到6月

15 日至 20 日。

5.2 播种量

根据品种特性和种植密度确定，一般每公顷 22.5～30.0kg。

5.3 播种方式与作业质量

免耕播种或灭茬播种，采用精量单粒播种，等行距，行距 60±5cm。播深 3～5cm，深浅保持一致。播种单粒率≥90%，空穴率<5%，伤种率≤1.5%，株距合格率≥80%。播种行直线性好，偏差≤4cm。种肥分离，防止烧苗。

免耕播种，可选择玉米免耕播种施肥联合作业机具，实现开沟、播种、施肥、覆土和镇压等联合作业，所选机具的作业质量应符合 NY/T 1628 的规定。灭茬播种，可选择旋耕施肥播种机或条带旋耕施肥播种机（只旋耕播种带土壤）在麦茬地联合作业，所选机具的作业质量应符合 NY/T 1229 的规定；麦茬地经耙地或旋耕后播种，可选择单粒精密播种机作业，其作业质量应符合 NY/T 503 的规定。

5.4 种肥

选用玉米专用缓控释肥料，作为种肥一次性施入。选用普通化肥，将氮肥总量的 40%与全部磷肥、钾肥、硫肥、锌肥作为种肥施入。

6. 田间管理

6.1 灌溉与排涝

推荐节水灌溉，灌溉用水质量要符合 GB 5084 的要求。苗期不灌溉，之后各生育时期，田间持水量降到 60%以下时及时灌溉。灌溉方式采用微灌、喷灌、或沟灌。遇涝及时酌情排涝。具备条件的地块，可通过农田自动灌溉与排水系统进行灌溉或排涝，灌溉与排水系统要符合 GB/T 50288 的规定。不具备条件的地块，可通过节水灌溉设备或排涝设备进行灌溉或排涝，所选用灌溉设备要符合 GB/T 27609 的要求。灌溉或排涝作业要符合 SL 207 和 SL/T 4 的规定。

6.2　中耕追肥

在拔节期（第6～8叶展开）或小喇叭口期（第9～10叶展开），追施氮肥的60%。选用中耕施肥机具，所选机具具有良好的行间通过性能，并符合JB/T 8576的规定。利用中耕追肥机一次完成开沟、施肥、镇压等作业，追肥部位在植株行侧10～15cm，肥带宽度3～5cm，无明显断条，且无明显伤根，伤苗率<3%，深度8～10cm，施肥后覆土严密。中耕追肥机械化作业符合NY/T 740的要求。

7. 病虫草害防治

7.1　防治机械

根据当地种植方式和条件选择病虫草害防治机械，所选机械符合GB 10395.6的要求。

7.2　防治原则

按照“预防为主，综合防治”的原则，合理使用化学防治，农药的使用符合GB 4285的要求，田间防治作业要符合GB/T 17997的规定。

7.3　杂草防治

出苗前防治，可在播种时同步均匀喷施40%乙草胺·阿特拉津合剂3.00～3.75L/hm^2，或33%二甲戊乐灵乳油1.50L/hm^2，或72%异丙甲草胺乳油1.20L/hm^{2}兑水750L，在地表形成一层药膜。出苗后防治，可在玉米幼苗3～5叶、杂草2～5叶期喷施4%烟嘧磺隆悬浮剂1.50L/hm^{2}兑水750L定向喷雾处理。

7.4　病虫防治

根据当地玉米病虫害的发生规律，合理选用药剂及用量。通过种衣剂包衣或拌种防治玉米生育前期粗缩病、灰飞虱、地老虎等病虫害，详见4.2。苗期：可用5%吡虫啉乳油2 000～3 000倍液或40%乐果乳油1 000～1 500倍液喷雾防治灰飞虱和蓟马，同步防治粗缩病毒病；用20%速灭杀丁乳油或50%辛硫磷乳油1 500～2 000倍液防治黏虫；利用灯光或糖醋酒液诱杀地老虎、蝼蛄等害虫，也可用40%氧化乐果乳油500～700mL/hm^2，加适量水拌炒香的麦麸、米糠、豆饼、谷子等50～70kg，制成毒饵诱杀。穗期：在小喇叭口期（第9～10叶展开），用2.5%的辛硫磷颗粒剂撒于心叶丛中防治玉米螟，每株用量1～2g；用10%双效灵水剂200倍液，在抽雄期前后各喷1次，防治玉米茎腐病。花粒期：用25%灭幼脲3号悬浮剂或50%辛硫磷乳油1 000～1 500倍液喷雾防治黏虫、棉铃虫，用40%氧化乐果乳剂1 000～1 500倍液防治蚜虫；用25%三唑酮可湿性粉剂1 000～1 500倍液，或者用50%多菌灵可湿性粉剂500～1 000倍液喷雾防治锈病、小斑病、大斑病等。

8. 适期收获

8.1 收获时间

根据玉米成熟度适时进行机械收获作业，提倡晚收。成熟标志为籽粒乳线基本消失、基部黑层出现。

8.2 作业要求

根据地块大小和种植行距及作业要求选择合适的联合收获机，必须符合GB 16151.12的规定。机械化收获作业质量符合NY/T 1355和NY/T 1409的规定。玉米收获果穗，籽粒损失率≤2%，果穗损失率≤3%，籽粒破碎率≤1%，果穗含杂率≤3%，苞叶未剥净率<15%。玉米收获后，严禁焚烧秸秆，及时秸秆还田，还田作业应秸秆粉碎长度≤5cm，切碎合格率≥90%，留茬高度≤8cm，覆盖率≥80%。

8.3 脱粒贮藏

具备机械作业条件的地区，可在玉米穗收获后及时用烘干设备、大型脱粒机进行一次性烘干、脱粒、风选等籽粒加工，若籽粒含水量≤14%，即可入仓贮藏。不具备烘干条件，可待果穗晾晒或风干至籽粒含水量≤20%时，机械脱粒，晾晒，风选，待籽粒含水量≤14%时，入仓贮藏。